KB119626

첫 번째

# 기후과학 수업

# 첫 번째 기후과학 수업

세계가 인정한
국내 과학자 37인이 쓴
기후변화 결정판

climate change
virus
pandemic

집현네트워크 지음

위즈덤하우스

지구 안에서 탄생하고 사그라드는
모든 역사와 소란, 갈등, 행복, 사랑을 간직하기 위한
우리의 노력을 담다.

집현네트워크는 오미크론 코로나 상황의 끝자락인 2022년에 창립해, 그 해 6월부터 연구하는 과학자들의 정확한 현장 지식이 담긴 '집현문서'를 발간하기 시작했습니다. 2년 만에 그 결과물이 책의 출간으로 이어져 기쁩니다.

과거에는 대부분의 정보가 책이나 주류 언론에 의해 제공되었다면 인터넷과 SNS의 발달로 이제 여러 개인과 집단으로부터 출발하는 다양한 데이터가 널리 유통됩니다. 이러한 대량의 정보는 사회에 순기능도 많으나, 다른 한편에서는 역기능인 '가짜뉴스'가 퍼지는 등 피해를 주기도 합니다. 전 세계적으로도 인터넷 공간의 잘못된 정보(misinformation, disinformation)에서 벗어나 우리 사회가 '진실(truth), 신뢰(trust), 희망(hope)'을 가지게 하자는 운동이 일고 있습니다. 미국 한림원과 스웨덴 노벨재단이 중심이 되어 2023년 5월, 워싱턴 D.C.에서 다수의 노벨상 수상자가 참석한 노벨 정상회담(Nobel Summit)이 개최되었고 과학자, 언론인과 정치가가 힘을 합쳐 이를 위해 노력해야 한다는 결론을 내렸습니다.

이보다 앞서 집현네트워크는 디지털 시대에 지혜와 힘을 모아 신뢰할 수 있는 새로운 문화를 만들어가는 일이 절실하다고 인식했습니다. 그동안 우리는 미세먼지, 코로나바이러스, 기후위기, 인공지능, 소재·부품·장비의 일본 수출규제 등 사회적 문제를 맞닥뜨리며 나아가야 할 방향을 설정해야 했습니다. 이때 관련 분야 전문가들의 의견을 모으고, 토론하는 장이 필요했지만 채널이 없어 어려움이 있었습니다. 어쩌면 당연한 수순으로 정확한 정보를 전달할 과학과 기술 플랫폼이 있으면 좋겠다는 희망 사항이 생겼고, 어떻게 구현할 것인가를 고민했습니다.

이를 위해 우리나라 아니, 세계적인 과학자들이 집단 지혜인 집현(集賢)의 필요성에 적극적으로 동의하고, 토론과 협업을 통해 과학기술에 기반한 지식 체계를 만들고자 2022년 2월, 비영리 사단법인 집현네트워크를 세웠습니다. 그리고 상상했던 이상의 과학계 고수들이 모여 큰 힘을 낼 수 있게 되었습니다. 특히 디지털 전환 시대에 적절한 플랫폼 기반으로 지식을 활발히 유통하여 자유롭게 흐르는 체계를 구축해 사회에 기여하고자 했습니다.

첫 행보로, 코로나19 감염으로 인한 혼돈 속에서 기후위기에 대한 정확한 이해가 필요하다고 판단해 감염병과 기후 환경 분야 지식을 전하기로 했습니다. 전문적이면서 대중적인 과학과 기술 콘텐츠를 담기 위해, 데이터에 기반한 심도 있는 내용을 분야 최고의 전문가가 집필하는 것을 목표로 했습니다.

이 책에는 40여 명의 과학자와 과학 기자가 기후 환경과 감염병의 교과서가 될 내용을 담았습니다. 어찌 보면 각 집필자가 10년에서 30년 동안 이룬 업적 가운데 가장 중요한 부분을 전달했으니 과학자들의 400년에서 1000년의 연구를 축적한 지식을 보여드리는 것입니다. 매우 귀하고 심도 있는 내용이라 할 수 있겠습니다. 학생과 일반인은 물론이고, 언론계나 정치, 정책의 공공 분야에서 필요한 과학과 기술 역량 강화에 도움이 되도록 준비했고, 이 콘텐츠가 전 세계로 퍼져나갈 수 있도록 노력할 예정입니다.

'PART 1. 기후 환경'에서는 기후변화를 측정하는 방법과 지구온난화의 원인을 알아보고 태풍부터 집중호우, 폭염까지 몸으로 느껴지는 변화의 추이를 살핍니다. 또한 극한기후가 사회경제적으로 어떠한 영향을 미치는지까지 국내 사례를 통해 좀 더 자세하게 들여다봅니다. 이에 더해 기후위기를 벗어나고자 대응하는 인류의 노력도 함께 다루려고 합니다. 세계적으로 활약하는 과학자들의 최신 기후 연구를 읽는 기회가 될 것입니다. 특히 우리나라의 예시를 중점적으로 분석해 조금 더 가깝게 느껴지리라 생각합니다.

'PART 2. 바이러스와 감염병'에서는 우리와 더불어 살아가는 바이러스가 무엇인지 살펴보고, 역사적으로 중요한 감염병을 짚어가며 인류의 대응을 알아봅니다. 인플루엔자와 코로나바이러스는 물론 A형 간염바이러스, 우리나라에서 우리 과학자가 발견한 한탄바이러스 등 익숙한 바이러스부터 조금은 생소한 것까지 두루 짚으며, 과거의 대응을 확인하고 앞으로 찾아올 팬데믹을 대비할 수 있도록 정보를 제공합니다. 기후위기 시대, 우리는 그동안 만날 일이 없었던 신종 바이러스들을 마주하게 될 것입니다. 쏟아지는 정보 속에서 우리가 가장 정확한 지식으로 무장할 수 있도록 도움을 주는 역할을 하고자 합니다.

바이러스와 감염병 분야를 기획하신 KAIST 기초과학연구원 고규영 교수님과 20여 분의 집필 과학자들, 기후 환경 분야를 기획하신 부산대학교 하경자 교수님과 20여 분의 집필 과학자들께 큰 감사를 드립니다. 그리고 원고가 최종본으로 나가기까지 훌륭하게 다듬어주시고 책의 주요 발제를 맡아주신 얼룩소의 윤신영 기자님, 플랫폼 연재 시 삽화를 그려주신 신인철 교수님과 이솔 작가님, 최종 콘텐츠가 발행될 때까지 꼼꼼히 챙겨주신 집현네트워크의 김경숙, 최미화 박사님께 깊은 감사를 보냅니다. 집현문서를 읽고 세계적인 우수성을 알아봐주신 편집자 김예지 님과 이를 지원한 위즈덤하우스는 우리에게 큰 힘이었습니다. 집현네트워크가 시작할 수 있도록 공간과 지원을 아끼지 않은 이화여자대학교 김은미 총장님과 여러 구성원, 꼭 필요한 사업이라며 기획 과제를 지원해준 과학기술정보통신부와 큰 기부를 해주신 김강석 대표님께도 감사드립니다.

《첫 번째 기후과학 수업》이 앞으로 지속적으로 나올 다양한 집현문서의 맏이로서 널리 공유되어, 우리가 사는 세상에 과학과 기술에 대한 신뢰를 더했으면 합니다. 또한 급변하는 사회를 좀 더 적극적으로 준비하여 살아가는 데 힘이 되는 책이 되기를 희망해봅니다.

2024년 6월

이화여자대학교에서

집현네트워크 회장 이공주

차례

책머리에  6

PART 1  기후 환경

발제1  전 지구적 순환을 이해하는 것이 중요한 이유  16
서론    기후과학을 배우기 위한 준비운동  24

1부  지구의 기후변화  34

1  기후변화의 측정  35

2  변화의 추이  43
   태풍 | 집중호우 | 엘니뇨

3  극한기후와 사회  69
   경제 | 미세먼지 대응 사례

발제 2   **우리는 기후위기를 어떻게 받아들여야 하는가**   85

## 2부  기후변화의 원인   92

**1  지구온난화**   93

과학적 이해 | 지구온난화의 주요 장면들

**2  지구온난화의 파장**   113

해양 가열 | 복합 이상기후

**3  극지방의 변화**   129

북극 | 남극

발제 3   **지구의 순환에서 내일을 바라보는 법**   151

## 3부  기후위기를 벗어나려는 노력   158

**1  기후목표와 기후정의**   159

기후목표 | 탄소 배출

**2  탄소 배출 줄이기**   172

탄소 흡수 | 탄소 저장고 | 나무

**3  기후 문제의 대응**   199

미세먼지 | 식량난 | 신재생에너지

# PART 2 바이러스와 감염병

발제 4 **기후변화와 감염병을 떼어놓고 생각할 수 없는 이유** 228

## 4부 바이러스 236

1 지구온난화와 바이러스 237
2 한탄바이러스와 서울바이러스 242
3 한타비리데과 바이러스 251
4 원숭이두창 259
5 A형 간염바이러스 272
6 쯔쯔가무시병 281
7 중증열성혈소판감소증후군 290
8 럼피스킨 297

발제 5 **왜 지금 다시 코로나19 팬데믹을 말하는가** 304

## 5부 감염병 310

1 코로나19, 3년의 회고 311
2 러시안 플루 321

**3** 변이 바이러스 326

**4** 집단면역 334

**5** 아기의 면역 341

**6** 면역계와 변이주 349

**7** 생리와 백신 357

**8** 범용 백신 365


## 6부 인류의 생존 376

**1** 바이러스 정복 377

**2** 신종 바이러스의 기원 387

**3** 감염병과 인류 398

**4** 방역 410


결론   지구와 인류를 보호하는 과정 420

참고 문헌 424

그림 출처 447

찾아보기 451

climate
change

pandemic

virus

# PART 1

# 기후 환경

# 전 지구적 순환을 이해하는 것이 중요한 이유

윤신영

## 우주 조각배, 연파랑 점, 지구

2020년 2월 미국 항공우주국(NASA)은 사진 한 장을 공개했습니다. '돌아온 연파랑 점(Pale Blue Dot Revisited)'이라는 제목이었습니다. 연파랑 점? 그게 뭐지? 하고 궁금한 분도 있을 겁니다. 하지만 이미지를 직접 보면 꽤 많은 분이 '본 듯한 사진이네'라고 생각하실 거예요.

네, 맞습니다. 흔히 '창백한 푸른 점'으로 알려진 이미지입니다. 1977년 발사된 미국의 무인 탐사선 보이저 1호가 목성과 토성 위성을 지나는 3년간의 임무를 마친 뒤 추가로 10년을 비행한 끝에 도달한, 지구에서 60억km 떨어진 지점에서 관측한 지구의 모습입니다. 천문학자 칼 세이건이 관계자를 설득해 겨우 찍게 했다는 태양계 행성 사진['가족의 초상(Family Portrait)'이라고 불립니다] 중 일부지요. 아래가 태양이 있는 방향이고 카메라에 산란된 태양 빛이 중앙 약간 오른쪽을 세로로 가로지르는 가운데, 산란광 한가운데에 화소(픽셀) 한 개 크기가 채 되지 않는 밝은 점이 하나 찍혀 있습니다.

2020년 2월, NASA가 새롭게 공개한 이미지. 제목은 '돌아온 연파랑 점'.

지구입니다. 지구와 태양 사이 거리의 40배가 넘는 지점에서 찍었기에, 인류와 생명의 모든 역사와 소란, 갈등, 행복, 사랑이 작은 점 하나에 희미하게 박제되었습니다. 말 그대로 창백한 푸른 점입니다.

창백한 푸른 점은, 사실 좀 어색한 번역어입니다. 막상 창백한 푸른 점이 뭔지 칠해보라고 하면 꽤나 당황스러울 것입니다. 모호한 색상이니까요. 더구나 푸른색은 파란색 외에 풀빛 등 녹색도 포함하는 표현입니다.

원래는 '희미한 파란 점'이나 '연한 파란 점' 정도가 정확한 번역입니다. 실제로 사진에서도 그렇게 보입니다. 하지만 광막한 우주에 겨우 존재하는, 너무나 미약하고 취약하며 희미한 '생명의 배' 느낌을 잘 담고 있는 말이어서인지 그대로 굳어졌습니다. 칼 세이건이 전달하고자 했던 주제, 그 특유의 느낌이 오히려 더 잘 살아난다고 할까요.

## 대기와 물의 존재가 만든 연파랑 점 지구

문득, 왜 그냥 파란 점이 아니라 연한 파란 점인지 궁금해질 수 있습니다. 지구의 대기 특성 때문입니다. 빛은 지나는 경로에서 자신의 파장보다 작은 입자를 만나면 흩어집니다. 이를 레일리산란이라고 합니다. 외계에서 지구가 어떤 빛으로 보일지 모델링한 연구를 보면, 지구 대기도 예외가 아닙니다. 대기를 구성하는 기체 입자는 빛 파장보다 훨씬 작기 때문에 작은 파장이 더 많이 흩어지는데, 가시광선에서는 350~550nm(나노미터, 1nm는 10억 분의 1m) 영역, 특히 450nm 이하의 파장이 주로 흩어집니다. 흔히 우리가 '파란색이다'라고 인식하는 파장이 450nm입니다. 이렇게 주로 흩어진 빛이 파란색 영역이다 보니, 지구에서는 이 산란된 빛이 하늘을 가득 채운 것처럼 보입니다. 지구에서 본 하늘이 파란 이유지요.

마찬가지 이유로 외부에서 지구를 봐도 파란빛의 반사가 두드러집니다. 바다 역시 이렇게 파란빛을 보태는 효과가 조금은 있고요.

하지만 여전히 왜 진한 파랑(deep blue)이 아니라 연파랑으로 관찰되었는지 궁금증은 해소되지 않습니다. 사실은, 구름의 존재 때문입니다. 흰색을 띠는 구름(모든 파장을 반사한다는 뜻이지요) 덕분에 파란 파장만 반사하는 경향이 좀 누그러들고, 외부에서 볼 때 강한 파란색 빛은 희석될 수 있었습니다. 우리가 보는 창백한 푸른 점은 바로 그런 '물 타기' 덕분에 만들어진 독특한 색입니다. 레일리산란을 일으키는 두텁고 투명한 대기, 얼지 않은 물의 존재와 상전이, 순환을 시사하는 구름의 존재, 바다의 존재. 지구를 지구답게 만들어주는 이 모든 존재가 연파랑 빛을 형성하고 있습니다.


## 순환하는 지구에서 기후 생각하기

이 책의 주제는 기후변화와 감염병입니다. 그중에서도 1부와 2부는 기후변화의 물리적 실체와 원인, 그리고 영향을 다룹니다. 기후는 인류가 직접 만날 수 있는 가장 거대하고 복잡한 물리계입니다. 언뜻 대기만 관련이 있을 것 같지만, 땅과 바다 등 다양한 지구 내 시스템이 서로 영향을 주고받으며 복잡하게 움직이지요. 지구를 연파랑 점으로 만든 모든 조건이 상을 바꾸고 순환하며 기후를 형성하는 데 제각각 역할을 합니다. 이렇다 보니 제대로 분석하거나 예측하기도 쉽지 않고, 그 영향을 상상하는 데에도 늘 제약이 따릅니다.

하지만 과학자들은 이런 기후의 움직임을 최대한 정밀하게 관측해 분석하고 예측까지 할 수 있는 지식과 기술을 개발했고, 지금도 다듬고 있습니다. 덕분에 우리는 인류가 유발한 기후변화의 실태와 그것이 불러올 미래, 그리고 이를 막기 위한 전략까지 체계적이고 구체적으로 짤 수 있게 되었습니다.

이렇게 파악한 지구 대기와 기후의 모습은 역동 그 자체입니다. 북태평양과 동태평양의 해수면 온도 변화(엘니뇨 또는 라니냐)가 길게는 몇 해에 걸쳐 지구 전체 기온과 강수량에 영향을 미칩니다. 멀리 티베트고원에서 발원한 저기압이 한반도에 예측 못한 장마를 일으키기도 하지요. 매우 먼 거리에 해당하는 수천km 밖에서 벌어진 한파나 열파가 엉뚱한 남극의 해빙을 녹이거나 얼립니다.

전체적으로, 급격한 기후변화는 이런 지구의 복잡하고 구석구석 서로 연결된 순환 구조에 영향을 미칩니다. 과거보다 강한 극한기상 현상이 더 자주, 강하게 발생하기도 하고, 기온이나 수온이 단기간에 상승하기도 합니다. 가뭄이나 홍수같이 여러 이상기후가 교대로 발생하는 복합 이상기후도 심심치 않게 볼 수 있습니다.

변화하는 기후는 별로 상관이 없어 보였던 다양한 사회문제와도 연관됩니다. 기온 상승과 건조화는 국제분쟁을 일으키고, 파나마운하나 수에즈운하 등 국제 해운에 중요한 인프라를 막아 경제지표에 악영향을 미칩니다. 농업 작황은 직접적인 기후 피해를 수시로 입는 대표적 분야지요. 미세먼지 등 다른 환경문제도 기후의 영향을 받습니다. 태풍 등 극한기상 현상에 의한 인명, 재산 피해는 말할 것도 없습니다. 인류의 터전인 도시조차 가라앉거나 해수면 상승에 의해 잠긴다는 예측도 수시로 나오고 있습니다.

## 품 안의 지구

기후변화는 더는 의심할 수 없는 명백한 사실입니다. 2023년 이후로는 더 이상 다른 설명을 하기 어려울 정도로 전 지구 평균기온과 해수면 온도가 가파르게 상승하고 있습니다. 2023년 6월부터 2024년 5월까지 전 지구 평균기온은 매달 해당 월 최고 기록을 경신했습니다. 1년 내내 매달 가장 뜨거웠다는 뜻입니다. 해수면 온도는 더욱 그렇습니다. 2023년 4월부터 2024년 5월까지 14개월 연속으로 그 달의 평균 수온 최고 기록을 경신했습니다. 이 글을 쓰는 것이 2024년 6월 초의 상황이므로, 이 기록은 앞으로 더 이어질 수 있습니다.

기후변화로 인류는, 적어도 현생인류가 아프리카에서 태어난 이후로는 한번도 만나지 못했던 세계 기후를 이번 세기 안에 마주하게 될지 모릅니다. 인간은 적응의 존재이므로 이 안에서 어떻게든 적응해서 살 겁니다. 하지만 그 세계는 이전의 세계와는 분명 달라질 것입니다. 어쩌면 건강과 평화, 안전, 우호가 우리가 알던 것과 다른 가치를 의미하는 단어가 될지도 모릅니다.

과학자들은 특이한 연구도 많이 합니다. 창백한 푸른 점, 아니 연파랑 점이 지구를 나타내는 대명사처럼 쓰이자, 그 색이 지구만의 특징일지를 살펴보았습니다. 지구만의 색이라면, 감성에 호소하는 흥미로운 이야기가 되겠지만, 역시 그렇지는 않았습니다. 빛의 스펙트럼을 자세히 분석한 일부 연구에 따르면, 지구와 비슷한 연한 파란색으로 빛나는 외계의 또 다른 창백한 푸른 점이 여럿 존재할 수 있다고 합니다. 지구와 매우 다른 조건을 갖고 있더라도요. 이산화탄소 대기를 지닌 화성형 행성, 두터운 대기를 지니고 물도 있지만 표면이 다 얼어 있는 얼음형 행성도 지구와 비슷한 연파

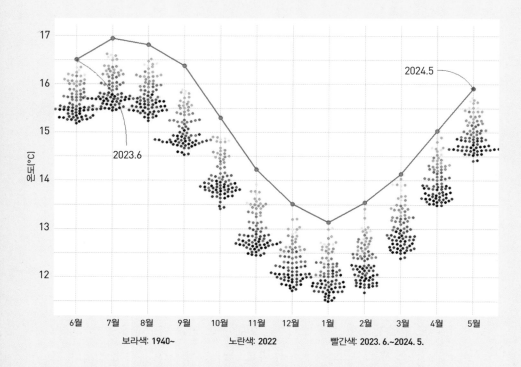

17

16

15

온도[℃]

14

13

12

2023.6

2024.5

6월  7월  8월  9월  10월  11월  12월  1월  2월  3월  4월  5월

보라색: 1940~        노란색: 2022        빨간색: 2023. 6.~2024. 5.

1940년 이후 매달 전 세계 평균 기온을 표시한 그래프입니다. 가로축은 월, 세로축은 평균 기온이며, 보라색일수록 1940년에 가깝고 노란색일수록 2024년에 가깝습니다. 빨간 점은 2023년 6월부터 2024년 5월까지의 기온입니다. 지구가 12개월 연속 그 달의 역대 최고 기온 기록을 경신했음을 강조했습니다. 2024년 6월 영국 《파이낸셜타임스》가 만든 독창적인 그래픽 스타일을 오마주해 그렸습니다.

랑 점으로 보일 거라고 합니다. 빛만 가지고 지구와 비슷한, 생명 거주 가능 행성으로 분류할 수는 없다는 뜻이지요.

물론 지구 고유의 특성을 지닌 행성도 어딘가에는 있을 것입니다. 우주에 항성은 무수히 많고, 행성 역시 무수히 많으니까요. 지구와 비슷한 스펙트럼 특성을 보이는 진정한 창백한 푸른 점을 찾을 날도 언젠가 분명 오겠지요. 하지만 그렇다고 그 행성을 지구의 대체품으로 선택할 수는 없습니다. 사진 속에서 하나의 점으로 보이는 지구, 그 안에서 탄생하고 사그라드

는 모든 역사와 소란, 갈등, 행복, 사랑을 간직하기 위해, 기후를 이해하고
우리가 감당할 수 있는 범위 안에서 변화하도록 최대한 이끄는 노력이 필
요할 것입니다.

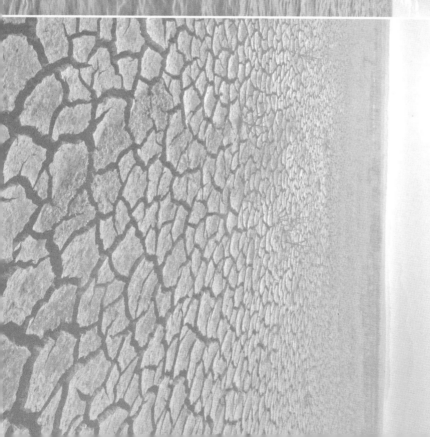

서론

# 기후과학을 배우기 위한
# 준비운동

'기후변화', '기후위기'라는 말이 점점 더 자주 들려온다. 또한 과거에 한번도 경험하지 못한 온난화에 직면했다고도 말한다. 인류의 미래를 위협할 이 재난을 제대로 이해하고 적극적으로 대응할 필요성이 더 커지고 있는 것이다. 따라서 더 나은 지식 기반 사회를 지향하는 과학자들과 연구 현장에서 활약하는 기후변화 및 대기과학 전문가들과 함께 지구의 현재와 미래를 짚어보고자 한다.

기후변화는 지구 기후 시스템 내부의 변화에 기인하는데, 우리의 생활 방식과 자연환경에 막대한 영향을 끼치고 있다. 이제부터 기후변화의 주요 원인과 이로 인해 나타나는 여러 현상을 살펴볼 것이다. 그리고 이 변화가 경제, 환경, 사회에 끼치는 영향과 그에 대응하는 우리의 전략을 알아보려고 한다. 또한 지구온난화를 비롯한 복합적인 기후 이슈들이 삶에 어떤 변화를 가져오는지 과학적 이해에 근거해서 설명하고, 지속 가능한 미래를 위한 전 지구적 및 지역적 노력을 다룰 예정이다.

우리는 2022년 서울 강남 지역에서 발생한 집중호우로 인명 피해와 함께 많은 차량이 침수되는 재산 피해를 경험했다. 시야를 넓혀보면 한반도 밖의 사례도 발견할 수 있다. 방글라데시는 2022년, 10여 년만에 일어난 최악의 침수 사태로 국가 전체가 위기를 겪었다. 이와 달리 같은 시기, 지구 반대편 북아메리카와 유럽은 역대급 가뭄과 폭염에 시달렸다. 모두 재난 영화 같은 장면을 현실에서 겪은 순간이다. 기후변화가 인류의 삶에 어떤 영향을 미칠지 다시 생각하는 계기도 되었다.

지구온난화라는 말이 관심을 받는다. 20세기 중반, 기후학자들이 관측을 통해 지구의 평균기온이 올라가고 있음을 확인하고, 그 영향이 심각함을 알게 되면서다. 특히 원인이 인간의 활동에 따른 인위적 요인이라는 사실이 점점 확실하게 밝혀지면서 심각성에 주목하는 사람이 늘어났다. 최근 논의되는 '기후위기'는 지구온난화나 기후변화에 의해 발생할 영향, 특히 생태계가 받을 영향을 고려한다. 따라서 기후변화의 이해와 더불어 기후변화가 만들 수 있는 기후위기적 상황을 정확히 예측해 대응과 대책을 세워야 할 것이다. 따라서 기후변화의 과학적 근거뿐 아니라 기후위기에 대한 중요한 대응으로서 신재생에너지 정책과 탄소중립의 방향을 제시하고자 한다.


## 2023년의 전례 없는 온난화


대중매체에서는 농업, 금융, 경제, 보건 등에 기후변화로 인해 촉발된 피해가 있을 것으로 보고 우리에게 준비를 당부한다. 그리고 지구의 모든 지역에서 똑같이 나타나는 것이 아니라고 지적하고 있다. 잠시 2023년을 돌아보자. 2023년은 기후과학자들의 입장에서 무척이나 이례적이고 놀라

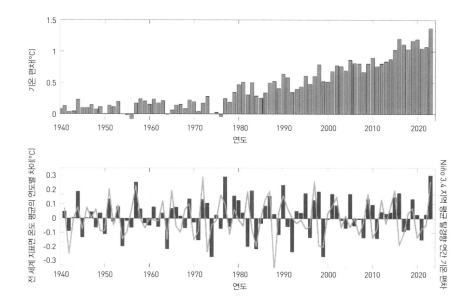

**그림1**

(위) 산업화 이전 기준 기간 1850~1879년 평균 대비 연간 지표면 대기 온도(섭씨) 상승. (아래) 파란 색 막대: 전 세계 지표면 온도 평균의 연도별 차이. 하늘색 선: 중앙태평양(Niño 3.4 지역, 5°N~5°S, 170°W~120°W) 평균 탈경향 연간 기온 편차.

운 해였다. 기후 관측이 시작된 1850년대 이후 가장 더운 해였고(그림 1), 지구 곳곳에 극심한 피해를 입히며 전례 없는 연간 기온 상승에 기여한 대 규모 엘니뇨가 발달한 해였다. 아랍에미리트(UAE) 두바이에서 각국의 정 부 사절단, 비정부 기구, 여러 업계 관계자와 이익 집단이 드디어 화석연료 시대의 '종말의 시작'을 선언한 역사적인 UN 기후변화협약(United Nations Framework Convention on Climate Change, UNFCCC) 당사국총회(Conference of the Parties, COP28)로 끝난 해기도 했다.

이곳 대한민국에서 2023년은 이례적으로 높은 가을 기온(여수에서는 평 소보다 6개월이나 이른 11월에 벚꽃이 피었다)과, 부산이 기후변화 솔루션 테마의 2030년 세계 엑스포 유치에 실패하고 개최지가 산유국 사우디아라비아로 결정된 해로 기억될 것이다.

1940년대 이후 전 지구 연평균 기온(raw mean)은 많은 것을 시사한다(그림 1 위). 지난 수십 년간 글로벌 평균기온 편차가 가속화되는 와중에 2023년은 글로벌 평균값이 기준 기간(1850~1879년) 대비 섭씨 1.4도 가까이 상승한 극단적인 경향을 보였다.

이와 같은 인위적인 온난화 경향에 연간 기온 변동이 더해졌다(그림 1 아래). 전자는 온실가스 증가(온난화)와 에어로졸 농도 변화(한랭화)에 대한 순 기온 반응이고, 후자는 엘니뇨-남방진동(El Niño-Southern Oscillation, ENSO)을 비롯해 화산 분화(1982년 엘치촌산 분화, 1991년 피나투보산 분화 등)와 일사량의 소폭 변화 같은 여러 요인이 유발한 기온 편차에 의해 발생했다. 2023년에는 적도 부근 동태평양, 남극대륙 부근 남극해 일부(수십 년 사이에 처음으로 해빙이 급속도로 감소했다), 캐나다 북부, 바렌츠해, 일본 동쪽 북서태평양에서 가장 높은 연간 온난화가 발생했다(그림 2).

1940~2023년 기온 관측에 따르면 전년 대비 섭씨 0.3도가 높아진(그림 1 아래) 2023년의 급격한 기온 상승은 적어도 지난 60년간 전례 없는 일이다. 비슷한 사례를 찾자면 전년 대비 섭씨 0.29도가 높아진 1977년을 들 수 있다. 2023년의 이례적인 상황을 이해하기 위해서는 급격한 연간 온난화에 기여한 물리적 메커니즘을 살펴볼 필요가 있다.

기후과학자들은 2023년 초여름부터 지구온난화 경향이 예상보다 증가했음을 인식하고 있었다. 급격한 연간 온난화를 설명할 수 있는 요인으로 네 가지 가설을 제안했다. ① 2022년 1월에 발생한 홍가통가-홍가하파이섬의 화산 분화로 성층권으로 1억 2500만~1억 5000만 톤의 수증기가 유입되었다. 이것이 강력한 온실가스로 기능하며 앞으로 수년간 지구온

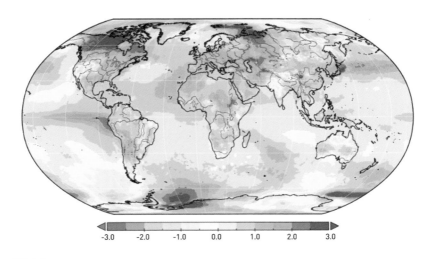

1991~2020년 평균 대비 연간 평균 지표 기온 편차.

난화를 유발할 가능성이 있다. ② 2020년에 UN 국제해사기구(International Maritime Organization, IMO)가 항만 인근의 공공 보건 증진을 위해 황산화물 함유 선박 연료를 규제하기로 결정했다. 해운업계에서 새로운 규제에 부응하면서 2023년 전 세계 이산화황 배출량이 줄어들었다. 그 결과 지표면에 도달하는 태양광이 증가했다. ③ 동대서양 아열대의 대기 변화(그림 2)가 급격한 연간 온난화 경향에 기여했을 가능성이 있다. ④ 2020~2022년의 '트리플 딥' 라니냐가 2023년에 엘니뇨로 전환되었다. 네 가지 가설을 하나씩 살펴보자.

먼저 홍가퉁가−홍가하파이 화산 분출의 영향을 알아보기 위해 기후물리연구단(IBS Center for Climate Physics, ICCP)의 란 다이 연구원이 아일랜드 기상청(Met Éireann)의 티도 셈러 박사와 알레프 슈퍼컴퓨터를 이용해 연구한 내용이다. 최첨단 지구 시스템 모델에 1억 2500만 톤의 성층권 수증기를 주입해 대규모 화산 폭발에 기후가 어떻게 반응하는지 시뮬레이션했다. 몇 주에 걸친 컴퓨팅 끝에 도출된 결과는 명백했다. 2023년에 관측된 이상 온난화는 홍가통가-홍가하파이 화산 분출의 영향으로 설명하기에는 지나치게 규모가 컸다. 이는 화산 분출에 따른 성층권 수증기 복사 강제력이 일으킬 것으로 예상되는 2023년 온난화는 섭씨 0.05도 미만이라는 최근 연구 결과와도 일맥상통한다.

가설 ②로 넘어가자. 선박 연료의 이산화황 배출량 감소에 의한 온난화 영향은 주요 선박 항로에서 가장 뚜렷하게 나타나야 한다. 하지만 실상은 그렇지 않았다(그림 2). 이 배출량 감소의 영향은 해양의 열 관성 때문에 향후 10년간 점진적으로 누적되어 2030년에 섭씨 0.032도에 달할 것으로 추정된다. 하지만 2023년에는 그 영향이 최대 섭씨 0.02도밖에 되지 않았던 것으로 나타났다. 2023년에 관측된 과도한 온난화를 설명하기에는 너무 작은 수치다(그림 1 아래).

가설 ③을 살펴보자. 2023년 늦봄에 이미 월간 전 지구 평균기온 기록이 경신되었다. 그중에서 특히 눈에 띄는 지역은 북동대서양 아열대였다(그림 2). 지역 평균기온이 일시적으로 평소보다 섭씨 1.3도 이상 상승했다. 5월과 6월에는 국지적으로 최대 섭씨 3~4도까지도 상승했다. 이와 같은 온난화는 약한 아조레스고기압(포르투갈 서쪽 대서양의 아조레스 제도 부근을 중심으로 발달한 북대서양 아열대고기압으로, 여름철에 가장 잘 발달한다)과 그에 따른 약한 무역풍이 원인으로 꼽힌다. 약한 무역풍은 네 가지 방식으로 지역 수준 온난화에 기여한다. 1) 카나리아해류(북대서양 순환의 일부분을 형성하는 해류)의 한류 상승이 줄어들고, 2) 풍속이 줄어들어 증발냉각이 감소하며, 3) 하층 층운이 줄어들고, 4) 태양광을 흡수하는 사하라 황사의 해양 상층 이동량이 줄어든다.

이 모든 요인은 북동대서양 아열대에서 카테고리 4(극심) 해양 열파가 급속히 발달하는 데 기여했으며, 이는 같은 기간 글로벌 평균 기온에 영향을 주었다. 그러나 대서양 아열대는 전 세계 지표 면적 대비 상대적으로 작은 면적을 차지하기 때문에 대서양 무역풍의 약화가 섭씨 0.3도에 달하는 연간 온난화 경향의 주범이었다고 보기는 어렵다.

이처럼 연구자들은 원인을 규명하기 위해 관측과 모형 시뮬레이션이라는 과학적 방법을 이용해 하나씩 확인해나간다. 그리고 결국, 어느 요인이 더 영향을 많이 주는지 알게 될 것이다. 과학자들은 복합적인 기후변화의 원인을 규명하기 위해 가설을 세우고, 이를 연구에 반영하는 과정을 되풀이한다. 그럼 이제부터 지속 가능한 미래를 위한 전 지구적 노력을 본격적으로 알아보자.

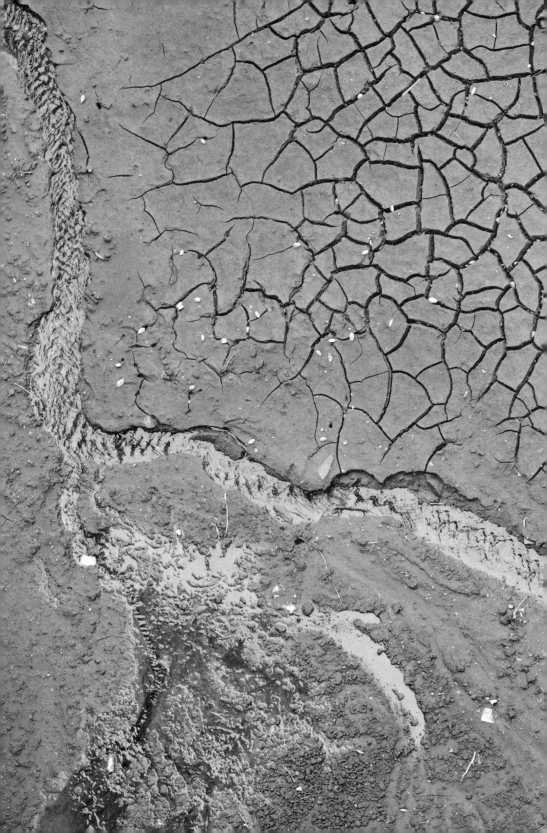

# 1부

# 지구의
# 기후변화

온실가스 감축 노력이 이루어지는 시나리오(SSP2-4.5)에서 동아시아 북서부에서는 건조 폭염이 44.2일, 동아시아 남부에서 습윤 폭염이 73일 발생하는 것으로 예상되었다. 하지만 온실가스 감축 노력을 하지 않는 시나리오(SSP5-8.5)에서 건조 폭염 발생일은 70.6일, 습윤 폭염 발생일은 122.1일로 크게 증가할 것으로 나타났다. 한반도의 경우 건조 폭염은 늘지 않겠지만, 습윤 폭염은 10년에 2일 정도씩 지속적으로 증가할 것으로 예측되었다.

## 기후모델링

기후변화와 관련해 다양한 예측과 분석이 가능한 것은 정교한 기후모형이 존재하기 때문이다. 기후라는 매우 복잡한 현상을 제대로 모사하고자 노력한 선구적 과학자들의 오랜 시도와 연구가 누적된 결과다. 특히 습윤 폭염 연구 사례처럼, 육상의 폭염을 연구할 때 바다의 영향이 중요한데, 이처럼 서로 다른 권역의 영향을 고려하는 정교한 모델 연구가 큰 기여를 했다.

2021년 노벨물리학상을 받은 프린스턴대학의 마나베 슈쿠로(眞鍋淑郎) 교수는 1967년, 지금까지도 유사하게 이루어질 정도로 기후과학에서 중요하게 다루어지는 실험을 했다. 대기 중 이산화탄소량이 2배 증가하면 지구의 평균온도가 얼마나 상승하는가를 최초로 정량화한 것이다.

마나베 교수는 이 과정에서 기후모델링 기법을 사용했다. 기후모델링이란 기후나 기후변화를 예측하기 위해 개발된 과학기술적 방법으로, 기후 시뮬레이션 모형을 구축한 뒤 모형을 적분해 기후가 시간에 따라 어떻게 발전해가는지 알아낸다. 각 기후 요소들이 시간이 흐르면 어떻게 변하는지 정량적으로 보였다.

프린스턴대학 지구물리유체역학연구소(Geophysical Fluid Dynamics Laboratory, GFDL)에서 마나베 교수는 기후모델링을 활용한 기후 연구를 주도하며 지난 60년간 지구온난화의 진행을 모형 시뮬레이션으로 실험했다. 그리고 기후의 변동성 및 변동량을 정량화했으며, 기후변화의 원인을 파악하는 연구를 했다. 이산화탄소 농도와 지구 평균기온을 다룬 1967년 논문도 그중 하나다. 1975년에는 기후모형의 효시가 된 초기 대기대순환 모형(Atmospheric General Circulation Model, AGCM)을 통해 지구온난화를 시뮬레이션했다.

## 해양과 지표 데이터

기온은 전체 권역의 영향을 받아 결정된다. 마찬가지로 대기권과 해양권(수권)을 어떻게 접합하는지에 따라 모형의 시간 발전 양상 역시 달라진다. 대기-해양 접합 기후모형의 개발이 중요해졌다. 1965년부터 약 10년간, 대기과학에서 가장 중요하면서도 혁신적인 과학적 발견은 접합모형과 분광학적 변환 기법을 개발한 것이다.

먼저 해양모형과 대기모형의 결합을 보자. 높은 열용량을 가진 해양은 기후 시스템의 가장 주요한 요소다. GFDL의 해양모형 개발자였던 커크 브라이언(Kirk Bryan) 박사와 마나베 교수는 기후의 시간적 발전에서 가장 중요한 해양의 영향을 대기모형 안에 넣었고, 1969년 발표한 논문에서 처음으로 접합이라는 과정을 선보였다. 이 모델은 지권, 빙권도 접합 과정으로 확장했고 기후를 보다 상세히 시뮬레이션할 수 있게 되었다.

기후는 대기권 외에 지권, 빙권, 수권 등 다양한 요인을 함께 연구해야 한다. 최근 기후모델링 분야는 이들의 영향을 모두 결합해 매우 정교하게 기후를 예측한다. 이 같은 접합 해양대기대순환모형(Coupled OAGCM)은 기후모형의 실질적인 시작으로 평가받으며, 현재는 수평 및 연직 방향으로도 매우 많은 대기층을 가진 고분해능 모형으로까지 발달했다. IPCC 제6차 보고서에서 사용된 모형의 수만 40개가 넘을 정도로 다양해졌으며, 모형 사이의 비교를 통해 불확실성을 줄여 그 평균 결과를 지구온난화 과정으로 산출하고 있다.

지구온난화를 모형 시뮬레이션으로 실험하려면 변동성이나 변동량을 정량화하고 기후변화의 원인을 정확하게 파악해야 한다. 초기에는 1차원 복사-대류모형이었다. 입사하는 복사와 방출되는 복사의 복사평형으로 기온의 연직 프로파일(특성)이 결정되는데, 연직으로 발생하는 대류 불안정을 통해 온도를 전달하는 과정이 포함되었다.

지구 평균기온을 좌우하는 다양한 조건을 대류(R), 수평적 열수송(H), 연직 열수송(V), 기타 요인(O), $CO_2$와 같은 온실기체(C)로 간주하는 것이 아레니우스(Svante Arrhenius) 이후의 물리적 관점이라면, 마나베 박사는 복사와 연직 수송의 중요성을 강조하고 $CO_2$를 2배로 가정하여 단순화했다.

현재도 기후모델링에는 지구시스템모형이 활용되며 첨단 슈퍼컴퓨터로 계산이 이루어진다. 전 지구 기후시스템모형(Community Earth System Model, CESM)이 대표적이다. 자연계 내 복잡계의 시간 발전을 알기 위해 운동량, 열, 질량, 수분 등 다양한 보존량을 나타내는 수지방정식을 세우고, 슈퍼컴퓨터로 이들을 시뮬레이션한다. 기후위기에 대처하기 위하여 전 세계가 '탄소중립' 정책을 공언하고 있는만큼, 기후과학자들은 지구시스템모형의 정확성을 높이기 위해 최선을 다한다. 위에서 소개한 기후모

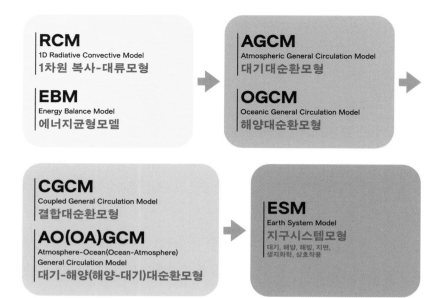

그림 1-2
기후변화 연구를 위한 발전 단계별 기후모형의 변화.

델링에 나오는 기후모형의 발전 단계를 그림 1-2에 요약했다.

그러나 모형만이 전부는 아니다. 기후물리계에도 기후변화와 관련해 완전하게 풀리지 않은 핵심 질문들이 남아 있다. 지구온난화가 계속될 때 주요 빙상의 해수면 높이가 어떻게 달라질지 우리는 아직 잘 모른다. 해수면 상승에 적지 않은 영향력을 가지는 것으로 알려진 극지역의 빙상에 대한 이해도 부족하다. 마지막으로 온난화로 인한 기후 스트레스를 어떻게 정량화할 것인가 역시 여전히 남겨진 숙제다. 이러한 질문에 대한 답을 구하기 위해 최전선에서 분투하는 대기과학자들의 노력을 앞으로 이어질 내용에서 만날 수 있을 것이다.

# 변화의 추이

## 태풍

태풍은 먼바다에서 발생해 대부분의 생애를 바다에서 보내기 때문에 인공위성을 이용하지 않으면 발생했는지조차 알 수 없었다. 인공위성의 태풍 영상에서 구름이 움직이는 모습을 보면 바람개비가 도는 것과 비슷하다. 태풍 가운데를 중심으로 반시계 방향으로 빙글빙글 도는 모습이 그렇다. 바람개비 태풍이 육지에 상륙하면 지역에 상관없이 상당한 피해가 발생한다. 대비를 철저히 하면 피해를 줄일 수 있겠지만, 아무 일 없다는 듯 태풍이 스쳐가는 일은 없다.

2022년 제11호 태풍 힌남노(Hinnamnor)는 8월 28일 발생해서 9월 6일에 소멸했다. 관측 사상 처음으로 북위 25도선 이북 중위도 인근에서 발생해서 슈퍼 태풍 등급까지 발달했다. 중위도 가까이에서 최전성기를 맞았고 이동 속도가 빨라서 강력한 세력을 유지한 채 한반도에 상륙해 경상북도 포항과 경주를 중심으로 부산, 울산, 경상남도 지역, 제주특별자치도 등에 1조 7300억 원에 이르는 재산 피해를 끼쳤다. 특히, 포항의 피해가 막대해서 포항제철소가 창립 이래 최초로 가동이 전면 중단되는 사태가 발생했다. 재산 피해액으로 루사, 매미, 에위니아에 이어 역대 4위에 해당한다.

한반도의 주요 태풍 피해는 홍수와 산사태 때문에 발생한다. 그럼 태풍이 동반하는 비와 바람은 어디서 오는 것일까? 바로 태풍이 지닌 엄청난 양의 에너지가 사용되면서 만들어지는 결과물이다. 태풍의 에너지 크기는 화산 폭발의 평균 10배에 이를 만큼 어마어마하다.

태풍은 '강하게 발달한 열대저기압'이라고 정의한다. 열대저기압의 최대 풍속이 초속 17m 이상 되면 태풍 이름을 붙인다. 열대저기압이라는 명칭에서 알 수 있듯이, 지금까지 태풍은 거의 남북위 30도 이내의 열대 지역에서 발생했다. 따라서 힌남노가 발생한 북위 25.8도는 상당히 높은 위도인 셈이다. 태풍은 한반도가 속한 중위도에서 만들어지는 온대저기압과 발생 원인, 형태가 근본적으로 다르다. 저기압이라는 공통점 말고는 모두 다르다고 생각해도 크게 틀리지 않는다.

태풍은 발생할 때부터 중심을 둘러싼 일기 등압선이 과녁처럼 원형을 이루고 있다. 또 중심으로 갈수록 등압선 간격이 촘촘해진다. 반면에 온대저기압은 만들어질 때부터 전선(온난전선이나 한랭전선)을 동반하는 경우가 대부분이다. 등압선은 한쪽으로 찌그러진 찐빵 모양이며, 간격도 중심과 바깥 부분에서 거의 비슷하다. 두 저기압은 생김새뿐 아니라 움직이는 방향도 다르다. 태풍은 발생 후에 서쪽으로 향하면서 중위도로 북상한다. 그러다 중위도에 와서 편서풍대를 만나면 동쪽으로 방향을 바꾼다. 이와 달리 온대저기압은 편서풍의 영향을 받아서 서쪽에서 동쪽으로 움직인다.

태풍과 온대저기압은 저기압으로서 형태를 유지하게 하는 에너지원도 다르다. 태풍의 에너지원은 잠열이다. 뜨거운 열대 바다에서 증발한 기체 상태의 수증기가 대기 상층에서 액체인 물로 바뀌면서 내뿜는 잠열로부터 에너지를 얻는다. 구름 내부에서 방출된 잠열은 대기의 온도를 높이고, 주위보다 기온이 높아진 공기덩어리는 성층권에 도달할 때까지 상승한다.

그런데 성층권은 오존이 태양열을 흡수해 고도에 따라 기온이 높아지는 매우 안정한 대기층이어서 아무리 강한 상승기류라도 이 층을 뚫을 수가 없다. 성층권 하부까지 상승한 태풍의 공기는 더 올라가지 못하고 주변 지역으로 빠져나간다. 태풍 내부에서는 공기가 빠져나가니까 공기가 지면을 누르는 힘인 기압이 더 낮아진다. 그러면 태풍과 주변 지역의 기압 차이가 커지고, 이를 상쇄시키기 위해 주변 공기가 태풍을 향해 모여든다. 태풍의 중심기압이 낮아질수록 공기가 세차게 들어오는데, 이때 수증기도 함

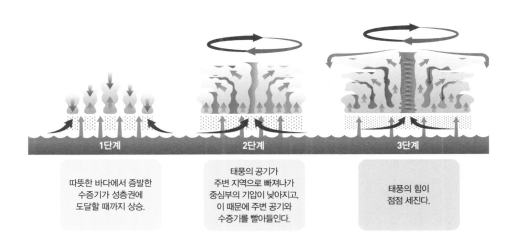

| 1단계 | 2단계 | 3단계 |
| --- | --- | --- |
| 따뜻한 바다에서 증발한 수증기가 성층권에 도달할 때까지 상승. | 태풍의 공기가 주변 지역으로 빠져나가 중심부의 기압이 낮아지고, 이 때문에 주변 공기와 수증기를 빨아들인다. | 태풍의 힘이 점점 세진다. |

**그림 1-3**

태풍은 뜨거운 열대 바다에서 증발한 기체 상태의 수증기가 대기 상층에서 물로 바뀌면서 내뿜는 잠열로부터 에너지를 얻는다. 구름 내부에서 방출된 잠열은 대기의 온도를 높이고, 주위보다 기온이 높아진 공기덩어리는 성층권에 도달할 때까지 상승한다. 성층권 하부 또는 대류권 상부까지 상승한 태풍의 공기는 더 상승하지 못하고 주변 지역으로 빠져나가는데, 이때 태풍의 중심기압이 떨어진다. 태풍을 향해 공기와 함께 수증기가 몰려들면서 태풍은 강해진다.

께 들어온다. 사방에서 태풍을 향해 모여든 공기는 위로 상승해서 성층권 하부와 대류권 상부에서 주변으로 빠져나간다. 그러면서 중심기압은 더 낮아진다. 이와 같은 과정을 통해서 태풍은 더욱 강하게 발달한다(그림 1-3 참고). 만일 태풍이 중위도로 북상하지 않고 열대 해양에만 머문다면 태풍과 태풍이 아닌 것 둘밖에는 존재하지 않을 만큼 강하게 발달할 것이다.

열대저기압과 달리, 온대저기압은 성질이 서로 다른 공기덩어리가 만났을 때 상대적으로 더운 공기가 상승해서 생기는 위치에너지로부터 힘을 얻는다. 여름이면 어김없이 찾아오는 장마전선은 덥고 습한 북태평양고기압과 상대적으로 온도가 낮고 건조한 아시아 대륙의 공기덩어리가 만나서 형성되는 것이다.

## 태풍의 세기와 크기, 소멸

매해 전 세계 열대 바다에서는 수백 개의 열대저기압이 만들어진다. 그 중 80개 정도가 중심 지역에서 초속 17m 이상의 바람이 부는 태풍으로 발달한다. 열대저기압은 북서태평양, 북동태평양, 북대서양, 북인도양, 남인도양, 남태평양에서 발생하는데 공통적으로 따뜻한 해수면으로부터 잠열을 공급받아서 성장한다. 열대저기압은 생기는 지역에 따라서 부르는 이름이 다르다. 북서태평양에서 발생하면 '태풍', 북동태평양과 북대서양에서는 '허리케인', 북인도양, 남인도양, 남태평양에서는 '사이클론'이라고 부른다.

태풍의 영어 이름인 '타이푼(typhoon)'의 유래는 그리스신화에서 찾을 수 있다. 대지의 여신 가이아는 거인 타르타로스와 결혼해서 '티폰

(Typhon)'을 낳았다. 티폰은 뱀 100마리의 머리와 강력한 손과 발을 가진 용사다. 하지만 제우스 신의 공격을 받아서 불을 내뿜는 힘을 뺏기고, 폭풍우를 불러오는 힘만 남게 되었다. 사람들은 대기 중에서 발생하는 폭풍우를 티폰과 연결지어 불렀고, 이렇게 해서 타이푼이라는 이름이 생겨났다.

허리케인(hurricane)은 카리브해 지역 원주민이 쓰던 말인 타이노어의 '우라칸(Hurakßn)'에서 비롯되었다. 오래전 스페인 사람들이 카리브해를 탐험하면서 허리케인을 만나 크게 고생했는데, 타이노 사람들이 허리케인을 두고 우라칸이라고 이야기하는 것을 들었다. 우라칸은 마야 문명의 신화에 등장하는 날씨의 신으로, 바람과 폭풍우, 불을 다스렸다고 한다. 그 뒤로 우라칸이라는 이름이 허리케인으로 변형되어 오늘날까지 쓰이게 되었다. 또한 사이클론(cyclone)은 그리스신화에 나오는 외눈 거인 '키클롭스'에서 왔다. 키클롭스를 영어로 '사이클롭스(cyclops)'라고 한다. 태풍의 한가운데는 '태풍의 눈'이라 부르는 곳이 있는데, 이 모습을 보면 외눈 거인이 떠오른다.

북서태평양에서 발생하는 태풍 수가 가장 많아서 전 세계 태풍의 38%를 차지하고, 북동태평양과 북대서양의 허리케인 그리고 남반구 인도양과 태평양의 사이클론이 각각 28%를 차지한다. 태풍이 생성되는 지역에 따라서 이름이 다르듯이 발생하는 시기도 다르다. 북반구에서는 6~11월에 가장 자주 발생하고, 북반구와 계절이 반대인 남반구에서는 11~5월에 많다.

태풍으로 발달한 열대저기압은 중심 부근에서 10분 동안 부는 바람의 평균속도를 기준으로 일반, 중, 강, 매우 강, 초강력으로 구분한다. 먼저 '일반' 태풍의 중심 부근에는 초속 17~24m의 바람이 분다. 건물에 붙은 간판이 날아갈 정도다. '중' 태풍에서는 초속 25~32m의 바람이 부는데, 지붕이 날아갈 정도의 세기다. '강' 태풍에서는 초속 33~44m의 세찬 바람이 분다. 이 정도 풍속에서는 기차가 탈선할 수 있어서 강 태풍이 상륙하면 운행을 멈춰야 한다. '매우 강' 태풍에서는 초속 45~53m의 강한 바람이 분다. 사람과 커다란 돌이 날아갈 정도이니, 특별한 사정이 없다면 외부 활동을 피해야 한다.

마지막으로 '초강력' 태풍에서는 초속 54m 이상의 바람이 분다. 건물이 무너질 정도로 강한 세기다. 한반도에는 아직까지 초강력 태풍이 상륙한 적이 없다. 하지만 앞으로는 지구온난화 때문에 그 가능성을 배제할 수 없다. 초강력 태풍이 상륙하면 우리는 주변의 가까운 대피소로 가야 할 것이다.

태풍은 크기에 따라서 소형, 중형, 대형, 초대형으로 나눌 수도 있다. 반지름을 기준으로 300km 미만이면 소형, 300~500km이면 중형, 500~800km이면 대형, 800km 이상이면 초대형으로 분류한다. 서울과 부산의 직선거리가 325km인 것을 감안하면 소형 태풍이라도 얼마나 큰지 짐작할 수 있다.

그런데 '소형 태풍이 상륙했다'고 하면 사람들이 크기가 작다고 가볍게 생각해 대비를 소홀히 할 수 있다. 그래서 기상청에서는 2020년부터 태풍의 크기를 더는 발표하지 않기로 했다. 현재는 크기 대신에 '강풍 반경'과 '폭풍 반경'에 관한 정보를 제공한다. 강풍 반경은 태풍 중심으로부터 초속 15m 이상의 바람이 부는 영역이고, 폭풍 반경은 초속 25m 이상의 바람이 부는 영역이다.

태풍을 바람의 세기와 크기에 따라 구분해서 살펴보았다. 초강력 태풍이 아니고 폭풍 반경의 영역 밖에 있다고 해서 절대로 안심해서는 안 된다. 이는 단순하게 기준에 따라 상대적으로 정한 분류이기 때문이다. 모든 강도와 크기의 태풍은 세찬 비바람을 불러오는 강하게 발달한 열대저기압이고, 한반도에 상륙하면 크든 작든 피해를 불러온다. 지금까지 서울과 수도권에서 발생했던 피해를 살펴보면 태풍이 강할 때보다 오히려 약할 때 피해액이 더 컸다.

태풍은 중위도에 올라가면 급격하게 약해져서 얼마 지나지 않아 수명을 다한다. 중위도 지역의 바다 온도가 열대 바다보다 훨씬 낮아서 수증기 에너지 공급이 크게 줄고, 육지에 상륙하면 이마저 중단되기 때문이다. 수증기를 공급받지 못하니까 에너지원인 잠열을 얻을 수 없는 상황에 이른 것이다. 대개 태풍이 육지로 올라가면 태풍의 아랫부분이 가장 먼저 그리고 가장 많이 변한다. 육지에는 산이 많아서, 표면이 매끈한 바다와 비교했을 때 훨씬 거칠다. 태풍이 지표면과 부딪치는 마찰이 커지면서 갖고 있던 에너지를 써야 하고, 이로 인해 바람 세기가 급격하게 약해진다. 산악이 많은 곳에 상륙하면 태풍이 사라지는 시기도 앞당겨진다.

## 지구온난화와 태풍

지구온난화로 전 세계가 더워지고 있지만 지역에 따라서 상승하는 온도의 값이 다르다. 대개 바다보다는 육지에서, 열대 지역보다는 중위도와 극 지역에서 상승폭이 크다. 미래에도 이런 형태로 지구온난화가 진행될 것으로 예상한다. 온도 상승이 가장 적게 나타나는 열대 바다에서 태풍이 발생하고 성장하니 지구온난화의 영향도 적게 받지 않을까 생각할 수 있다. 그런데 절대 그렇지 않을 것으로 전망된다.

바다는 육지보다 비열이 5배 정도 높다. (비열은 물질 1g의 온도를 섭씨 1도

올리는 데 필요한 열로서, 칼로리 단위를 사용한다. 물의 비열은 1칼로리이며, 흙은 성분에 따라 다르지만 대개는 0.2칼로리 정도다. 그래서 열 1칼로리로 온도를 높인다면 물은 섭씨 1도, 흙은 5도가 높아진다.) 바다와 육지에 똑같은 양의 열에너지가 가해져도 바다보다 육지에서 온도 상승이 더 크다는 것을 뜻한다. 또한 바다는 바닷속에서 물이 아래위로 움직이며 열이 아래로 전달되기 때문에 표면의 온도 상승이 크지 않을 수 있다. 게다가 열대 바다는 대류권의 높이가 중위도의 1.5배, 극 지역의 2배에 이를 정도로 높아서, 해면에서 증가한 열에너지가 대기로 많이 흩어질 수 있다.

이처럼 열대 바다는 육지나 다른 지역에 비해 온도가 크게 오르지 않는 특징을 가졌음에도 지구온난화로 인해 온도가 뚜렷하게 상승하고 있다. 지금 따뜻해진 열대 바다는 설령 가까운 미래에 지구온난화가 멈춘다고 해도 예전의 온도로 돌아가는 데 수십, 수백 년이 더 걸릴 것이다. 열대 바다의 온도가 높아지면 자연히 증발하는 수증기량이 늘어난다. 그러면 대기에는 더 많은 수증기가 쌓이고, 태풍을 성장시키는 에너지가 많아질 테니 당연히 태풍은 더 빠르게, 더 강하게 발달할 수 있다. 앞서 언급한 중위도 부근에서 급격하게 발달한 태풍 힌남노 사례가 지구온난화의 영향일 수 있다는 이야기다.

지구온난화가 계속되면 열대, 극 지역과 마찬가지로 중위도 바다 표면도 온도가 크게 올라간다. 이렇게 중위도 바다가 따뜻해지면 태풍이 중위도로 올라와서도 세력이 빨리 약해지지 않을 것이다. 강도를 유지하거나 계속해서 수증기를 공급받아 오히려 거세질 수 있다. 이렇게 되면 태풍이 많이 상륙하는 한반도와 일본에 피해가 더 커질지 모른다.

지구온난화의 영향은 지구 온도를 높이고 대기에 수증기량을 증가시키는 데 그치지 않는다. 중위도를 휘감고 있는 편서풍 바람을 약하게 할 것이다. 중위도 편서풍은 열대와 중위도 지역 간의 기압 차이 때문에 발생한다. 지구온난화가 계속되면 중위도 지역의 기온이 더 많이 올라가서 위도 간 기압 차이가 줄어들고, 편서풍은 자연스럽게 약해질 것이다. 태풍을 움직이게 하는 편서풍이 약해지면 중위도에서 태풍이 이동하는 속도가 느려진다. 태풍이 육지에 상륙해서 빨리 지나가야 할 텐데, 머무는 시간이 길어지니 피해도 더 커질 것이다.

많은 과학자가 지구온난화가 이어진다면 미래의 태풍은 지금보다 더 세지고, 피해도 커질 거라고 예상한다. 그럼, 태풍의 수는 어떻게 될까? 지금은 해마다 3~4개의 태풍이 한반도에 영향을 끼치는데 미래에는 더 늘어날까, 줄어들까? 아니면 지금과 비슷할까?

지구 전체적으로 보면 태풍의 발생 수는 줄어들 것으로 예측된다. 태풍이 발생하는 근본적인 원인 가운데 하나는 열대 지역과 중위도 지역 간 열에너지 차이다. 지구는 두 지역 사이의 에너지 차이를 줄이려고 열대 바다에 쌓인 열에너지를 태풍이라는 거대한 원통에 담아서 10여 일의 짧은 기간 안에 중위도 지역으로 옮기는 것이다. 지구온난화로 중위도 지역의 기온이 크게 오르면 열대 지역과 열에너지 차이가 그만큼 줄어들 것이다.

하지만 이것은 전 지구를 대상으로 한 예상이다. 북서태평양, 다시 말해서 우리나라에 영향을 끼치는 태풍이 만들어지는 지역에서도 발생 수가 줄 것이라고는 확신할 수 없다. 태풍은 지구 기후의 조절자다. 하지만 지구온난화 시대에는 발생 빈도와 강도, 지속 시간 모두 바뀔 가능성이 높다. 한반도에 끼칠 영향도 달라질 것이다. 그러니 우리는 계속해서 지구온난화와 태풍을 주의 깊게 살피면서 앞으로 있을지 모를 더 큰 피해에 철저히 대비해야 한다.

# 집중호우

2020년, 우리나라 장마는 기록적이었다. 8월 중순까지 54일간 이어진 역대 최장 장마였고, 6~9월 누적 강수량은 1971년 이래 최고치를 기록했다. 그만큼 피해도 컸다. 안타깝게도 46명이 사망하거나 실종되었고, 1조 원이 넘는 재산 피해가 발생했다. 피해가 컸던 가장 큰 이유는 장맛비가 꾸준히 내린 것이 아니라 간헐적인 집중호우 형태로 발생했기 때문이다. 6월 중순에 시작한 집중호우는 8월 중순까지 이어졌고 총 15차례 발생했다. 특히 7월 30일부터 8월 10일 사이 집중적으로 발생했으며, 시간당 강수량이 80mm가 넘기도 했다.

2020년 장마의 충격이 컸던 데는 수년간 이어진 마른장마 탓도 있다. 무려 7년간 장마철 강수량이 충분하지 않았다. 이는 곧 장기간 가뭄으로 이어졌다. 이로 인해 봄철 대규모 산불이 발생하기도 했다. 그런데 예상치 못한 강력한 집중호우가 2020년 여름, 연속적으로 발생한 것이다.

역대 최장 장마의 충격이 채 가시기도 전, 2022년 8월 8일 또다시 극단적인 집중호우가 서울 도심 한복판에서 발생했다. 신대방동에서 시간당 141mm의 집중호우가 기록되었다. 기후학적으로 8월 초는 장마 휴지기로 보통 무더위가 나타나는 시기임에도, 서울 관측 역사상 가장 강력한 집중호우가 이때 발생한 것이다.

보통 시간당 강수량이 30mm를 넘어가면 양동이로 물을 붓는 듯하다. 운전 중이라면 와이퍼가 아무런 도움이 되지 않는다. 그런데 시간당 100mm 넘는 비가 수 시간 동안 이어졌고, 그 몇 시간 사이 도심 곳곳이 침수되며 사상자까지 발생했다. 강남 한복판의 침수된 차량 위에서 구조를 기다리는 직장인을 촬영한 사진은 다음 날 조간신문 1면을 장식했다. 더욱

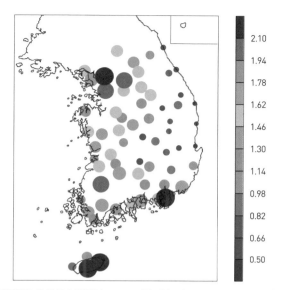

집중호우 발생 일수(시간당 30mm 이상 강수 기록 기준, 1991~2020년)

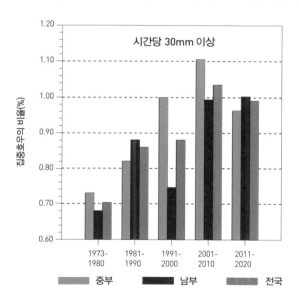

위는 1991~2020년의 기간 중 전국 66개 관측소에서 6~9월에 기록한 집중호우 발생 일수다. 시간당 30mm 이상을 기준으로 했다. 아래는 1973~2020년 전국 56개 관측소에서 6~9월에 기록한 호우 가운데 집중호우의 비율이다. 역시 시간당 30mm 이상을 기준으로 했다.

가슴 아픈 장면은 반지하 가정집에 갑자기 들이닥친 빗물로 일가족이 생을 마감한 일이었다.

기상청은 3시간 누적 강수량이 60mm 이상일 경우 또는 12시간 누적 강수량이 110mm 이상일 경우 집중호우라고 정의한다. 이 기준은 호우주의보를 발표하는 데 사용된다. 만약 3시간 동안 90mm나 12시간 동안 180mm의 폭우가 내린다면 호우 경보가 발표된다. 하지만 연구자들의 경우 일부 다른 정의를 사용할 때도 있다. 예를 들어 시간당 강수량 30mm 이상을 집중호우로 보기도 한다.

그림 1-4는 여름철 집중호우의 시공간 분포를 보여준다. 시간당 강수량 30mm 이상 집중호우를 기준으로, 가장 자주 발생하는 지역은 제주도다. 한라산이 장애물 역할을 해 집중호우가 잦다. 남부 해안 지방과 수도권에서도 발생이 두드러지는데, 특히 7월과 8월에 집중된다. 전국적으로는 서해안에서 동쪽 내륙으로 갈수록 빈도가 줄어드는 경향이 있다. 이는 비구름이 백두대간을 통과하기 전에 대부분의 비를 내리기 때문이다. 이와 같은 지형 효과는 강한 호우일수록 두드러진다.

그림 1-4의 아래쪽 그래프는 남부, 중부 그리고 전국적인 집중호우의 발생 빈도를 시기별로 나타낸 것이다. 1990년대와 2000년대에는 중부 지방에서 집중호우가 빈번했던 반면(녹색 막대그래프), 다른 시기에는 남부 지방에서 두드러졌음을 알 수 있다. 무엇보다 지난 40년간 전국적으로 발생 빈도가 점진적으로 증가하는 경향을 보인다. 2020년 최장 기간 장마와 2022년 서울 홍수가 기후변화와 무관하지 않음을 시사한다.

## 정체전선과 태풍의 영향

집중호우는 매우 다양한 원인에 의해 발생하는데 그 가운데 장마전선에서 발달하는 요란(disturbance)이 중요하다. 염두해야 할 것은 장마전선 자체가 집중호우의 직접적인 원인은 아니라는 점이다. 장마전선상에서 발생하는 강수는 지속적이지만 강도는 크지 않다. 오히려 장마전선 또는 그 주변에서 요란이 발생할 때 집중호우로 이어진다. 일례로 한반도로 접근하는 저기압이 장마전선을 만나면서 집중호우가 발생할 수 있다. 태풍도 주요 원인 중 하나다. 경우에 따라서는 국지적인 대기 불안정으로 생성되기도 한다. 따라서 집중호우는 간헐적으로 발생하며, 그만큼 예측하는 것도 어렵다.

장마전선은 학계의 공식 용어는 아니다. 여름철 한반도 주위에 형성되는 '정체전선'이 보다 정확한 표현이다. 정체전선은 생성 자체가 매우 복잡한 과정을 거친다. 여름철 한반도 근처 정체전선은 다양한 기단의 영향을 받는다. 기단은 비슷한 성질을 가지는 거대한 공기덩어리를 의미하며, 가장 대표적인 것이 북태평양고기압으로 불리는 북태평양기단이다. 북태평양의 따뜻한 바다 위에 머물면서 한반도 정체전선에 큰 영향을 끼친다.

한반도 남서쪽에는 열대 몬순기단이 존재한다. 북태평양기단과 비슷한 따뜻하고 습한 공기덩어리지만 수증기량이 훨씬 많다. 이와 달리 한반도 서쪽 중국 내륙에는 건조한 대륙성기단이, 서쪽 오호츠크해에는 차갑고 습한 오호츠크해기단이 존재한다. 좀 더 고위도에는 극기단이 자리 잡는다. 여름철 한반도 주위의 정체전선은 이와 같은 다양한 기단의 영향을 받는다(그림 1-5). 이로 인해 정체전선 자세는 끊임없이 변한다.

정체전선에서 크고 작은 요란이 발생하면, 굳이 키가 큰 구름이 아니더

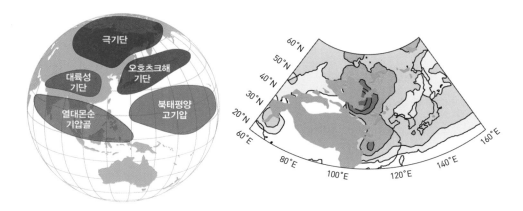

**그림 1-5**

왼쪽은 장마 시기 동아시아 주변 기단의 배치를 나타낸다. 오른쪽은 여름철(6~8월) 중위도 저기압의 발생 빈도다. 붉은색이 진할수록 발생 빈도가 높다.

라도 집중호우를 초래할 수 있다. 전선을 경계로 많은 양의 수증기가 집중되어 있기 때문이다. 실제 한반도에 집중호우를 가져오는 구름은 북아메리카 내륙에서 집중호우를 초래하는 구름보다 키가 훨씬 작다. 이는 약한 대류만으로도 집중호우가 발생할 수 있음을 의미한다. 집중호우 기간 동안 천둥과 번개가 상대적으로 적게 관측되는 이유이기도 하다.

집중호우를 일으키는 중요 일기계(전선, 중위도 저기압, 태풍, 지역적인 순환 등) 중 하나는 중위도 저기압이다. 한반도로 접근하는 저기압은 보통 몽골 지역과 중국 내륙에서 발생한다(그림 1-5 오른쪽). 특히 티베트고원 동쪽에서 발생하는 저기압은 편서풍을 따라 동진하면서 종종 한반도에 집중호우를 내린다. 저기압은 애초 강하게 발달하지 않는다. 그러나 서해를 통과하면서 다량의 수증기를 공급받으며 빠르게 성장한다. 만약 정체전선이 한반도 남쪽에 치우쳐 있다면, 반시계 방향 회전을 동반한 저기압은 전선을 한반도까지 밀어 올리면서 집중호우를 가져오기도 한다. 이미 북상해 있는 정체전선의 경계면을 따라 저기압이 이동하며 더욱 복잡한 구조의 집중호우를 초래할 수 있다.

　태풍의 영향도 빼놓을 수 없다. 여름철 집중호우의 약 18%가 태풍의 직접적인 영향에 의해 발생한다. 한반도로 접근하는 태풍은 보통 8~9월에 가장 빈번하며, 상륙하면서 강력한 집중호우를 일으킨다. 2020년 8월 말부터 9월 초까지 태풍 바비, 마이삭, 하이선이 접근하면서 연속적으로 집중호우가 발생한 것이 대표적이다. 태풍이 한반도에 상륙하지 않더라도 집중호우는 생성될 수 있다. 남중국에 상륙하는 태풍이 소멸하면서 다량의 수증기를 한반도로 공급하는 경우다. 2020년 태풍 하구핏과 2022년 태풍 무란이 그러했다.

## 극한 강수의 증가

　한반도 집중호우는 증가하는 경향이 뚜렷하다. 기간을 확장하면 그 추세는 더욱 분명해진다(그림 1-4). 2020년 연구에 따르면 2010~2019년 발생한 시간당 강수량 50mm 이상의 집중호우는 발생 빈도가 1973~2009년에 비해 약 1.5배 늘었다. 지역에 따라서는 최대 6.4배 이상 집중호우 빈도가 증가하기도 했다.

　그림 1-6은 하루 100mm 이상 집중호우가 발생한 날의 장기 변화를 보여준다. 한반도의 경우 100mm 이상 집중호우는 연평균 약 5.5회 발생한다. 이런 극한 강수는 지난 60년간 꾸준히 증가하고 있다. 증가 경향은 남한에만 국한되지 않고 북한에서도 뚜렷하다. 특이한 점은 동아시아 다른 지역에 비해 한반도에서 집중호우의 빈도가 두드러지게 증가한다는 점

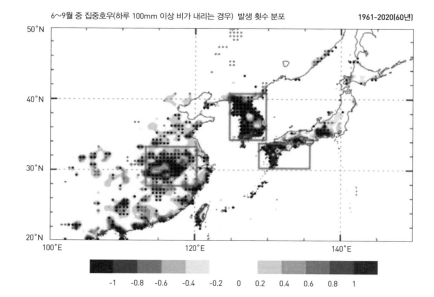

6~9월 중 집중호우(하루 100mm 이상 비가 내리는 경우) 발생 횟수 분포 1961-2020(60년)

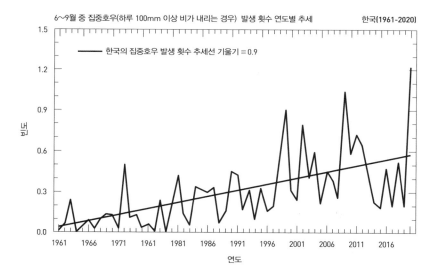

6~9월 중 집중호우(하루 100mm 이상 비가 내리는 경우) 발생 횟수 연도별 추세 한국(1961-2020)

**그림 1-6**

(위) 6~9월 집중호우(하루당 100mm 이상)가 내린 횟수를 바탕으로 100년에 몇 회 집중호우가 내리는지 선형 장기 추세(회/100년)를 구해 그 분포를 표시한 그림이다. (아래) 한국에서 6~9월에 집중호우가 얼마나 내리는지 횟수를 나타냈다. 직선은 선형 추세를 표시한 것이다.

이다. 그림 1-6 아래는 한반도 지역(위쪽 그림의 한반도 녹색 상자의 평균)에서 발생하는 집중호우의 빈도를 시계열에 따라 보여준다. 2011년 이후 증가 경향이 다소 둔화되었으나 2020년 집중호우가 폭증하면서 통계적으로 유의미한 경향성을 보이고 있다.

집중호우는 왜 증가할까? 가장 중요한 원인은 지구온난화다. 기온이 상승하면 대기 중 수증기량도 증가한다. 기온이 섭씨 1도 상승하면 수증기가 7% 증가한다. 만약 집중호우를 초래하는 일기계가 변하지 않는다면, 대기 중 수증기량의 증가로 인해 강수의 강도가 커지게 된다.

물론 수증기가 증가하더라도 집중호우가 늘어나지 않을 수 있다. 일기계가 약화하는 경우다. 하지만 동아시아의 경우 집중호우를 초래하는 일기계는 강도가 다소 증가하는 것으로 나타났다. 잘 알려진 예가 태풍이다. 기온이 상승하면서 대기는 연직으로 안정화된다. 이로 인해 약한 태풍은 쉽게 소멸하게 된다. 반면 안정한 대기에서 성장한 태풍은 오히려 세력이 더욱 강해져, 중위도로 접근하면서 강력한 집중호우를 가져올 수 있다. 그러나 아직까지 집중호우를 초래하는 동아시아 일기계가 과거 어떻게 변해왔는지 그리고 앞으로 어떻게 변할지에 대한 연구는 충분하지 않은 실정이다.

집중호우의 강도와 빈도의 장기 변화를 연구할 때는 보통 기후모형을 이용한다. 기후모형은 대기와 해양의 운동을 수학적으로 시험할 수 있는 컴퓨터 코드로, 과거 기후를 현실적으로 모의하고 미래 기후변화를 평가하는 데 사용된다. 최초의 컴퓨터인 에니악(ENIAC)을 이용해 개발한 이후, 기후모형은 비약적인 발전을 거듭했다. 현재 기후변화 보고서(예를 들어 IPCC 보고서)에 사용되는 기후모형은 어느 때보다 정교하다. 그러나 계산 자원의 한계로 모형의 해상도가 낮은 실정이다. 국지적으로 발생하는 집중호우의 특성을 정량적으로 파악하고 과거부터 미래까지의 변화를 이해하기 위해, 향후 고해상도 기후모형을 이용한 연구가 필수적이다.


# 엘니뇨

2023년 여름, 우리는 또 다른 엘니뇨의 발생을 목격했다. 열대 동태평양 지역 평균해수면 온도로 계산되는 엘니뇨 지수(Niño 3.4 지수)는 2023년 5월 초 엘니뇨의 발생 기준이 되는 섭씨 0.5도를 뛰어넘었고, 이후 한 달 정도의 소강 상태를 보이다가 2023년 6월 초중순에 한 단계 다시 상승해 6월 말, 평상 상태보다 약 섭씨 1.0도 높은 상태를 보였다(그림 1-7). 겨울철에 최절정기를 맞는 엘니뇨의 특성상, 2023/2024년 겨울까지 엘니뇨의 강도는 지속적으로 상승할 가능성이 높을 것으로 여러 현업 기관에서는 예측했다.

　엘니뇨의 발생이 기정사실화된 상황에서 기후학자들이 주목한 것은 2023/2024년 겨울 엘니뇨의 강도다. 엘니뇨 지수는 한국과 영국, 중국, 호

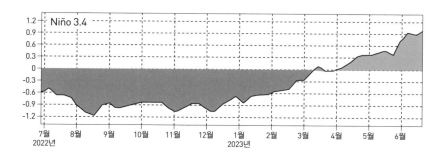

**그림 1-7**

Niño 3.4 엘니뇨 지수 시계열 그래프. 엘니뇨 지수는 열대 동태평양 해수면 온도가 평상시와 얼마나 다른지 편차를 나타낸다.

## 엘니뇨와 라니냐

### 엘니뇨
- 열대 동태평양 표층수 온도가 평년보다 섭씨 0.5도 이상 높은 상태가 5개월 이상 지속되는 현상.
- 적도 무역풍(동풍)이 약해지면서 따뜻한 서태평양 표층수가 동태평양으로 이동하면서 발생.
- 반면 서태평양의 표층수는 차가워짐.
- 북반구와 남반구 여러 지역에서 온난한 겨울 기후 유발.

### 라니냐
- 열대 동태평양 표층수 온도가 평년보다 섭씨 0.5도 이상 낮은 상태가 5개월 이상 지속되는 현상.
- 적도 무역풍(동풍)이 강해지면서 차가운 동태평양 심층수가 표층으로 올라오면서 발생. 이 지역 따뜻한 표층수층이 얕아지고 전반적으로 수온은 차가워짐.
- 반면 서태평양은 동쪽에서 흘러온 온수가 가라앉으며 따뜻한 표층수가 깊은 곳까지 이어짐.
- 유라시아 북부와 캐나다 북부를 제외한 북반구의 기온이 전반적으로 낮아지는 경향.

주, 일본, 프랑스 기상청 등 현업 기관과 프린스턴대학 지구물리유체역학연구소(GFDL) 등 약 30개의 기관에서 산출하고, 미국 컬럼비아대학 기후사회국제연구소(International Research Institute for Climate and Society, IRI)에서 취합해 발표한다. 이들이 예측한 엘니뇨 지수 강도는 1.0도에서 2.5도까지 다양하다. 역학 모형 기반의 결과는 약 1.5~2.0도의 엘니뇨 강도를 예측한

반면, 데이터에 기반한 통계 모형의 결과는 그보다 약한 약 0.5~1.0도의 강도를 예측했다. 역학 모형 기반의 엘니뇨 예측 정확도가 통계 모형의 정확도를 넘어선다는 점을 고려한다면, 2023/2024년 겨울 꽤 강력한 엘니뇨가 발생할 것이라는 예측이 설득력을 얻었다.

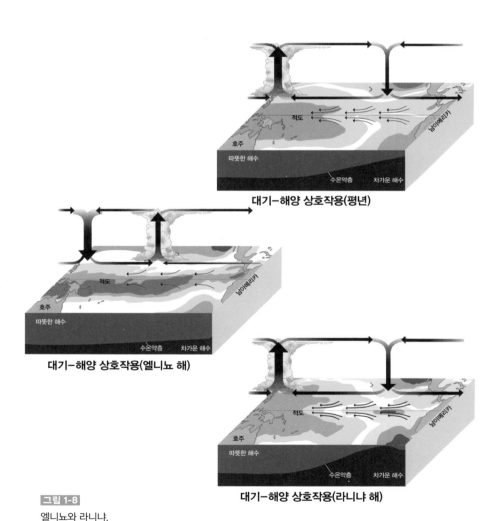

**대기-해양 상호작용(평년)**

**대기-해양 상호작용(엘니뇨 해)**

**대기-해양 상호작용(라니냐 해)**

그림 1-8

엘니뇨와 라니냐.

# 딥러닝 기반 예측 모델

전남대 함유근 교수 연구팀에서 개발한 딥러닝 기반 엘니뇨 예측 모델도 2023/2024년 겨울 약 섭씨 2.0도의 엘니뇨 지수를 예상했다(그림 1-9). 보통 엘니뇨의 강도를 넘어서는 '슈퍼 엘니뇨'의 발생을 예측한 것이다.

딥러닝 기반 엘니뇨 예측 모델은 이미지 인식에 활용되는 합성곱신경망(Convolutional neural network, CNN) 기법을 바탕으로 한다. 사진 안의 물체를 맞추는 것과 비슷하게, 현재의 해수면 온도와 해수 내부 온도의 사진을 보여주고 몇 개월 이후의 엘니뇨 지수를 맞추는 식이다. 기존 통계 기법과 달리 비선형적인 자연현상의 특징까지 모의할 수 있다. 또 데이터에 기반하기 때문에, 데이터 수만 충분하다면 수식을 통해 모의되는 역학 모형보다 오차를 줄일 수 있다.

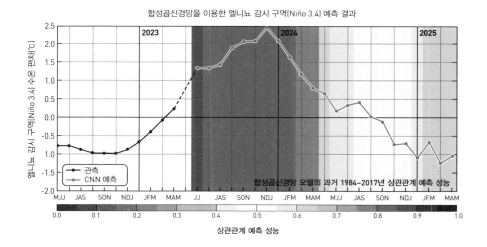

**그림 1-9**

딥러닝에 기반한 엘니뇨 예측 모형을 통해 엘니뇨 지수를 예상한 결과. 2023/2024년 겨울철 엘니뇨 지수는 섭씨 2도를 넘는 강한 엘니뇨가 될 것으로 예측된다.

그렇다면 2023년 강력한 엘니뇨가 예측되는 물리적 근거는 무엇일까? 답은 2020년부터 2022년까지 무려 3년 동안 지속된 라니냐에 있다. 이는 20세기 이래 처음 있는 매우 이례적인 일이다. 보통 라니냐가 발생하면 해양의 지균류(geostrophic current, 지구 자전의 효과로 등압선과 평행한 방향으로 흐르는 해류)가 적도 쪽으로 향해 해수 내부의 열이 적도에 쌓인다. 이는 지난 3년간 라니냐가 지속되면서 적도의 해수 내부에 많은 열이 쌓여 엘니뇨가 폭발적으로 발생할 준비를 하고 있었다는 뜻이다.

엘니뇨가 발생하면 한국에는 어떤 영향이 있을까? 엘니뇨가 발생하는 열대 태평양 인근 국가나, 풍하측(downstream region, 편서풍대의 중위도 지역에서 열대 태평양보다 동쪽에 위치하는 지역)에 위치하는 북아메리카 국가에 비해, 풍상측(upstream region)에 위치한 동아시아 지역은 엘니뇨의 영향이 덜 뚜렷하다. 다만 현재까지 발생한 모든 엘니뇨를 평균해 한국의 영향을 가늠해볼 수는 있다. 이에 따르면, 엘니뇨 발달기에는 한반도 여름철 강수가 증가하는 경향이 있다.

## 슈퍼 엘니뇨

엘니뇨가 발달하면 해수면 온도가 높아져 열대 중-동태평양 지역에 수증기가 공급된다. 높아진 온도는 공기를 팽창시켜 가볍게 하는데, 이 때문에 공기가 상승하면서 지표 근처의 수증기를 대기 2~8km 높이까지 끌어 올리고 구름을 형성한다. 그리고 결국 이 지역의 강수량을 증가시킨다.

수증기가 구름으로 상변화를 하면 에너지를 내놓는다. 잔잔한 호수에 돌을 던지면 수면에 파동이 생겨 점차 넓게 퍼지듯, 이 에너지는 대기 중에 파동을 형성해 엘니뇨의 영향을 중위도 지역까지 전달한다. 그 결과, 엘니뇨 발생에 따른 열대 중태평양의 강수량 증가는 아열대 서태평양의 강수량 감소와 한국 및 일본의 강수량 증가를 이끈다. 구름량이 많고 강수량이 증가하면 지표에 도달하는 태양복사량이 줄어들기 때문에, 이 지역의 온도는 내려가는 경향이 있다. 하지만 이것은 보통 엘니뇨가 발생했을 때의 이야기다. 슈퍼 엘니뇨가 왔을 때의 양상은 다르다. 1980년 이후 슈퍼 엘니뇨가 발생한 것은 3번이다. 1982~1983년, 1997~1998년, 2015~2016년이 그 사례다.

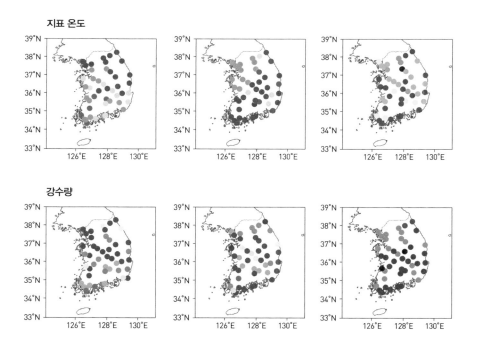

**그림 1-10**

전국 45개 관측소에서 측정한 1982년(왼쪽), 1997년(가운데), 2015년(오른쪽) 여름(7월 15일~8월 15일 평균)의 지표 온도(위)와 강수량(아래) 표준편차를 나타냈다. 지표 온도는 빨간색일수록 평소보다 온도가 높고, 강수량은 녹색일수록 평소보다 강수량이 높다.

1982년 여름철은 일반적인 엘니뇨-한반도 관련성이 나타났다(엘니뇨 발달기 여름철 강수 증가, 온도 감소). 하지만 가장 강력했던 1997년 여름의 경우, 한국의 강수량은 평년과 비슷했고 온도는 중부 지방을 중심으로 높았다. 2015년 여름철의 경우 강수량은 오히려 평년에 비해 적었고, 온도는 전국적으로 높았다(그림 1-10).

총 3번의 슈퍼 엘니뇨 가운데 두 차례 온도 상승이 뚜렷했고, 강수량은 평년에 비해 비슷하거나 적었다. 물론 발생 케이스가 매우 제한적이라 해당 결과만으로 단정 짓기는 어렵다.

엘니뇨는 한반도의 농업 환경에도 지대한 영향을 준다. 다행히 엘니뇨 발생 시 쌀 수확량은 약하지만 증가하는 경우가 더 많았다. 가장 강력했던 1997~1998년 엘니뇨를 보자. 1997년 여름철은 기온이 다소 높았고 강수량은 평년과 비슷했다. 1998년 여름은 서늘했고 강수량은 상대적으로 많았다. 강수량이 충분했기 때문에, 해당 기간의 쌀 수확량은 평년 대비 10% 정도 증가했다.

비슷하게 2009~2010년 엘니뇨의 경우, 2009년은 평년보다 기온이 다소 높았고 7월의 강수량은 다소 많았다. 2010년은 여름철 기온이 높았고 강수량은 적었다. 이로 인해 2009년의 수확량은 평년 대비 약 5% 증가했으며, 2010년의 수확량은 약 3% 감소했다.

전 세계적인 곡물 가격은 엘니뇨 시기에는 안정되는 경향이 있고, 엘니뇨의 반대 현상인 라니냐의 경우 상승하는 경향이 있다. 전 세계에서 쌀, 밀, 옥수수 생산 비중이 큰 아시아 및 북아메리카 지역의 온도와 강수 변화가 영향을 미치기 때문이다. 작물 성장 시기의 온도가 평년에 비해 서늘하고 강수량이 많은 경우, 수확량이 상승해 곡물 가격이 안정되는 것이다.

## 폭염 가능성

　기록적인 폭염을 기록했던 2018년만큼은 아닐지 몰라도, 다른 기후 인자들도 2023년 폭염 예측에 힘을 보태는 양상을 보였다. 가장 우선적으로 고려해야 될 점은 지구온난화다. 지구온난화의 강도는 수개월 내에 바뀌지 않기 때문에, 최근의 지구온난화 정도가 기본적으로 유지될 것으로 예상할 수 있다(물론 지구온난화의 강도가 계절적으로 바뀌는 것은 고려해야 한다). 즉, 다른 요소가 동일하다면 2022년 여름에 비해 2023년 여름의 온도가 조금이라도 높을 가능성이 크게 나타났다.

　둘째는 연근해 해수면 온도 요소다. 최근 한반도 동남해를 포함한 북서태평양의 해수면 온도는 평소에 비해 최대 섭씨 2~3도 높은 상태다(그림

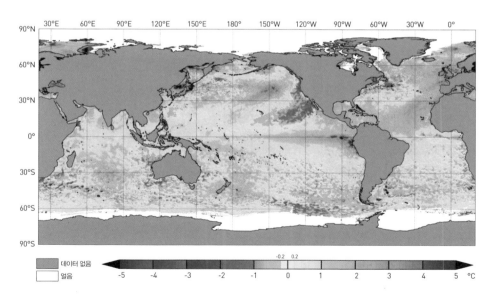

**그림 1-11**
2023년 6월 28일의 전 지구 해수면 온도 편차 분포.

1-11). 이는 북태평양 장주기 변동(Pacific Decadal Oscillation, 중위도 태평양의 해양 및 대기 변동성의 하나로, 북위 20도 북쪽의 태평양 표층수 온도가 동서로 어떻게 분포하는지에 따라 양과 음의 위상으로 나뉜다)이 음의 위상에 있기 때문이다. 북태평양 장주기 변동은 주기가 10년 이상인 현상으로, 한번 발달하면 수개월 내에 위상이 바뀌는 일은 잘 발생하지 않는다. 즉, 2023년 여름 연근해 해수면 온도는 지속적으로 높은 상태로 유지될 가능성이 높게 예측되었다. 연근해 해수면 온도가 평소보다 높은 상태로 유지되는 경우, 현열(지표 또는 해수면에서 대기로 전달되는 열)의 형태로 해양의 잉여 에너지가 대기로 전달되어 근처 육지의 온도도 높은 상태로 유지될 수 있다.

한반도 여름철 기후를 예측하는 데 왜 해수면 온도와 같은 해양의 요소만 이야기하는지 궁금한 사람도 있을 것이다. 이는 대기 변수보다는 해양 변수의 시간 규모가 대체적으로 길기 때문이다. 엘니뇨는 한번 발생하면 최소 1년은 계속되는 현상이며, 북태평양 장주기 변동은 최소 5~10년은 유지된다. 이와 달리 대기 습도, 바람과 같은 요소는 시간 규모가 길어야 한 달 이내다. 현재의 대기 습도, 바람 같은 정보를 이용할 경우 해당 정보가 수개월까지 지속되지 않기 때문에 이 변화까지 고려해 예측을 생산해야 한다. 이와 달리 엘니뇨나 북태평양 장주기 변동은 수개월 동안 이어질 것으로 예상할 수 있기 때문에 해당 요소가 한반도에 어떤 영향을 주는지 관련성만 정량화할 수 있다면 예측에 활용될 수 있다.

# 극한기후와 사회

## 경제

우리는 각자의 방식으로 지구온난화를 겪고 있다(그림 1-12). 2022년 여름, 북아메리카, 유럽, 아시아에서는 더욱 극심한 폭염을 경험했다. 인도와 파키스탄이 대표적이다. 파키스탄 나와브샤의 기온은 섭씨 49도에 달했다. 북아메리카 역시 엄청난 폭염과 산불이 발생했다. 로스앤젤레스는 심지어 파이어 토네이도(화재로 뜨거워진 지표면의 공기가 저기압과 만나 상층으로 화염을 끌어 올리는 현상)가 일어나기도 했다.

더 긴 기간을 보면 미국 서부는 10년 동안 메가 가뭄에 처해 있으며, 물 부족 현상에 직면했다. 유럽 또한 새로운 기온 기록을 세우며 폭염을 겪고 있고, 심각한 가뭄으로 많은 강의 수위가 낮아졌다. 예를 들어, 라인강 일부 지역의 수위는 이례적이다.

이런 현상은 화물 운송을 방해한다. 왜냐하면 선박에 보다 가벼운 짐만 실어야 하기 때문이다. 서울에서는 2022년 하루에 약 497mm의 비가 내리는 폭우 현상이 있었다. 한 시간 만에 141mm의 비가 쏟아지기도 했다. 한국 역사상 가장 높은 강수량 기록이었으며 14명이 사망하는 등 인명 피해도 컸다.

## 극한기후의 피해 사례

높은 기온은 건강에 직접 영향을 미친다. 폭염은 생리학적으로 탈수, 열경련, 열사병, 고체온 같은 증상을 이끌어내며 정신 건강에도 부정적인 작용을 한다. 경제적 관점에서 보면 노동 생산성을 저해한다. 실내라면 에어컨을 이용해 쾌적한 환경을 조성할 수 있지만 실외 근로자는 폭염에 그

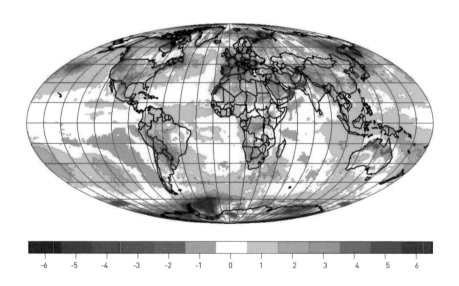

**그림 1-12**
기준 기간인 1959~1989년과 2022년 7월 기온을 비교한 그림. 빨간색은 기준 기간보다 온도가 높다는 뜻이며 파란색은 낮다는 뜻이다.

대로 노출된다. 특히 이런 환경에 취약한 집단은 장애인, 빈곤층, 노숙자, 임산부, 어린이, 노인 등이다. 또한 지구온난화의 간접적인 영향으로, 홍수 발생은 익사로 이어질 수 있다. 게다가 극한 강수량과 홍수는 전염병 발생 가능성을 증가시킨다.

극한기후 현상은 건강뿐 아니라 경제에도 영향을 미친다. 예를 들어, 뮌헨 리(Munich RE)는 2021년 극한 기상 및 기후 현상이 전 세계적으로 약 2800억 달러(약 273조 원)의 경제적 피해를 주었다고 추정했다. 2800억 달러 중 1200억 달러(약 157조 원)만이 보험에 가입되어 있어 많은 사람과 기업이 기후변화가 결과적으로 경제적 문제임을 인지하게 되었다. 같은 해 미국의 경제 피해는 약 1450억 달러(약 193조 원)를 기록했다. 가장 큰 규모의 사건은 약 750억 달러(약 100조 원)의 피해를 남긴 허리케인이다. 약 240억 달러(약 32조 원)의 손실을 입힌 2월의 한파, 그리고 약 110억 달러(약 15조 원)의 피해를 준 서부 산불도 있었다.

극한 기상 및 기후 현상에 따른 경제적 피해는 지난 몇 년간 증가해왔다. 그러나 이것이 극한기후 현상의 빈도나 강도의 증가 때문인지 아니면 사회경제적 변화 때문인지는 과학적으로 논쟁 중이다. 수십 년에 걸쳐 점점 더 많은 사람이 해안이나 하천 범람원과 같은 취약 지역으로 이주했다. 세계적으로 빠르게 성장하는 곳 가운데는 해안 도시, 특히 아시아의 해안 도시들이 있다. 해안 지역에서 생활하고 업체를 운영하면 경제적 이점이 많지만 열대성저기압과 폭풍으로 인한 해일, 해수면 상승, 홍수 등에 대비가 필요하다.

해안가의 인구 증가는 해당 지역의 부 축적으로 이어진다. 지난 수십 년 동안, 우리 사회는 더 부유해졌다. 이러한 부는 극한기후 현상 때문에 감소하거나 파괴될 위험에 처했다. 다만, 경제적 피해보다 부의 축적 속도가 더 빠른 듯 보인다. 따라서 향후 경제적 피해 증가에 영향을 미치게 될 것이다.

앞서 언급한 추정치는 주로 극한 기상 및 기후 현상에 따른 직접적인 피해를 말한다. 극한기후 현상이 경제에 미치는 또 다른 작용은 공급망에 차질을 주는 것이다. 2011년 태국은 극심한 장마로 50년 만에 최악의 홍수를 겪으면서 전 세계 공급망에 지대한 영향을 주었다. 태국은 혼다, 토요타, 닛산, 포드 등에 자동차 부품을 납품하는 핵심 제조국으로, 모두가 경제적 손실을 함께 겪었다. 태국은 주요 하드 드라이브 생산국이기도 하다. 홍수 사태는 공장 폐쇄로 이어졌고 하드 드라이브 가격은 약 40%나 올랐다.

유럽에서는 2022년 독일의 가뭄 현상으로 강을 통한 화물 운송에 영향을 받고 있다. 이러한 공급망의 붕괴는 가뜩이나 높은 지금의 인플레이션을 더욱더 증가시킬 가능성이 높다. 석탄이 강을 통해 운송되기 때문에 전력 생산에도 지장이 생길 것이다. 이 상황은 이미 신종 코로나바이러스 감염증(코로나 19) 대유행과 우크라이나 전쟁으로 어려움을 겪는 독일과 유럽의 경제에 더 큰 압력을 가하게 된다. 기후가 사회경제 시스템의 영역에까지 큰 혼란을 야기할 수 있음을 보여주는 사례다.

비슷하게, 계단식 위험의 또 다른 예는 차드호 분지다. 이는 아프리카 중앙에 있는 내륙 호수로서 나이지리아, 니제르, 차드, 카메룬까지 무려 네 나라에 걸쳐 있다. 이 지역은 3000만 명 이상의 사람이 생계를 유지하는 곳으로, 지난 수십 년 동안 중대한 변화를 겪었다. 차드호의 표면적은 약 50년에 걸쳐 줄어들고 있다. 이 수문학적 재앙은 전 세계가 인도주의적 대응을 하게 하는 계기가 되었으며 사회경제적, 안보적 상황에도 영향을 미쳤다. 여러 연구 결과에 따르면, 차드호의 위기는 보코하람(Boko Haram) 테러리스트 단체의 부상과 관련이 많은 것으로 추정된다. 극한기후 현상은 이미 존재하는 사회적 긴장 상태에 변화를 초래하고 사회를 불안정하게 하는 잠재 요인이 된다.

이는 기후 현상이 건강과 환경, 경제뿐 아니라 사회 안정과 국가 및 국제 안보에도 영향을 미칠 수 있음을 보여준다. 모든 사실을 종합할 때, 탄소중립을 향한 온실가스 배출의 즉각적인 감소와, 취약 집단을 보호하기 위한 기후변화 적응 조치가 필요한 시점이 되었다고 할 수 있다.

## 미세먼지 대응 사례

미세먼지는 지난 10년간 우리 사회의 큰 문제였다. 국민은 불안해했고, 정부는 여러 대책을 내놓았다. 2019년 2월 '미세먼지 저감 및 관리에 관한 특별법'이 시행되었다. 같은 해 3월 '재난 및 안전관리 기본법'을 개정해 미세먼지를 사회 재난으로 정의했다. 국가기후환경회의를 만들어 미세먼지 문제에 관해 사회적 합의를 이끌기 위한 노력도 기울였다. 정부와 기업, 개인이 많은 비용과 노력을 들여 미세먼지 농도를 줄이기 위해 힘썼다. 하지만 불안감은 사라지지 않았다.

흔히 진단이 정확해야 효과적인 처방이 나온다고 한다. 환경문제를 해결할 때도 가장 중요한 일이 정확한 현황 파악이다. 환경문제는 자연과학과 공학의 과제이기도 하지만 정치, 경제, 소통, 심리 등이 개입하는 사회과학의 과제이기도 하다. 미세먼지 문제를 되짚어보고 우리 사회가 현안, 특히 환경문제에 어떻게 대응했는지 알아보자. 우리가 맞이한 기후변화를 비롯해, 앞으로 닥칠 일에 효과적으로 대응하는 데 도움이 될 것이다.

미세먼지와 초미세먼지는 각각 크기가 10μm(마이크로미터, 100만 분의 1m)와 2.5μm보다 작은, 대기에 떠 있는 먼지를 말한다. 한국의 초미세먼지 농도는 세계 다른 나라들에 비해 낮지만 경제협력개발기구(OECD) 국가 가운데서는 높은 편이다. 그림 1-13에서 보듯, OECD 평균이나 일본보다는 2배 정도 높다.

한국의 초미세먼지 농도가 OECD 평균보다 높은 데는 두 가지 이유가 있다. ① 국내 화석연료(석탄, 석유, 천연가스) 사용량이 많아 제어 시설을 가동함에도, 단위면적당 대기오염 물질 배출이 다른 나라에 비해 높아 대기환경 관리가 어려운 게 한 가지이며, ② 국내 풍상 지역(바람이 불어오는 지역)에 대기오염 물질 배출이 많은 중국과 북한이 있기 때문이다.

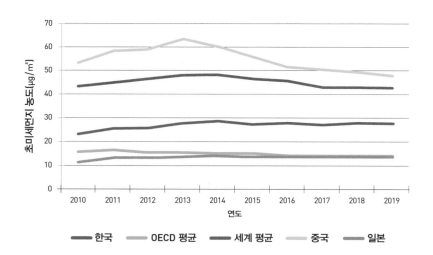

**그림 1-13**
한국과 다른 곳의 초미세먼지 추산 농도를 비교했다. 실제 관측 농도가 아니라 모델링 결과를 바탕으로 한 인구 노출 평균 초미세먼지 농도로, 실제 관측 농도와는 다를 수 있다.

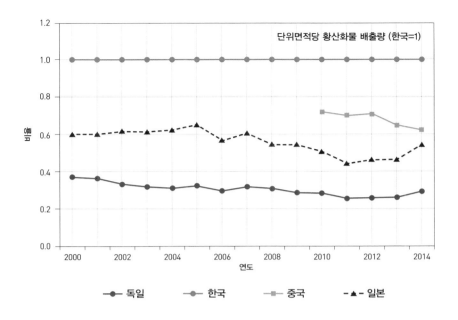

한국과 일본, 독일, 중국의 단위면적당 황산화물 배출량 추이 비교.

　미세먼지, 특히 초미세먼지는 폐 같은 호흡기에 영향을 준다. 그뿐 아니라 허파를 통해 혈관으로 들어가 뇌졸중을 일으키는 등 순환기에도 좋지 않다. 사실상 우리 몸 모든 부분에 나쁜 작용을 한다. 초미세먼지를 포함한 실내외 대기오염 물질이 사망률에 미치는 영향을 조사한 세계보건기구(World Health Organization, WHO)에 따르면 2016년 한국은 대기오염으로 인한 사망자가 10만 명당 20.5명으로, 조사 대상 183개국 가운데 155번째였다. 참고로 세계 평균은 114.1명, 북한은 207.2명이다(그림 1-15).

　생활수준의 향상으로 한국은 1990년대부터 연료 전환을 이루어냈다. 석탄이나 중유같이 저렴하지만 오염 물질이 많이 나오는 연료는 사용량이 줄고, 천연가스나 저황유처럼 오염 물질이 덜 나오는 연료를 널리 쓰게 되

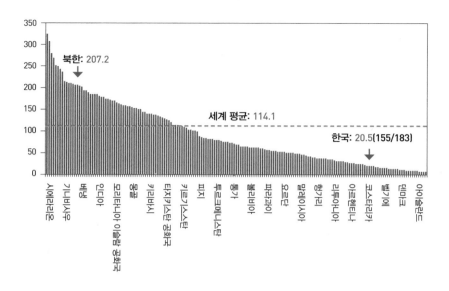

**그림 1-15**

2016년 실내외 대기오염에 의한 인구 10만 명당 초과 사망자 수의 국가별 비교.

었다. 여기에 대기오염 물질 배출기준이 강화되면서 전국적으로 미세먼지 평균 농도와 고농도 발생 빈도가 감소하고 있다. 일각에서는 미세먼지 측정소 증가가 영향을 미쳤을 가능성을 제기한다. 하지만 연구에서는 이전부터 존재했던 측정소만 대상으로 하기에 그럴 가능성은 거의 없다.

그림 1-16은 세종시를 제외한 16개 광역 자치단체의 지난 20년간 미세먼지 농도별 빈도 추이를 나타냈다. 평균 농도와 고농도 빈도가 대부분 지역에서 감소하고 있다. 유일하게 장기간 자료가 있는 서울의 초미세먼지 농도도 평균 농도와 고농도 발생 일수가 감소하는 추세다(그림 1-17). 물론 기상 조건이 변하면서 몇 년 동안 농도가 증가하거나 감소하는 경우도 있었다. 하지만 미세먼지와 초미세먼지 모두 평균 농도와 고농도 발생 일수는 줄어들고 있다.

# 미세먼지 농도별 빈도 추이

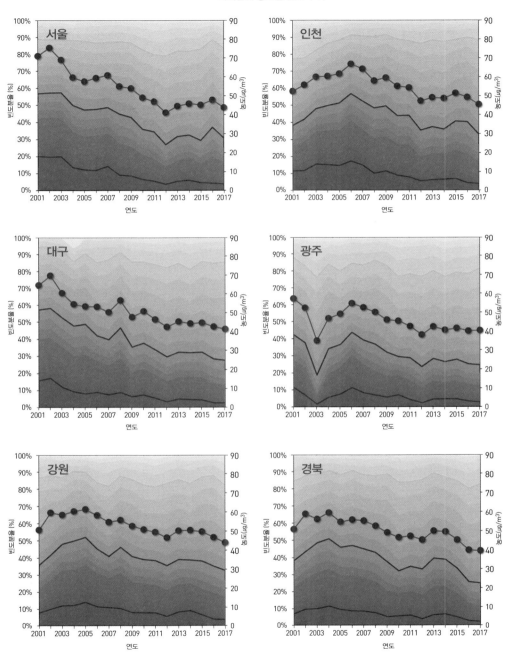

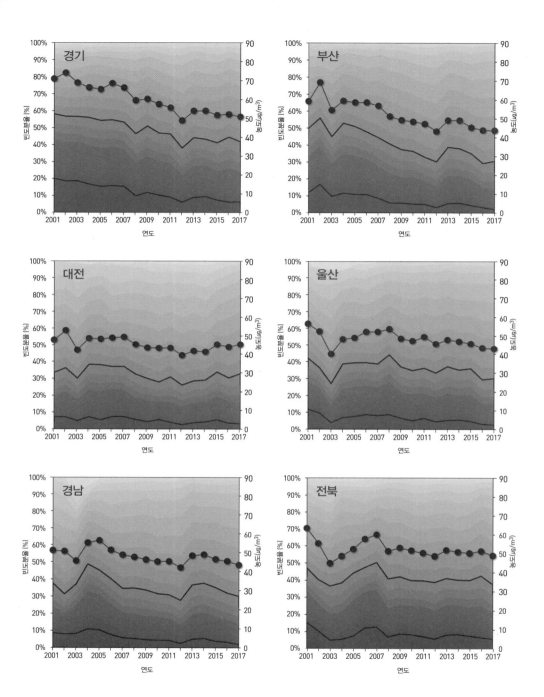

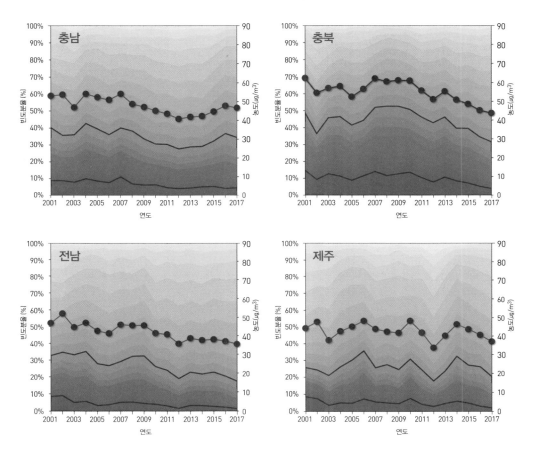

**그림 1-16**

우리나라 광역 지방정부의 미세먼지 농도와 농도별 빈도 분포. y축 왼쪽은 빈도분율, 오른쪽은 농도 (μg/㎥)다. 각 그림의 가장 위의 밝은 하늘색 선은 농도가 20μg/㎥보다 높은 빈도, 검은 점을 연결한 위에서 두 번째 선은 연평균 농도, 세 번째 선은 50μg/㎥보다 높은 빈도를 보여준다. 네 번째 선은 100μg/㎥보다 높은 빈도다. 대부분 지역에서 연평균 농도와 고농도 빈도가 감소하는 것을 알 수 있다.

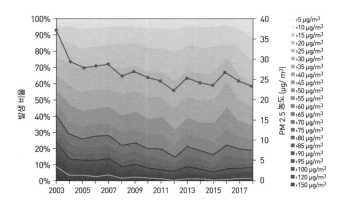

| 연도 | 고농도(≥ 50μg/m³) 발생 일수 |
|---|---|
| 2003 | 69 |
| 2004 | 30 |
| 2005 | 35 |
| 2006 | 36 |
| 2007 | 39 |
| 2008 | 20 |
| 2009 | 39 |
| 2010 | 19 |
| 2011 | 14 |
| 2012 | 15 |
| 2013 | 28 |
| 2014 | 19 |
| 2015 | 11 |
| 2016 | 13 |
| 2017 | 21 |
| 2018 | 23 |
| 합계 | 431 |

**그림 1-17**

서울의 2003~2018년 초미세먼지(PM 2.5) 연평균 농도(빨간색 굵은 선, 왼쪽)와 농도별 발생 빈도 추이, 고농도(≥50μg/㎥) 발생 일수(오른쪽).

중국의 산업화와 함께 공장 가동이 늘면서 영향을 더 많이 받는다는 주장도 존재한다. 이 영향은 크긴 하지만 시간에 따라 감소하는 경향이다. 베이징의 대기오염도는 2000년대 초반부터 개선되는 중이고, 한반도와 인접한 중국 동부의 대기오염 물질 배출량도 미세먼지에 대한 관심이 높아진 2010년대 초반부터는 줄어드는 추세를 인공위성 자료로 확인할 수 있다. 예를 들어 중국 베이징부터 상하이 지역까지의 동부에서 질소산화물 농도를 인공위성으로 관측한 결과를 보면 2010년대 초반부터는 감소하고 있고, 황산화물은 2000년대 후반부터 줄어드는 추세다. 베이징은 서울과 마찬가지로 특별 대책을 시행해 1990년대 말부터 대기오염도가 전체적으로 개선되었다.

## 갑작스러운 관심과 잘못된 소통

미세먼지가 문제시된 것은 단순히 농도가 높다거나 그로 인해 발생하는 스모그현상이 심해지기 때문만은 아니다. OECD 평균에 비해 높지만, 지난 20여 년 동안 전국적으로 (초)미세먼지 농도와 고농도 빈도는 꾸준히 감소하고 있다. 미세먼지가 관심을 받고, 국민이 불안함을 느끼기 시작한 데는 여러 변수가 복합적으로 작용한 것으로 보인다.

먼저 언제부터 우리가 미세먼지 문제를 인식했고 언론에서 다루기 시작했는지 알아보자. 인터넷에 미세먼지가 검색된 횟수로 유추하면 2013년 가을부터 큰 관심을 갖게 된 것으로 보인다. 5대 신문사의 미세먼지 관련 기사 건수도 2013년 가을부터 증가하기 시작했다(그림 1-18). 그때부터 미세먼지 농도와 기사 건수의 상관관계가 높아졌고, 같은 시기 중국발 미세

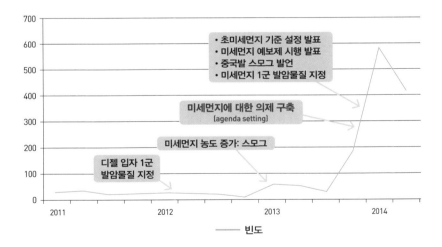

**그림 1-18**

5대 일간지의 미세먼지 관련 기사 건수. 그림에 표시한 내용은 미세먼지 관련 주요 사항을 추가한 것이다.

먼지 관련 기사도 증가했다. 요약하면 2013년 가을부터 언론이 미세먼지를 주요 기삿거리로 판단해(의제 구축) 집중적으로 보도했고, 그에 따라 국민의 미세먼지에 대한 관심도 커진 것으로 보인다.

그렇다면 왜 그 이전에는 미세먼지 문제가 큰 관심사가 아니었을까? 1990년대에도 대기 환경에 대한 관심은 높았다. 대표적인 것이 황사와 미세먼지에 의한 스모그로 발생하는 시정 장애 현상이었다. 그러나 당시에는 미세먼지보다 급하고 위험하다고 생각되는 사회문제에 더 주의를 기울였기에 주목받지 못했다. 그 뒤 2013년 초에 중국 전역과 국내에 고농도 미세먼지 현상이 발생하면서 중국 국민의 미세먼지에 대한 불안감이 커졌고, 우리도 여러 요인에 의해 미세먼지가 사회문제화된 것으로 보인다.

이제 2013년 상황을 자세히 검토해보자. 그림 1-18을 보면 2013년 초에 미세먼지 농도가 증가할 때 기사 건수가 약간 증가했으나, 곧 감소했다. 이후 2013년 정부에서 초미세먼지의 대기 환경 기준을 설정했다고 발표하고 미세먼지 예보제를 시행하기로 했다. 이와 함께 세계보건기구에서 미세먼지를 1군 발암물질로 지정했다. 미세먼지가 1군 발암물질로 지정된 것이 기사 건수 증가의 주요 요인이라면, 2012년 세계보건기구가 디젤 입자를 1군 발암물질로 지정했을 때도 기사가 증가했어야 하지만 그렇지 않았다. 따라서 2013년 가을의 기사 건수 증가, 그리고 미세먼지에 대한 인식 증가는 정부의 미세먼지 관련 대책 발표, 세계보건기구의 발암물질 지정 등 여러 정보가 복합적으로 주어졌기 때문으로 보인다.

이와 함께 발생한 변수는 중국발 스모그다. 2012년까지 미세먼지 관련 기사는 주로 국내 대기오염 물질 배출을 저감하는 데 주안점을 두었다. 하지만 2013년에는 중국발 미세먼지로 원인을 돌리는 기사가 많아졌다. 정부도 국내 배출 저감을 강조하던 데에서 외부 영향을 인용하는 쪽으로 분위기가 바뀌었다.

2012년까지 정부는 외부 영향이 상당하므로 미세먼지 농도를 줄이려면 국내 대기오염 물질 배출부터 줄이는 것이 중요하다는 입장이었다. 이는 2013년 '중국발 스모그'가 미세먼지 농도에 중요하므로 이를 줄이는 것이 중요하다는 쪽으로 바뀌었다. 정부의 입장이 바뀐 배경에는 '대기오염 물질 배출을 계속 줄이고 있는데 왜 2013년 초에 미세먼지 농도가 증가했느냐'는 질문에 정부가 효과적으로 답하지 못했다는 사실이 자리 잡고 있다.

실제로는 이 시기 기상 요인이 미세먼지 농도 증가에 크게 기여했기 때문이었으나, 정부에서 이를 과학적으로 설명할 역량이 미흡했던 것으로 보인다. 즉 그동안 시행했던 대기오염 물질 배출 저감 정책이 미세먼지 농도 저감에 얼마나 효과적인지, 대기오염 물질 배출을 줄여도 미세먼지 농도가 증가하는 것은 어떤 이유인지를 과학적으로 설명할 수 없었다.

요약하면 미세먼지 문제를 악화시킨 여러 요인 가운데 중요한 것은 정부의 효과적이지 않은 대응과 언론의 의제화였다. 이는 정부의 정책 실패 사례로, ① 과학적 근거 확보 미비, ② 정책 수립, 시행, 평가 체계의 미비, ③ 효과적인 위기 소통 체계 미비가 그 원인으로 보인다.

2013년 가을 이후부터는 국민이 언론에서 발표하는 미세먼지 관련 정보들을 접하게 되었지만 그 가운데 상당수는 부정확한 것이었다. 이에 정부의 미세먼지 문제 대책에 대한 불신이 확대되었다. 그리고 국민은 미세먼지에 대한 과학적 사실을 명확하게 파악하지 못하게 되었다. 한 예로 국가기후환경회의 국민정책참여단이 발족한 2019년 6월, 거주하는 지역의 미세먼지 농도가 10년 전 대비 증가했다고 생각하는 참여단이 86.5%였다. 그 후 4개월 동안 토론회, 전문가 발표, 자료 공부 등의 과정을 거친 뒤

2019년 9월에 실시한 같은 설문에서도 이 수치는 65.2%였다. 그러나 그림 1-16에서 보듯, 실제로는 대부분 지역에서 미세먼지 농도와 고농도 빈도는 10년 전에 비해 감소했다. 이는 전형적인 사회과학적 현상인 언론에 의한 확증편향으로 보인다.

미세먼지 문제는 우리 사회를 지난 10년간 크게 흔들고, 대부분의 국민을 불안하게 만들었다. 이번 장에서는 한국이 다른 OECD 선진국에 비해 초미세먼지 농도가 높은 것은 사실이나, 미세먼지가 우리에게 문제가 되었던 것이 농도가 높아서만은 아님을 보였다. 즉, 환경문제를 자연과학과 공학의 관점만으로만 파악하고 해결하려 하면 안 된다는 뜻이다. 기후변화 등의 현안은 자연과학, 공학뿐 아니라 사회과학적으로 접근해 이해하려고 노력해야만 풀 수 있을 것이다.

# 우리는 기후위기를
# 어떻게 받아들여야 하는가

윤신영

2018년 8월 1일, 미국의 저널리스트 너새니얼 리치(Nathaniel Rich)는 《뉴욕
타임스》 주말판(《뉴욕타임스 매거진》)에 'Losing Earth'라는 장문의 기사를
발표했습니다. 나중에 책으로 엮여 나올 정도로(국내에서는 '잃어버린 지구'
라는 제목으로 번역되었지요) 긴 이 기사는 100회 이상의 인터뷰와 18개월간
의 취재 보도를 바탕으로 했습니다. 기후변화가 몇몇 전문가 사이에서 회자
되기 시작한 1970년대 말에서 1980년대 말까지 10년 사이에 과학자와 정
치인, 활동가가 새로운 환경문제를 어떻게 과학적 사실로 확립하고, 국제정
치와 정책에 반영하도록 설득했는지, 이를 부정하던 세력의 방해를 어떻게
극복했는지를 촘촘히 추적했습니다. 치열했던 역사를 복원한 빼어난 논픽션
작품입니다. 기사의 부제는 '기후변화를 거의 멈출 수 있었던 10년'입니다.

　여러 흥미로운 국면이 묘사되어 있지만, 기사에서 가장 좋아하는 장면
은 정치를 모르던 금성 전문가가 기후변화 투사로 변모해 1988년, 기후변
화의 과학적 타당성을 미국 의회 청문회에서 증언하고, 《뉴욕타임스》가
그 사실을 1면에 보도한 대목입니다. '지구온난화'라는 표현이 선명히 드

러난 이 1면 기사는 기후변화와 지구온난화를 실재하는 현실로 인정받았고, 국제사회가 이 문제에 관심을 갖게 되었다는 사실을 상징적으로 보여주었습니다. 실제로 이 기사 속 인물들의 노력은 1980년대 말, 기후 문제 해결을 위해 국제사회가 힘을 모으게 되는 계기가 되었지요.

하지만 이 기사는 승리의 역사를 기록한 글이 아닙니다. 인터랙티브 기법을 적용한 기사의 온라인판은 매우 인상적인 발문 세 문장으로 시작합니다. 번역해보면 이렇습니다.

30년 전, 우리에겐 지구를 구할 기회가 있었다.
기후변화와 관련한 과학은 거의 확립됐고, 세계는 행동할 준비가 돼 있었다.
우리를 방해할 것은 아무것도 없었다. 단 하나, 우리 자신만 빼고.

서늘하지요? 기후변화를 의제로 세우고 다양한 분야에서 논의를 촉발시킨 10년은 기후변화를 조기에 해결할 '골든 타임'이었습니다. 기후변화는 그때나 지금이나 난제지만, 초기에는 지금 정도로 어려운 난제는 아니었습니다. 당시는 아직 대기 중 이산화탄소 농도가 극단적으로 높지 않았고, 기후변화 완화를 위해 감축할 탄소의 절대량도 현재와 비교해 그리 많지 않았습니다. 전 세계가 포기하거나 양보해야 할 경제적 대가도 적었습니다. 해결을 위한 여건이 지금보다 나았지요. 인류는 이 문제를 30년(이제는 36년) 끌고 가며 키울 필요가 없었습니다. 하지만 현실은 달랐습니다. 국제사회는 이해관계 조정에 실패했고, 각 부문은 기후문제 해결보다는 성장과 확장에 더 관심을 보였습니다.

바로 이런 사실을 알기에, 단 세 문장으로 된 발문은 '기후변화를 거의 멈출 수 있었던 10년'이라는 부제와 충돌하며 강한 충격을 줍니다. 우리는 그동안 정말 아무것도 하지 않았던 걸까요.

## 더디지만 꾸준한 관심

직업이 기자다 보니, 기후 관련해서도 보도에 관심을 갖게 됩니다. 더 복잡한 논의도 가능하겠지만, 가장 단순한 보도량을 먼저 보았습니다. 한국언론재단의 기사 데이터베이스인 '빅카인즈'에서 모든 기간 동안 일간지 및 경제지에서 보도한 기사 중 '지구온난화' '기후변화' '기후위기'를 포함한 기사 수를 월별로 살펴보았습니다. 데이터가 1990년부터 존재하는데, 공교롭게도 'Losing Earth' 기사가 언급한 1980년대 말 직후입니다.

몇 가지 흥미로운 부분이 보입니다. 초기에는 '지구온난화'라는 표현으로 기사에서 아주 조금씩 언급됩니다. 하지만 그 양이 폭발적으로 늘기까지는 무려 17년의 시간이 걸립니다. 'Losing Earth'의 과학자와 정치인, 활동가가 노력해 지구온난화를 의제화하긴 했지만, 그게 한국 사회에서 중요하게 언급되기까지는 오랜 뜸 들임이 필요했다는 것입니다.

2007년, 갑자기 지구온난화, 특히 새로운 단어인 '기후변화'라는 말을 포함한 기사가 폭발적으로 늘어납니다. 많을 때는 월 2500건 이상이 보도되기도 했습니다. 당시는 기후변화에 관한 정부 간 협의체(IPCC)의 제4차 평가보고서(특히 2월 공개된 과학 분야 보고서)가 공개되며 파국적 미래에 대한 보도가 앞다투어 나오던 때였습니다.

이런 경향은 2~3년 이어졌습니다만, 2009~2010년을 기점으로 가라앉게 됩니다. 그리고 제가 '또 다른 잃어버린 10년'이라고 부르는 시기에 돌입합니다. 기후변화 기사가 줄었습니다. 줄어도 이전과 달리 월 1000건 내외씩 꾸준히 나오고 일상에서도 기후변화가 많이 이야기되긴 합니다만, 큰 폭발력을 지니지 못하던 시기입니다. 당시 편집부의 분위기도 기억납니다. 기후변화 관련 기사를 발제하면 잘 받아들여지지 않았습니다. "지난 주(달) 내용과 뭐가 달라?"라고 물으면 답이 곤궁했습니다. 기후변화는 중장기 이벤트이고, 이변이 자주 등장하거나 늘 새로운, 재미있는 소식은 아니었습니다. 뉴스의 소재가 되기 어려웠다는 뜻입니다. 모든 매체가 그런 건 아니었지만, 상당수가 그렇게 매너리즘에 빠진 듯 고만고만한 기후변화 기사를 적당한 수 내며 분위기를 이어갔습니다. 그런 시기를 10년을 보냈습니다.

반전은 2020년쯤부터 시작되었습니다. 이제 기후변화도 모자라 '기후위기'라는 말이 폭발적으로 유행했습니다. 기후변화라는 단어를 포함한 기사도 다시 늘어서 2007년을 능가했습니다. 그리고 그 상태로 3~4년을 이어가고 있습니다. 왜 갑자기 매체의 관심이 늘었는지 확인하고자 키워드 분석을 해보면, 2000년대 이후 '탄소중립' 등 기후변화 대응을 위한 키워드가 갑자기 부상함을 알 수 있습니다. 1990년대~2000년대까지 기후변화의 과학을 오래 논의한 것, 2000년대 중반 이후 기상이변 등 기후변화의 피해에 주목했던 때를 벗어나, 기후변화에 대한 대응을 국내 매체가 주목하기 시작했던 것으로 보입니다. 기후변화를 인정하고 파급력을 인지했으니, 이제 대응을 하자는 뜻으로 읽힙니다. 비록 'Losing Earth'가 다룬 시기 이후 중요했던 시간을 놓치고 30년이 지나버렸지만, 이제라도 시급히 문제를 바로잡고자 관심을 갖는 움직임이 보이니 다행이라는 생각도 듭니다.

다만 걱정이 있습니다. 2007년의 기후변화 관심 붐이 2010년 즈음 꺼진 뒤 찾아온 10년의 '또 다른 잃어버린 10년'을 언급했던 것을 기억하시지요. 언론에서 '진부한 이야기'로 취급받던 그때를요. 저는 이런 시기가 이 사회에 다시 찾아오지 않을까 걱정됩니다. 기후위기의 시급성과 탄소중립이라는 구체적 대응책에 대한 관심이 불러온 지금 미디어의 대응, 그리고 사람들의 관여가 혹시라도 다시 주저앉을지 모른다는 두려움입니다.

기후변화 대응을 위한 작은 불씨가 타오른 지금 이 시점은 매우 시급한 때입니다. 2100년까지 지구 평균기온 상승폭을 산업시대 이전 대비 섭씨 1.5도 이내로 묶자는 파리협정의 목표를 달성하려면 2050년까지 중간 경로로 탄소중립을 달성해야 하고, 이를 위해서는 2030년까지 다시 중간 경로로 각국이 제시한 국가온실가스감축목표(Nationally Determined Contributions, NDC)를 달성해야 합니다. 하지만 전망은 밝지 않습니다. 상당수 국가에서 공표한 NDC는 그 국가의 최근 배출량의 절반 이상을 줄여야 할 정도로 공격적인 목표입니다만, 이걸 다 지켜도 이미 파리협정 달성은 어렵다는 분석이 몇 해째 나오고 있습니다. 영미권 미디어는 벌써 파리협정은 현실적으로 달성하기 어려울 것이라는 보도를 진지하게 하고 있습니다.

이런 분위기가 더 퍼지면, 뭘 해도 기후를 되돌리기 어렵다는 자조와 낙담이 대세가 되면서 다시 한번 잃어버린 10년이 올지 모릅니다. 냉소와 무관심, 무대응으로 지구의 변화를 보낼지도 모릅니다. 그때는 잃어버린 10년으로 끝나지 않을지도 모릅니다. 탄소중립을 위한 기술과 정책, 그리고 일상의 실천이 지금 함께 이루어져야 하는 이유일 것입니다.

사람이 일으킨 기후변화는 결국 사람만이 해결할 수 있습니다. 지치지 않고, 냉소적이 되지 않고 꾸준히 제자리에서 할 일을 해야 합니다. 'Losing Earth'에서 의회 증언을 통해 지구온난화의 실체를 대중에게 각인시키는 데 기여한 NASA의 금성 과학자 제임스 핸슨(James Hansen) 박사는 36년이 지난 2024년에도 여전히 매달 그 달의 기후 데이터를 분석하고 의견을 담은 보고서를 공개하고 있습니다. 그 누구보다 현재의 상황에 실망했을지 모를 그지만, 결코 지치지 않았습니다.

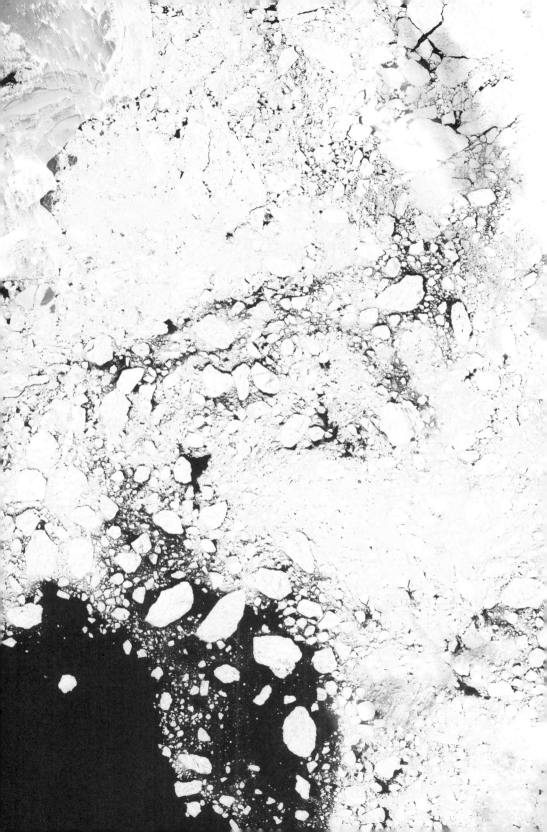

2부

# 기후변화의
# 원인

# 지구온난화

## 과학적 이해

지구온난화는 지구의 평균온도가 높아지는 현상이다. 우리는 더우면 얇은 옷으로 갈아입거나 건물과 그늘로 들어가서 피할 수 있지만, 지구는 바꿔 입을 옷도 없고 높아지는 온도를 벗어나고자 도망가지 못한다. 만일 지구가 태양으로부터 멀리 떨어질 수 있다면 온난화를 걱정하지 않아도 되겠지만 현재 우리에게는 이런 기술력이 없다.

지구온난화의 심각한 문제는 단순히 지구가 더워지는 것으로 끝나지 않는다는 사실이다. 온난화가 진행되면서 과거에는 나타나지 않았던 이상한 기상 현상이 나타나서 기후를 바꾸고 있다. 그래서 원래는 의미가 다른 지구온난화와 기후변화를 혼용해서 사용하는 경우도 많다.

지구온난화의 시작은 대기 중 온실가스 농도의 증가다. 온실가스는 마치 담요처럼 지구의 온도를 적절하게 유지시켜주는 기체이며, 여러 종류가 있다. 널리 알려진 이산화탄소 외에 메탄이나 오존 등도 포함된다. 여기에는 많은 사람이 의외라고 여길 온실가스도 있다. 바로 기체 상태의 물인 수증기다. 사실 수증기는 온실가스 중에서 온난화에 가장 큰 역할을 한다. 지표면 가까운 대기에는 지구 어느 곳의 이산화탄소보다 훨씬 많은 양의 수증기가 떠다닌다. 고도 5km 아래에 전체 수증기의 90%가 밀집되어 있다.

사람들은 이산화탄소가 지구온난화를 일으키는 주범이라고 나쁘게 생각한다. 하지만 이것은 오해다. 만약 이산화탄소가 없어진다면 지구의 많은 생명체가 멸종하고 말 것이다. 특히 식물이 살아가는 데 반드시 필요하다. 식물은 이산화탄소를 흡수하고 햇빛을 받아야만 광합성을 하면서 성장할 수 있다. 게다가 적당한 양의 이산화탄소는 생물이 살아가기에 알맞은 지구 온도를 유지시켜준다. 이산화탄소가 없는 대기 환경을 기후모델 실험을 통해 유추할 수 있는데, 지구 표면 온도는 지금보다 훨씬 낮았을 것으로 보인다. 반면 12~50km 상공에 위치한 성층권의 온도는 지금보다 훨씬 높았을 것이다.

이렇게 생명체에 필수적인 이산화탄소가 대기 중에서 빠르게 증가하고 있다. 산업혁명 이전에는 이산화탄소 농도가 280ppmv(parts per million by volume, 280ppmv는 대기 중 이산화탄소의 부피가 전체 대기의 0.028%를 차지한다는 뜻) 정도였다. 이 농도는 수천 년 이상 유지되었다. 그런데 1850년 즈음부터 지속적으로 증가해서 1950년 무렵에는 310ppmv가 되었다. 100년 동안 30ppmv가 올라간 것이다. 1950년부터 이산화탄소 농도의 증가 속도는 더 빨라져서 2001년에는 370ppmv에 이르렀다. 고작 50년 만에 60ppmv나 높아졌다. 증가 속도가 과거의 4배가 되었다. 2022년 6월에 관측된 이산화탄소의 농도는 420ppmv에 도달했다.

## 온실효과

이산화탄소가 어떻게 지구 온도를 높이는지 알기 위해서는 먼저 온실효과를 이해해야 한다. 온실은 투명한 유리로 덮여 있어서 햇빛이 잘 들어오지만 온실 안의 열이 밖으로 빠져나가기 어려운 구조다. 이 때문에 온실 안은 바깥보다 훨씬 높은 온도를 유지할 수 있다. 지구를 덮은 공기 중에서 수증기, 이산화탄소, 오존, 메탄 등의 온실가스가 온실의 유리와 같은 역할을 한다.

지구에 사는 모든 생명체는 태양으로부터 에너지를 얻는다. 식물은 햇빛을 받아 광합성을 하고, 그 식물은 곤충이나 초식동물의 먹이가 된다. 또 초식동물은 육식동물의 먹이가 되어 생태계가 유지된다. 태양은 날씨를 바꾸는 원동력이기도 하다. 바람이 부는 것도, 비가 오는 것도, 사막이 생기는 것도 모두 지구가 태양에너지를 흡수하기 때문에 가능한 일이다.

태양에너지는 지구의 온도를 높이지만, 반대로 지구는 그 온도에 대응되는 에너지를 우주 공간으로 내보내고 있다. 이런 과정은 복사를 통해서 일어난다. 용어가 생소하긴 하지만, 복사는 우리가 실생활에서 익숙하게 접해온 에너지 전달 방법이다. 예를 들어 숯불에 직접 손을 대지 않아도 가까이 다가가면 따스함을 느낄 수 있다. 열이 공간을 통해서 우리에게 전달되기 때문이다. 이 열이 바로 숯불의 복사에너지다. 태양에서는 태양 복사에너지가, 지구에서는 지구 복사에너지가 방출되고 있다. 물론 우리 몸에서도 체온인 섭씨 36.5도에 상응하는 복사에너지가 나온다. 그뿐 아니라 온도가 있는 모든 물체에서 복사에너지가 발생한다. 태양이 쉼 없이 지구를 데워도 지구의 온도가 지난 수십억 년 동안 크게 변하지 않을 수 있었던 이유 역시 지구의 복사에너지에서 찾을 수 있다. 지구는 흡수하는 태

복사에너지와 온도의 관계를 다루는 스테판-볼츠만식에 따르면, 방출되는 지구 복사에너지 $B$는 지구 온도 $T$(섭씨온도에 273도를 더한 절대온도 K)의 4제곱에 비례한다. 여기에 상수($\sigma = 5.67 \times 10^{-8} \text{Wm}^{-2}\text{K}^{-4}$)를 곱하면 식이 완성된다.

$$B = \sigma T^4$$

이제 구하고자 하는 지구의 복사에너지 240Wm$^{-2}$를 $B$에 대입하면, 지구 온도 $T$는 255K가 된다. 이를 섭씨로 환산하면 영하 18도다.

양 복사에너지만큼 지구 복사에너지를 계속해서 우주 공간으로 내보낸다.

지구는 자신의 온도에 대응해서 1m²당 240W씩 지구 복사에너지를 우주로 방출하고 있다. 인공위성에서 관측되는 지구 복사에너지를 살펴보면 매해 지구 온도는 크게 변화하고 있지만, 복사에너지는 단위면적당 평균 240W로, 거의 일정하다. 이 수치에 해당하는 지구의 온도를 계산해 보면 영하 18도가 나온다. 현재 지구 평균 표면 온도인 섭씨 15도보다 무려 33도나 낮다. 이런 일이 벌어진 이유는 표면 온도가 지구에 있는 온실가스의 영향을 받아 높아졌기 때문이다. 만일 온실가스가 없었다면 지구의 표면 온도도 식으로 산출한 값과 똑같은 영하 18도였을 것이다. 이처럼 온실가스의 영향으로 지구의 온도가 섭씨 33도 높아지는 현상이 온실효과다.

온실효과에 대한 기여도를 보면, 수증기가 전체의 80% 정도를 유발하고 이산화탄소는 약 20%를 기여하는 데 불과하다. 하지만 많은 이가 지구

온난화를 일으키는 주범으로 이산화탄소를 꼽고 있다. 이산화탄소 입장에서는 억울하다고 여길 만하다. 이런 오해의 가장 큰 이유는 산업 발달로 이산화탄소가 두드러지게 증가하고 있기 때문이다. 수증기는 온실효과에 가장 중요한 역할을 하는 온실가스지만, 산업의 발달과는 직접 관련이 없다. 공장이나 자동차에서 매연을 뿜어낸다고 수증기가 증가하는 건 아니기 때문이다. 또 오존과 메탄은 아직까지는 이산화탄소보다 양이 훨씬 적고 기여도도 작다.

이산화탄소가 지구온난화에 영향을 끼치는 과정을 정확하게 이해하려면 먼저 수증기에 의한 온실효과에 대해 알아야 한다. 대기 중에 수증기의 양이 변하지 않고 순전히 이산화탄소가 많아지는 것만으로는 지구온난화가 그렇게 심각해지지 않기 때문이다.

이산화탄소가 많아져 온실효과가 커지면 지구 표면으로 되돌아오는 지구 복사에너지가 증가해서 온도가 올라간다. 이렇게 높아진 표면 온도에 의해서 지구복사가 더 많이 방출되고, 대기는 더 많은 복사에너지를 흡수한다. 그 결과 대류권 하층에서 대기 온도가 높아진다. 숯불 온도를 높이면 주위가 더 따뜻해지는 것과 같은 원리다.

문제는 이렇게 대기의 온도가 올라가면 공기 중에 더 많은 수증기가 떠다닐 수 있게 된다는 사실이다. 기온이 높아지면 분자운동이 활발해지고, 공기 중에 비집고 들어갈 틈이 커져 수증기가 많아질 수 있다. 이는 클라우지우스-클라페이론(Clausius-Clapeyron) 방정식으로 설명할 수 있다. 이 방정식은 기온과 수증기압의 관계를 표현하는데, 대기 온도가 섭씨 1도 높아질 때마다 수증기 보유 능력이 7% 정도 증가한다.

이처럼 대기 중에 수증기가 많아지면 자연스럽게 온실효과도 커진다. 종합하면, 지구온난화는 산업화로 많아진 이산화탄소 때문에 지표면과 대기 온도가 높아지고, 다시 높아진 대기 온도가 수증기의 양을 늘려서 온실효과를 키우기 때문에 발생한다.


## 대류권과 성층권

흔히 지구온난화를 온실효과가 커져서 지구 육지와 해양 표면에서 온도가 높아지는 현상으로 알고 있다. 온실가스가 공기 중에 섞여 있으니까 모든 대기층에서 온실효과가 커져 기온이 높아질 거라고 생각하는 경우도 있다. 정말 그럴까?

대류권은 지표면에서 가장 가까운 대기를 말한다. 그림 2-1의 왼쪽에서 보듯 높이 올라갈수록, 그러니까 지구 표면과 멀리 떨어질수록 기온이 낮아진다. 대류권의 높이는 위도에 따라 달라진다. 고위도 지역에서 8km, 중위도에서 12km, 열대 지역에서 20km 정도다. 대류권에는 지구 전체 공기의 약 90%가 몰려 있고, 대부분의 기상 현상이 이곳에서 발생한다. 아주 강한 비구름이나 태풍이 있을 때 구름이 가장 높이 발달할 수 있는 높이가 대류권 꼭대기라고 생각하면 된다. 장거리 운행을 하는 비행기는 대류권 위를 날기 때문에 그 높이에서는 비나 눈이 내리지 않는다.

대류권 위에는 성층권이 있다. 고도로 보면 대류권 꼭대기부터 50km 정도까지다. 성층권에는 전체 공기의 약 10%가 포함되어 있고, 기온은 대류권과 반대로 올라갈수록 높아진다. 이처럼 고도에 따라 기온이 높아지는 이유는 성층권에 있는 오존이 태양 복사에너지를 흡수하기 때문이다. 특히 오존은 태양 복사에너지 가운데 생명체에 치명적인 영향을 주는 자외선을 거의 다 흡수하기 때문에, 오존층을 지구에 사는 생명체를 지켜주

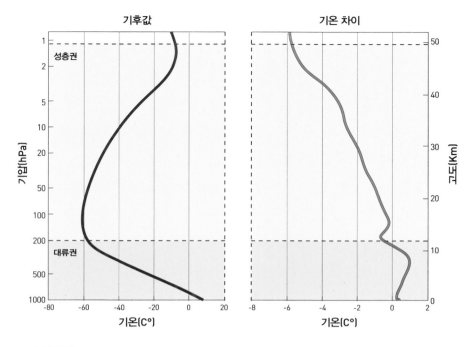

**기후값** **기온 차이**

**그림 2-1**

관측 자료와 기후모델 결과를 혼합해서 얻은 지구 평균 연직 기온 분포와 온난화에 따른 변화. 왼쪽은
1900~2010년 기간의 평균 기후값(기온값에 위도의 코사인을 곱해서 면적 가중치를 준 값)이며, 오른
쪽은 최근 30년 평균(1981~2010년)에서 과거 30년 평균(1901~1930년)을 빼서 계산한 차이값이다.

는 '생명 보호막'이라고도 한다.

지표면 기상관측과 기상관측 풍선이나 로켓, 인공위성 등을 이용한 고
층 관측으로 알아낸 내용에 따르면, 현재 지구는 온난화로 표면과 대류권
에서 온도가 높아지고 있다. 반대로 성층권에서는 기온이 크게 낮아지고
있다. 2000년 무렵에 관측된 성층권의 기온은 1960년대에 관측된 기온보
다 무려 섭씨 2도나 낮다. 이와 비슷한 기온의 변화가 관측과 기후모델을
혼합해서 산출한 21세기 110년 시뮬레이션 결과에서도 확인된다(그림 2-1
의 오른쪽).

대류권에서 기온이 높아지는 이유는 지구 표면에서 우주로 내보내는 지구 복사에너지의 대부분이 얼마 못 가 대류권에서 흡수되기 때문이다. 지구 표면 온도가 높아지는 것에 상응해서 우주 밖으로 방출하는 지구 복사에너지도 많아지는데, 이렇게 되면 대류권은 더 많은 지구 복사에너지를 흡수해서 기온이 높아진다. 수증기와 이산화탄소가 온실효과를 일으켜 지구 복사에너지의 대부분을 흡수하는 것이다.

반면 성층권에서는 이런 일이 일어나지 않는다. 대류권에서 대부분의 지구 복사에너지를 흡수하기 때문에, 방출되는 지구 복사에너지가 증가해도 성층권에 도달하는 양은 거의 변하지 않는다. 성층권에 이산화탄소의 양이 늘어나도 더 많이 흡수하지 못하는 것이다.

그런데 이산화탄소가 많아진 성층권에서는 그만큼 지구 복사에너지를 더 많이 방출해야 한다. 온실가스는 지구 복사에너지를 흡수하면서 동시에 방출도 하기 때문이다. 결국 성층권에서는 지구 표면과 대류권으로부터 흡수하는 지구 복사에너지의 양은 크게 변하지 않고, 대류권과 우주 공간으로 내보내는 지구 복사에너지가 많아져서 오히려 기온이 낮아지는 것이다.

## 막을 방안

지구온난화를 막을 방안으로 성층권에 햇빛을 차단하는 물질을 뿌리거나 지구와 태양 사이에 반사경을 설치하자는 아이디어가 설득력 있게 제시되었다. 커다란 화산이 폭발할 때 대기 온도를 보자. 대규모 화산 폭발이 일어나면 성층권에서는 폭발과 동시에 기온이 급격하게 올라가 1~2년 동안 높은 상태를 유지한다. 최근 수십 년 사이에 전 세계적으로 세 번의 대규모 화산 폭발이 있었다. 미국 세인트헬렌스 화산(1980년), 멕시코 엘치촌 화산(1982년), 필리핀 피나투보 화산(1991년)이다. 대규모 화산 폭발 이후 공통적으로 성층권 아래쪽 부분에서 기온이 1~2도가량 높아졌다.

화산이 폭발하면 엄청난 양의 화산재가 대기로 뿜어져 나와 성층권까지 올라간다. 이 화산재는 대기 흐름을 타고 다른 지역으로 이동하기 때문에 화산이 폭발한 지점과 상관없이 수개월 뒤에는 전 지구를 덮게 된다. 큰 화산재는 무거워서 빨리 지구 표면에 떨어지지만, 작은 것은 떨어지기까지 수년이 걸리는 경우도 있다.

이렇게 쌓인 성층권의 화산재는 태양 복사에너지를 흡수해서 성층권의 기온을 올린다. 성층권에서 태양 복사에너지가 더 많이 흡수되었으니 그 양만큼 지구 표면에서 흡수되는 양은 줄어들 것이다. 그럼 지구 표면 온도도 화산 폭발과 함께 낮아질 것 같지만, 실제로는 거의 변하지 않는다. 지구의 온도 변화에 영향을 끼치는 것은 헤아릴 수 없을 만큼 많고, 화산재에 의한 태양 복사에너지의 감소는 그 가운데 하나일 뿐이다.

태양과 지구 사이에 커다란 반사경을 갖다놓는다는 아이디어를 보자. 지구로 향하는 태양 복사에너지를 반사시키자는 의미다. 태양과 지구의 중력이 균형을 이루는 지점에 반사경을 둘 수 있을 것이다. 이 방법은 언뜻 보면 현실화 가능성이 있어 보이지만 어려운 문제가 하나 있다. 태양과 지구의 중력이 균형을 이루는 지점이 고정되어 있지 않고 계속해서 변한다는 것이다. 어쩌면 훗날에 과학기술이 더 발달해서 자율주행차가 혼자서 움직이듯이 반사경이 스스로 태양과 지구 사이의 중력이 균형을 이루는 지점을 찾게 될지도 모른다.

이뿐 아니라 이산화탄소를 계속해서 소비하고 싶은 사람들에게는 솔

깃한 아이디어가 지속해서 제안될 것이다. 그러나 냉장고 냉매제도 쓰였던 프레온가스가 성층권 오존층을 파괴하는 물질이 되었던 것처럼, 지구를 살리려는 아이디어가 지구를 죽일 수도 있다. 지구온난화를 막을 수 있는 가장 쉬우면서도 확실한 방법은 이산화탄소 등 온실가스를 줄이는 것이다.

지구는 현재 우리가 아는 한 우주에서 생명체가 살 수 있는 유일한 행성이다. 이곳에는 지난 수십억 년 동안 수많은 생물이 살아왔다. 한때는 무시무시한 공룡도 있었고 지금은 인류를 포함한 많은 생물이 산다. 가까운 미래에는 우리의 자녀가 지구에서 살 것이다. 먼 미래에는 어떻게 될까. 그때도 우리의 먼 후손이 살고 있을까. 안타깝게도 지금처럼 지구온난화와 기후변화가 계속된다면 지구에서 인류가 살아남을 수 있을지는 아무도 장담하지 못한다. 어쩌면 먼 훗날에는 SF영화에서처럼 인류의 멸종이 현실이 될지도 모른다.

산업혁명 이후 사람들은 삶의 풍요를 위해 200~300년간 지구를 오염시켰다. 우리가 사용할 지구의 일부분을 이미 황폐화시켰다. 얼마 전까지도 사람들은 지구가 얼마나 망가졌는지 잘 알지 못했다. 그 심각성도 모르고 있었다. 늦긴 했지만 이제 사람들은 지구온난화와 기후변화를 직접 겪으며 지구를 보호해야 미래의 삶이 보장된다는 사실을 절실히 깨닫게 되었다. 우리는 지구를 더 이상 오염시켜서도 황폐화시켜서도 안 된다. 지금까지 파괴된 것만으로도 후손들은 큰 피해를 입게 될 것이다. 지구는 지금의 우리 것이 아니다. 후손, 또 그 후손이 살아갈 곳을 잠시 빌려 쓰고 있는 것뿐이다.

# 지구온난화의 주요 장면들

2021년 노벨물리학상은 세 명의 물리학자에게 돌아갔다. 미국 프린스턴 대학의 마나베 슈쿠로 교수와 독일 막스플랑크연구소의 클라우스 하셀만 연구원, 이탈리아 사피엔자대학의 조르조 파리시 교수다. 이 가운데 하셀만 교수와 마나베 교수는 90대에 접어든 기후물리학의 선구자로, 온실가스 농도 증가에 따른 기후 시스템의 반응을 모델링해 기후 시스템에 대한 과학적 이해를 증진하는 데 기여한 공로를 인정받았다. 노벨위원회가 공개한 참고 문헌에서 패러다임의 전환을 이끈 두 학자의 1960년대, 1970년대 논문이 특히 주목받았음을 확인할 수 있다.

## 노벨상을 받은 기후과학자

대중 강연에서 과학자들은 지금으로부터 50년 전에 이미 지구온난화와 그 영향을 알고 있었다고 말하면 청중은 뜻밖이라는 반응을 보인다. "정치인과 산업계는 왜 빨리 대응하지 않았나? 그럼에도 매년 이산화탄소 배출이 느는 이유는 무엇인가? 기후과학자들의 공로는 왜 이토록 뒤늦게 인정받았나?"와 같은 질문도 한다.

이에 답하려면 먼저 1960년대부터 현재까지의 역사를 간략히 살펴보아야 한다. 여기에는 몇몇 과학자가 최초의 기후 컴퓨터 모델을 만든 1960년대에서 기후변화에 관한 정부 간 협의체(IPCC)가 출범한 1980년대 후반, 클라우스 하셀만 교수가 20세기 기온 상승이 인류에 의해 발생했음을 입증해 보인 1990년대, 그리고 정치인과 기업 최고경영자들이 고급 리조

트에 모여 전 지구적인 기후 재해를 막을 방법을 논의하는 한편, 청소년 활동가들은 훼손되지 않은 지구에서 살 권리를 위해 시위를 벌이는 지금이 포함된다.

프린스턴대학 지구물리유체역학연구소(GFDL)에서 대기과학자 마나베 교수가 이끄는 프로그래머들이 상용화된 1세대 슈퍼컴퓨터로 대기 모델 컴퓨터 코드를 실행하려고 애쓰던 1960년대 중반으로 거슬러 올라가 보자(그림 2-2). 대량의 데이터를 처음에 계획한 대로 처리하기란 불가능에 가깝다는 사실을 알게 된 마나베 교수와 동료 리처드 웨더럴드는 수학적 모델의 기반이 되는 물리적 가정을 슈퍼컴퓨터가 '소화'하기 쉬운 형태로 단순화했다. 그 결과 도출된 복사 대류 평형 모델(radiative-convective equilibrium model)은 이산화탄소가 지구 기온에 미치는 영향에 관한 인류 최초의 예측을 내놓았다. 연구 결과를 정리해 발표한 1967년 논문에는 미래를 예견한 듯한 문장이 있다.

대기 중 이산화탄소가 2배 증가하면 (대기의 상대습도는 불변한다고 가정했을 때) 약 섭씨 2도의 대기 온도 상승 효과를 가져올 것이라 추산된다.

많은 과학자가 현대 기후과학의 초석으로 여기는 이 논문은 IPCC와 넷제로, RE100, UN 기후변화협약 당사국총회(COP), 태양에너지 보조금과 청소년 환경운동가 그레타 툰베리 등 이후 등장할 모든 것의 토대가 되었다.

마나베 교수의 연구 결과를 계기로 1970년대와 1980년대에는 세계 각지에서 기후모델링 연구소들이 앞다퉈 문을 열었다. 그중 한 곳이 1975년에 물리학자 클라우스 하셀만 소장의 지휘 아래 출범한 독일 함부르크의 막스플랑크연구소다. 재빨리 두각을 나타내고자 했던 이 기상 연구소는 1976년에 〈확률적 기후모델-제1부〉라는 그다지 눈에 띄지 않는 제목의 이론 연구 논문을 발표했다. 이 논문에서는 아인슈타인의 브라운운동 이론을 적용해 대기와 해양의 상호작용을, 나아가 여러 시간 척도에서 자연적인 기후 변동이 야기되는 방식을 설명했다. 이는 2021년에 노벨위원회가 주목한 두 번째 논문이기도 하다. 기후과학 분야의 기념비적인 연구인 확률적 기후모델은 인류가 대기, 해양, 빙하의 상호작용으로 인해 발생하는 자연적인 기후 변동을 이해하는 기반이 되었다.

이후 15년은 전 지구적 기온 및 기상 기록에서 인간에 의한 지구온난화의 징후를 찾아내기 위해 전 세계적인 활동이 전개된 시기였다. 중요한 것은 인류가 야기한 지구온난화와 하셀만 교수가 1976년 연구에서 다룬 기후 시스템의 자연적인 변동 및 패턴을 분리하는 일이었다. 하셀만 교수와 동료 가브리엘레 헤게를 교수는 1995년에 (기후 분야의 과학수사 기법이라 할 수 있는) 이른바 최적지문(指紋)법을 적용해 이 문제를 해결했다. 막스플랑크연구소에서 20세기 기온 상승의 주범은 인류가 배출한 온실가스임을 보여주는 명백한 증거를 발견했다고 보도하던 독일의 TV 방송을 기억하는 이들도 있을 것이다. 이 사건은 기후변화에 대한 유럽인들의 인식을 뒤흔들었다. 동시에 일련의 친환경 정책 도입을 위한 과학적 근거로 쓰이며, 화석연료에서 벗어나면 경기 침체가 뒤따를 수 있다는 정책 입안자들과 산업계의 근거 없는 우려를 해소하는 계기가 되었다. 하셀만 교수가 제시한 '증거'를 시발점으로, 유럽은 국제 기후 보호의 주최로 거듭났다.

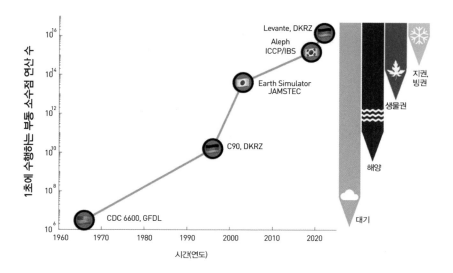

기후과학에서 슈퍼컴퓨터가 담당하는 역할. 마나베 교수의 CDC 6600(미국 GFDL)부터 하셀만 교수의 크레이(Cray) C90(독일 DKRZ), 일본의 어스 시뮬레이터(Earth Simulator), 한국의 알레프(Aleph) XC50과 DKRZ의 최신 르반테(Levante) 슈퍼컴퓨터까지, 지난 50년간 컴퓨팅 성능이 100억 배 가까이 증가함에 따라 더 많은 지구 시스템 모델 요소가 시뮬레이션에 포함될 수 있었다.

## IPCC와 당사국총회

한편, 1988년에는 UN이 기후변화에 관한 과학적 규명에 기여한다는 목표로 IPCC를 설립했다. 195개 회원국이 참여하는 IPCC는 그간 정책 입안자들과 일반 대중에게 기후위기의 긴급성을 효과적으로 전달하는 정부 간 협의체 기능을 충실히 이행해왔다. IPCC 산하의 3개 실무그룹은 다양한 기후 관련 분야의 주요 과학적 쟁점을 논의한다. 세 실무그룹의 중점 과제는 각각 기후변화의 물리과학적 근거 제시, 기후변화의 사회경제적·생태학적 영향 분석, 정책과 기술을 통한 기후변화 완화다.

IPCC 평가보고서는 1960년대에 마나베 교수가 사용했던 것과 비슷하면서도 훨씬 더 복잡한 기후 컴퓨터 모델에서 도출된 이른바 미래 '전망'을 근거로 한다. 오늘날의 기후모델은 100만 줄이 넘어가는 (주로 포트란 프로그래밍 언어로 된) 코드로 구성된다. 이것으로 대기, 해양, 토지, 초목, 해양 생물지구화학 사이의 물리 방정식을 풀어낸다. 2007년에 미국의 45대 부통령 앨 고어(Albert Arnold "Al" Gore Jr.)와 공동으로 노벨평화상을 수상한 IPCC는 기후위기에 대한 전 지구적인 인식을 높이고 인류가 지금과 같은 화석연료 중독에서 벗어나지 않으면 어떤 일이 일어날 것인지에 관한 상세한 정보를 제공하는 혁혁한 공로를 세웠다. IPCC 산하 수백 명의 기후 과학자가 대가 없이 전개한 노력이 없었다면, 전 지구는 물론 국가 차원에서조차 탄소중립 달성을 위한 지금과 같은 논의는 없었을 것이다.

　　UN 기후변화협약 당사국총회도 언급해야 한다. 최근 회담은 2022년 이집트에서 개최되었고, 2023년에는 아랍에미리트에서 열렸다. 의장으로는 세계 최대 석유 회사 아드녹(ADNOC)의 CEO 술탄 알 자베르가 임명되었다. 과거의 몇몇 회담은 기후 시스템 보호를 위한 중요한 자리였다고 평가할 수 있다. 대표적인 예로 파리협정이 체결된 2015년 파리 회담을 들 수 있다. 파리협정의 목표는 "지구 평균기온 상승을 산업화 이전 대비 섭씨 2도보다 상당히 낮은 수준으로 유지하고, 섭씨 1.5도로 제한하기 위해 노력하는" 것이다. 또한 모든 국가가 스스로 온실가스 감축 목표를 결정하도록 하는 등('국가별 기여 방안') 국가 차원에서 탄소중립 목표를 이행하고 감시하는 새로운 메커니즘도 도입했다. 물론 모든 당사국총회 회담이 파리 회담과 같은 괄목할 만한 성과로 이어진 것은 아니다. 2023년 제28차 회담에 석유 업계가 참여함에 따라 현재와 미래 세대를 위한 기후 보호 노력이 어떤 영향을 받게 될지도 지켜봐야 할 것이다.

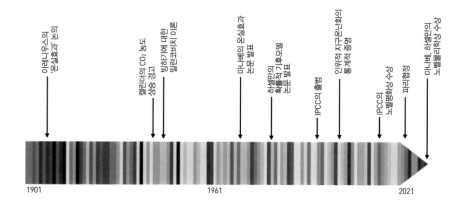

**그림 2-3**

1901~2021년의 주요 기후과학 사건 타임라인. 화살표 안의 색은 한국의 평균 기온을 나타낸다.

## 기후 행동의 촉구

이 시점에서 정리해보자. 우리가 기후 시스템에 대해, 그리고 인간이 배출한 온실가스가 기후 시스템에 미치는 영향에 대해 아는 사실은 무엇일까? 그리고 기후변화에 관심을 가져야 하는 이유는 무엇일까?

- 지구온난화는 현실이다. 산업혁명이 시작된 이래로 전 지구 지표 온도가 섭씨 1.2도 상승했으며(한국의 경우 1901~1931년 평균 대비 최대 섭씨 2도 상승, CRUTEM5 기준), 온난화의 주된 원인은 인류의 화석연료 연소다.
- 육지와 극지방에서 전 지구 평균보다 높은 수준의 온난화가 진행되고 있다.
- 기후모델의 예측에 따르면 기후변화 완화 조치가 이루어지지 않을 경우 향후 75년간 지구 전체의 기온이 약 섭씨 3도 상승할 것이며(1960년대 마

나베 교수의 예측은 섭씨 2도였다) 이로 인해 식량 안보, 생태계, 생물 다양성에 돌이킬 수 없는 파국이 닥칠 것이다.

- 기온이 지금보다 섭씨 0.6도 상승하면 북극과 남극의 빙상이 붕괴되고 장기적으로 전 세계 해수면이 상승해 해안 범람과 인구 이주를 초래할 것이다.
- 지금보다 기후가 더 온난해지면 건조한 지역은 더 건조해지고 습한 지역은 더 습해져서 농경과 식량 생산에 영향을 받을 것이다.
- 육지에서는 (지역을 불문하고) 지금보다 심화된 강우 현상이 발생해 홍수, 작물 손실, 설비 파손이 늘어날 것이다(그림 2-4).
- 인류가 배출한 이산화탄소 중 일부는 해양에 흡수되었다. 이로 인해 이미 (산호와 같은 바다에 사는 석회화 생물에 좋지 않은 영향을 주는) 해양 산성화가 전례 없는 수준으로 진행되었다. 해양 산성화가 지금보다 더 진행된다면 생태계와 해양 먹이사슬은 지난 5500만 년간 경험한 적 없는 현상을 겪게 될 것이다. 해양 생태계가 여기에 어떻게 반응할지 지금은 알 수 없다.

이는 화석연료 연소로 인해 야기된 몇몇 현상일 뿐이다. 미래 기후 전망이 이처럼 암울한 상황에서, 예견된 변화들을 직통으로 맞을 전 세계 청소년이 이해 상충 때문에 또는 단지 의욕이 없어서 고위급 국제연합 회담이 또다시 실패로 돌아가지 않도록 조바심을 내며 기후 행동을 촉구하는 것도 무리는 아니다.

그렇다면 우리는 무엇을 할 수 있을까. 상황을 낙관해도 될까. 돌파구가 있기는 한 걸까. 과학적 관점에서 보면 우리가 해야 할 일은 단순하고 명확하다. 바로 가능한 한 빠른 시일 내에 이산화탄소 배출을 줄이고 향후

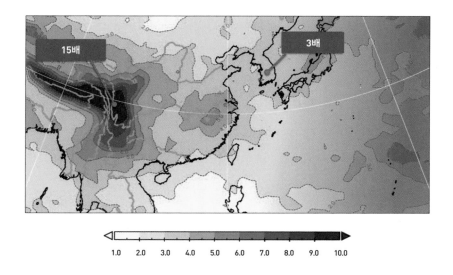

1.0  2.0  3.0  4.0  5.0  6.0  7.0  8.0  9.0  10.0

**그림 2-4**

이산화탄소 배출 저감 노력이 없다면 발생할 향후 75년간의 극한적인 강우 현상 증폭 계수. IBS 기후 물리 연구단이 온실가스 배출 시나리오 SSP3-7.0을 사용해 알레프 슈퍼컴퓨터(그림 2-2 참고)로 실시한 대규모 앙상블 시뮬레이션에서 도출된 예측 데이터. 이 그림은 현재 10년에 한 번만 발생하는 강우 현상이 2090~2100년 10년간 어떤 빈도로 발생할지를 보여준다. 즉, 3배(Factor 3)와 15배(Factor 15)로 일어날 수 있음을 나타냈다.

20~30년 안에 전 세계 탄소 배출 넷제로를 달성하는 것이다. 그보다 더 늦어지거나 늑장을 부린다면 그레타 툰베리의 지적처럼 우리의 자녀 세대는 앞으로 수십 년 동안 지금보다 심한 고통을 겪게 될 것이다.

현시점에서 탄소중립을 이행할 가장 좋은 방법은 각국의 기반 시설과 가용 자원에 따라 다를 것이다. 경제를 통째로 탈탄소화하려면 먼저 투자 활동과 환경 파괴를 감안해 탄소에 가격을 매겨야 한다. 이 방안은 최초의 기후-경제 통합 모델을 창시한 공로를 인정받아 2018년에 노벨경제학상을 수상한 윌리엄 노드하우스(William Dawbney Nordhaus) 교수가 이미 1970년대와 1990년대에 발표한 주장이다. 화석연료 사용을 억제하고 무탄소

제품과 기술의 사용을 장려하는 탄소세와 배당제를 도입하면 공정한 탄소 가격제를 시행할 수 있을 것이다. 거기서부터는 각국이 넷제로에 가장 빨리 도달할 최적의 재생에너지 포트폴리오를 구상해야 한다.

한국의 경우 2021년에 재생에너지 자원에서 얻은 에너지의 비율이 10%가 채 되지 않았다(2022년 기준 9.22%). 그렇기에 역설적으로 태양광발전에 박차를 가하는 것이 당장에 쉽게 성과를 올릴 방안이 된다. 한국은 통념과 달리 태양광발전을 이용하기에 매우 적합한 나라다. 수치를 보면 확실히 알 수 있다. 일례로 부산은 독일의 프랑크푸르트나 함부르크 같은 도시에 비해 연평균 일조 시간이 46% 길다. 그럼에도 강우량이 많은 독일은 전기의 8.5%를 태양광발전에서 얻고 있고(2021년) 한국은 그 비율이 5%

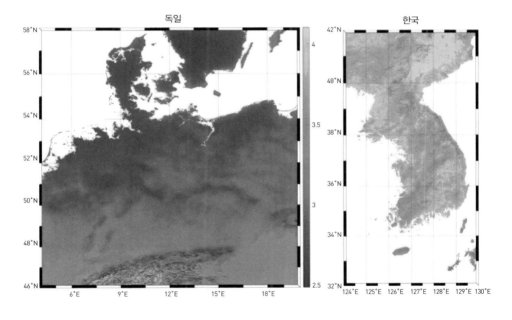

**그림 2-5**

최적 경사각을 적용한 태양광발전소의 태양광발전 전기 생산 장기 평균 잠재력(단위: kWh/kWp).

에 미치지 못한다(2021년). 게다가 한국은 독일보다 위도도 낮아서 일광이 훨씬 강하고 태양광발전 잠재력이 높다(그림 2-5).

물론 탄소중립은 기술만으로 달성할 수 있는 것은 아니다. 세계적으로 한국은 아직도 일인당 이산화탄소 배출량이 높은 나라다. 지구온난화의 원인은 결국 우리의 라이프스타일이라는 점을 고려했을 때, 이산화탄소 배출량을 줄이려면 모두의 뼈를 깎는 희생이 요구된다. 커피를 마실 때 일회용 컵을 사용하지 않는 것만으로는 부족하다. 탄소중립을 달성하기 위해서는 생활 방식을 바꾸고, 일시적인 편리함도 포기해야 할 것이다. 친환경적인 척하는 그린워싱, 끝없는 늑장 그리고 언젠가는 인류가 절묘한 해법을 발견해 이 위기를 벗어날 것이라는 망상으로 탄소중립을 달성할 수는 없다. 지금 당장 일상을 탈탄소화하고, 순환 경제를 실현하고, 화석연료에서 벗어나 재생에너지로 전환하고, 에너지를 절약해야 한다.

# 지구온난화의 파장

## 해양 가열

IPCC의 제4~6차 평가보고서는 물론 '해양과 빙권 특별 보고서'가 일관되게 강조하는 내용이 있다. 산업화 이후 인류가 배출한 온실가스가 온실효과를 강화했으며, 이 과정에서 지구 내에 열에너지가 축적되었다는 사실이다(지구온난화 또는 지구가열화).

그런데 이때 축적된 열에너지의 대부분(93%)이 흡수된 곳이 있다. 바로 해양이다(그림 2-6). 해수는 비열이 높기에 웬만큼 열에너지를 흡수해도 온도가 쉽게 올라가지 않는다. 하지만 연간 약 20ZJ(제타줄, 1ZJ은 $10^{21}$J로, 20ZJ은 히로시마 원자폭탄이 1초에 4개씩 폭발하는 수준의 에너지에 해당한다)의 열에너지가 흡수되는 경우라면 이야기가 달라진다. 1970년부터 2010년까지 40년 동안 해양에 흡수된 열에너지는 그 10배가 넘는 250ZJ에 달한다.

해양에는 지구 수권의 대부분(97%)에 해당하는 물(해수)이 존재한다. 그런데 이 해수의 수온이 뚜렷하게 오르고 있다. 동시에 곳곳의 빙하도 빠

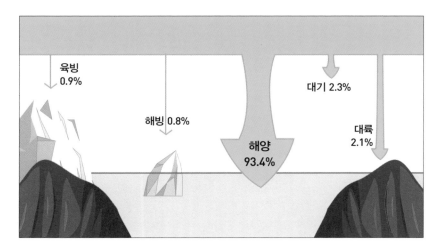

**그림 2-6**

대기 중 온실가스 농도 증가에 따른 온실효과로 지구온난화(지구가열화)가 일어나고 있다. 이때 지구 각 권역별로 축적되는 열에너지 가운데 절대 다수는 해양에 흡수되었다.

르게 사라지는 중이다. 육상에 사는 우리는 이 같은 해양과 빙권의 변화를 피부로는 잘 느낄 수 없다. 하지만 이것이 각종 기상이변과, 전례 없이 극단적인 지구환경 변화의 핵심 원인이라는 사실이 점점 뚜렷해지고 있다. 그렇다면 구체적으로 해양과 빙권 어디에서 어떤 변화가 일고 있을까? 열대 인도-태평양, 북극해, 남극 연안의 세 가지 사례를 소개하고자 한다.

## 열대 인도-태평양과 슈퍼 태풍

표층 해수는 심층 해수에 비해 수온이 높다. 그중에서도 가장 수온이 높은 해수는 열대 인도양과 열대 태평양(열대 인도-태평양)에 분포한다. 이 열대 해역 내에서도 해표면 수온이 섭씨 27도 이상인 영역을 웜풀(warm pool)이라고 부른다. 웜풀 해역의 면적은 최소 2700만km²로 추정된다. 한국 면적의 200배 이상에 해당하는데, 해양 내 열에너지 흡수가 지속되며 오늘날 웜풀 해역의 면적과 해표면 수온은 뚜렷하게 증가하고 있다. 면적의 경우 1900~1980년 기간에는 웜풀이 평균 2200만km² 존재했지만, 1981~2018년에는 거의 2배인 4000만km²로 늘었다.

웜풀 면적의 확장 속도 역시 점점 빨라지고 있다. 과거(1900~1980년) 속도(연간 23만km²씩 증가)에 비해 오늘날(1981~2018년)은 연간 40만km²씩 늘어나는데, 거의 2배 가까이 빠르다. 과거에는 매년 남북한을 합한 면적만큼이었다면 오늘날에는 매년 미국 캘리포니아주 면적만큼씩 넓어진다는 의미다.

웜풀 해역의 빠른 확장은 여름 풍수해가 큰 우리에게도 시사하는 바가 크다. 웜풀 해역에서 증발한 수증기가 응결할 때 방출되는 잠열은 태풍의 에너지원이다. 이를 고려하면 앞으로는 더 습하고 위력적인 태풍을 마주할 확률이 높아질 거라고 예상할 수 있다. 슈퍼 태풍이라 부르는, 중심 부근의 순간 최대 풍속이 초속 67m가 넘는 강력한 태풍도 더 쉽게 발생할 수 있다.

웜풀 해역의 빠른 확장이 문제가 되는 곳은 더 있다. 엘니뇨-남방진동(ENSO, 열대 태평양에서 2~7년 주기로 벌어지는 기후 현상으로, 엘니뇨 때는 열대 동태평양의 해수 온도가 평년보다 섭씨 0.5도 이상 높은 상태가 5개월 이상 지속된다), 동아시아 및 인도양 몬순에도 영향을 미친다. 또 전 지구적인 극단 기상에 영향을 주는 계절 내 진동인 '매든 줄리안 진동(Madden Julian Oscillation)'에도 변화를 가져와서 인도양 체류 기간은 3~4일 줄이고, 인도네시아해의 해양성 대륙 체류 기간을 5~6일 늘리기도 한다. 전 지구적으로 강수 패턴이 바뀌고 전례 없는 악기상이 자주 나타나는 각종 기상이변

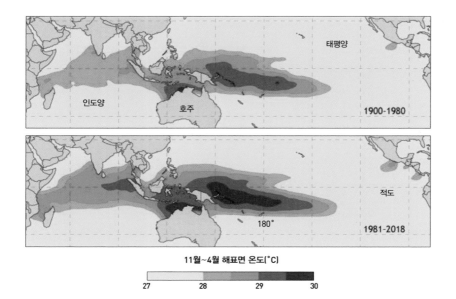

열대 인도-태평양 웜풀 해역의 확장을 비교한 그림이다. 위는 1900~1980년의 웜풀 영역과 해표면 온도를 나타냈다. 진한 색일수록 온도가 높다. 아래는 1981~2018년 평균 웜풀 해역 분포와 해표면 수온을 나타냈다. 면적과 온도가 모두 증가했다.

은 이제 더 이상 '이변'이 아니라 현실이 되었다.

## 북극해의 해빙

북극해는 지구온난화로 축적된 열에너지가 흡수되며 빠르게 수온이 상승하는 대표적인 해역이다. 해표면 수온 상승 속도가 북극해에서 유독 빠른 이유는 '얼음-알베도 피드백' 과정으로 설명된다. 알베도는 빛을 반사하는 정도(반사율)를 의미한다. 북극해 해빙이 사라지면 해빙 면적이 줄어든다. 그 결과 해빙으로 덮여 있어 대부분 반사되었던(높은 알베도) 태양 복사에너지가 해표면에서 더 이상 잘 반사되지 않고, 해양 내부로 흡수되어(낮은 알베도) 수온을 높인다. 수온이 높아지면서 해빙이 더 빠르게 녹아 사라진다. 그리고 다시 해빙 면적과 알베도를 감소시키며 이 과정을 강화한다(양의 피드백).

실제로 인공위성 원격탐사 관측을 포함해 지난 수십 년 동안 이루어진 연구 결과를 보면, 북극해 해빙 면적과 두께는 매우 빠르게 감소하고 있다. 해표면 수온 상승 속도가 북극해에서 유독 높고, 앞으로도 오랜 기간 동안 북극해에서 빠른 온난화가 진행될 것으로 전망한다.

북극해의 변화는 고위도 지역뿐 아니라 북반구 중위도의 동아시아를 비롯해 북아메리카, 유럽에도 지대한 영향을 미친다. 북극해가 빠르게 온난화하며 저위도 지역과 전반적인 기온 차이가 줄어들면 중위도 상공의 제트기류가 약해지며 심하게 사행(뱀처럼 심하게 요동치며 이동함)할 수 있다. 이 때문에 북극 주변의 찬 공기를 가두고 있는 소용돌이(polar vortex)가 약화하면, 북극의 찬 공기는 한반도를 포함한 동아시아나 북아메리카 대륙의 동부 지역, 유럽 등 중위도까지 영향을 미치게 된다. 겨울철에 흔히 '북극한파'라 부르는 극단적인 기온 하강이다.

도널드 트럼프 전 미국 대통령이 소셜미디어(SNS)에 '지구온난화라고 하면서 왜 추워질까?'라는 의문을 제기했듯 비슷한 생각을 가진 사람을 만날 수 있다. 그런데 과학적으로 보면 지구온난화라는 장기적인 지구 평균 온도 상승이 북반구 중위도 일부 지역에는 단기간 극심한 한파를 가져오기도 한다. 실제로 2021년 연초 미국에서는 남부 텍사스가 북극권에 위치한 알래스카보다 더 추웠던 적이 있다. 30년 만의 한파였다. 2억 명이 한파 경보 권역에 들었고, 550만 가구가 정전을 겪었는데, 이 역시 음의 북극

진동(북극에 존재하는 찬 공기의 폴라보텍스가 수일에서 수십 년 주기로 강해졌다 약해졌다를 반복하는 현상)과 중위도 상공의 제트기류 사행이 원인으로 지목된다.

우리가 사는 동아시아 역시 북극진동에 민감하다. 북극해의 변화를 단순히 작은 해빙 조각 위에 위태롭게 앉아 있는 북극곰의 문제로만 치부할 수 없다.


## 남극과 빙하

지구, 특히 해양에 열에너지가 축적되며 수온이 증가하는 과정에서 해수의 열팽창이 일어난다. 해수의 부피가 증가하고 전 지구 평균해수면이 상승해 키리바시와 몰디브 등 일부 국가들의 실존을 위협하고 있다. 몰디브는 해수면이 1m만 상승해도 지도에서 완전히 사라진다. 그런데 해수면 상승을 가져오는 또 다른 중요한 원인이 있다. 육상에 있던 빙하가 빠르게 사라지며 해양으로 유입되어 해수의 질량 자체가 증가하는 것이다.

지구상 빙하는 대부분 2개의 거대한 대륙 빙상에 위치한다. 그린란드 빙상과 남극대륙 빙상이다. 인공위성 원격탐사로 2002년 이후 현재까지 이들을 지속 관측한 결과, 매년 각각 2810억 톤(그린란드 빙상)과 1250억 톤(남극대륙 빙상)씩 줄어들고 있음을 확인했다. 80억 가까운 전 인류가 매달 3톤 트럭을 가득 채울 만큼의 얼음을 수십 년 동안 그린란드에서 해양으로 옮기고 있는 셈이다.

과거에는 해수면 상승의 주요 원인으로 수온 증가에 따른 해수 열팽창과 빙하 손실에 따른 질량 증가 효과가 거의 비슷한 비중으로 꼽혔다. 하지만 최근 빙하 손실량이 증가하며 빙하 손실에 따른 질량 증가 효과가 점점 더 큰 비중을 차지하게 되었다.

게다가 해수면 상승 속도 자체도 빨라지고 있다. 1900~1930년에는 매년 0.6mm씩 상승했지만 1930~1992년에는 매년 1.4mm씩 증가했고, 1993~2015년에는 매년 2.6~3.3mm씩 높아졌다. 이렇게 해수면 상승 속도가 빨라지면서 기후변화 시나리오에 따른 미래 해수면 상승 기존 전망치는 계속 수정되어야만 했다. 그런데 새로운 전망치는 가장 좋은 시나리오에서도, 과거 가장 나쁜 시나리오에서 제시되었던 해수면 상승 전망치보다 더 높은 것으로 나타나고 있다. 긴급한 대응이 요구된다.

지구 빙하의 90%가 모인 남극대륙 빙상은 그린란드 빙상에 비해 절반 정도의 속도로 사라지고 있다. 하지만 서남극의 스웨이츠 빙하(Thwaites Glacier) 부근에서는 유독 빠르게 녹는다. 이곳이 녹는 이유는 따뜻한 대기 때문이 아니다. 빙하가 바다로 흘러나온 부분(ice shelf, 빙붕)의 아래쪽에 상대적으로 따뜻한(해수의 어는점보다 높은 수온을 가진) 해수가 유입하는 것이 원인이다(그림 2-8). 그런데 빙붕 하부에서 점점 더 안쪽으로 파고 들어가며 빙하를 녹이다 보니, 그 위에 놓인 빙하 무게로 빙붕이 돌발적으로 붕괴할 수 있다는 우려가 제기되었다. 모래사장에서 두꺼비집 놀이를 할 때와 비슷한 상황이다.

스웨이츠 빙하는 마치 코르크 마개처럼 서남극 전체 빙상이 바다로 흘러나가는 길목을 막는다. 만약 돌발 붕괴로 마개가 열리면 그 안쪽에 있던 거대한 서남극 빙상 전체가 빠르게 바다로 유출되어 해수면 상승을 급가속할 우려가 있다. 이를 '운명의 날 빙하(Doomsday Glacier)'라고 부르는 이유다. 국제 스웨이츠 빙하 공동 연구팀이 결성되어 과학자들이 국제 연구를 진행 중인 데는 바로 이런 배경이 있다. 해수면 상승 전망에서 큰 불확

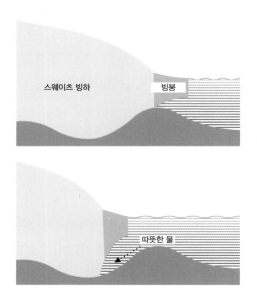

**그림 2-8**

남극 스웨이츠 빙하와 그 빙붕 하부로 유입되는 상대적으로 따뜻한 고온 해수의 흐름을 설명한 그림이다. 빙붕 하부가 녹다 보면 돌발 붕괴도 일어날 수 있다.

실성을 주는 요인이기도 하다.

스웨이츠 빙하와 인근 해양의 상호작용 연구가 활발한 가운데, 2022년에 발표된 한 연구 결과는 빙하가 녹은 물(융빙수)이 스웨이츠 빙하 인근에서 지역적인 해양순환을 변화시켜 빙붕 하부로 유입되는 열에너지를 줄이고 빙하가 녹는 속도를 늦추는 '자가 방어' 메커니즘(음의 피드백 과정)이 존재함을 밝히기도 했다. 현장 조사와 여러 도전적인 연구가 이어지고 있어 결과가 기대된다.

삼면이 바다이고 북쪽으로는 이동조차 어려워 바닷길이 막히면 일주일도 버티기 어려운 곳인 만큼, 우리에게 해수면 상승 문제는 남 일이 아니다. 더구나 한반도 주변 해역은 전 지구 평균해수면 상승 속도보다 더 빠르게 해수면이 올라가고 있다.

평균해수면이 상승하면 같은 태풍이 한반도에 상륙해 폭풍해일이 발생하더라도 과거에 비해 해안 침수 피해가 크게 올 수 있다. 웜풀 해역 확장에 따라 더 위력적인 태풍이 오지 않더라도 해수면 상승만으로도 이미 해안가 저지대의 재해 취약성은 급증한다.

그린피스는 해수면이 현재와 같이 계속 상승하는 경우 2030년만 되어도 인천공항이 침수되는 등 국토의 5% 이상이 물에 잠기고 300만 명 이상의 사람들이 직접적인 피해를 입을 것이라고 경고했다. 해안가와 하천 부근에 위치한 주요 국가 기간 시설은 해수면 상승에 대한 대비가 중요하고 시급하다. 최소한의 사회경제적 비용으로 피해를 줄이기 위해서는, 미래 해수면 상승 전망의 불확실성을 줄이는 과학에서부터 대응을 시작해야 한다.

기후 이야기는 더 이상 과학자들의 전유물이 아니다. 사람들은 심화하는 기후위기의 심각성과 대응(완화와 적응)의 시급성에 이미 공감하고 있다. 그러나 과학에 근거하지 않은 섣부른 처방은 아무것도 하지 않는 것만 못하다. 기술적·공학적 해법이나 사회경제적 해법 모두 지구환경의 작동 원리에 대한 정확한 (자연)과학적 이해로부터 출발해야 한다. 산업화 이후 인류가 배출한 온실가스로 대기 중 온실가스 농도는 오랜 지구의 역사에서 볼 수 없었던 수준으로 높아졌고, 온실효과 강화에 따른 복사에너지 수지 변화로 지구 평균온도는 전례 없는 수준으로 상승했다. 현재 산업화 이전 대비 섭씨 1.1도 상승했는데, 이대로면 1.5도, 2도 상승도 머지않은 것으로 우려된다.

지구 평균온도 상승은 그저 기온이 조금 오르고 마는 문제가 아니다. 온실효과 강화로 축적된 열의 대부분을 흡수한 해양에서 수온을 높이고 거대한 양의 빙하가 녹는 변화를 동반한다. 해양과 빙권에 주목해 미래 지구환경 변화에 대한 불확실성을 줄이고, 과학적 데이터에 근거한 해법을 모색하는 일에 힘을 모아야 한다.

## 복합 이상기후

2022년 봄부터 초여름까지 한반도 남부는 극심한 가뭄에 시달렸다. 5월 말 이후부터는 하루 사이 기사가 200건 넘게 쏟아질 정도로 큰 관심이 모였다. 한반도의 가뭄은 주로 봄철 강수가 부족해 발생하고, 여름 태풍이 찾아오고 호우가 쏟아지면서 해갈된다. 2023년도 남서부는 심한 가뭄에 시달렸고, 5월 호우가 집중되면서 짧은 시간에 해갈되었다. 이 같은 빠른 가뭄 해갈은 한반도에서 볼 수 있는 전형적인 패턴이지만, 2000년 이후 극한 강수 현상이 자주 발생하면서 호우의 해갈 지속 효과가 점점 짧아져 우려를 불러일으킨다. 지표 부근의 온도가 올라가고, 이에 따라 증발산량(물이 직접 또는 식물을 통해 대기로 이동하는 양)이 증가한 결과다. 기후변화와 지구온난화가 불러온 새로운 가뭄 패턴이다. 문제는 이런 패턴에 더 큰 피해를 불러일으킬 잠재성이 있다는 사실이다.

### 가뭄

가뭄은 자연적이지만 드물게 발생하는 이상기후 현상이다. 상대적으로 건조한 날씨가 장기간 지속되면서 수문학적 불균형을 초래하는 기간을 의미한다. 가뭄 현상을 이해하기 위해서는 지표 물수지(Land Surface Water

Budget) 수식에서 강수량, 증발산량, 하천 유량, 토양 수분의 변화를 지속적으로 관측해야 한다. 예를 들어 항상 건조한 사막 지역에서는 강수량, 토양 수분이나 하천 유량을 관측하기 어려워 가뭄을 정의하기가 어렵다.

토양 수분 변화량($dS/dt$) = 강수량($P$) – 증발산량($ET$) – 하천 유량($Q$)

지표 물수지 수식은 가뭄의 종류를 이해하는 데도 도움을 준다. 가뭄은 학문별 또는 사회경제적 관심 인자에 따라 다음과 같이 구분된다.

- 기상학적 가뭄: 누적 강수량 부족으로 인한 가뭄.
- 농업적 가뭄: 토양 수분의 부족으로 인한 가뭄.
- 수문학적 가뭄: 하천 유량 또는 지하수 부족으로 인한 가뭄.
- 사회경제적 가뭄: 수문학적 불균형으로 인한 사회경제적 피해를 초래하는 가뭄.

모든 가뭄은 지표 물수지 수식에서 유일한 수자원 공급원인 강수량의 장기간 부족으로 인한 기상학적 가뭄에서 시작된다. 평년 강수량이 관측된 시기에는 농업적, 수문학적, 사회경제적 가뭄은 발생할 수 없다는 뜻이다. 다만 평년 강수량이 관측된 시기에도 사회경제 발전과 그에 따른 수요의 증가로 물 부족이 발생할 수 있는데, 이는 가뭄과 구분되는 현상이다.

지구온난화로 강수 특성이 변화하면 기상학적 가뭄에 변화가 일어날 것이다. 이는 다른 가뭄(농업적, 수문학적, 사회경제적)의 특성 변화를 불러일으킬 것으로 예상된다. 사회가 이 같은 가뭄 변화에 준비하려면, 온난화가 기상학적 가뭄의 특성을 어떻게 변화시키는지에 대한 바른 이해가 필요하다.

지구온난화로 인해 증가된 대기의 수증기 저장량은 폭우로 이어지고, 이렇게 내린 비는 하천을 통해 바다로 빠져나간다. 결국 지표면 물의 양은 부족해지게 된다.

우선, 지구온난화가 강수의 특성을 어떻게 변화시키는지 지구의 물순환을 통해 이해해보자. 산업혁명 이후 인류 사회는 화석연료를 사용해 동력 에너지를 얻었고, 사회경제의 급속한 발전을 경험했다. 화석연료 사용의 급격한 증가는 대기 중 온실가스 증가를 초래했다. 이는 온실효과를 통해 지구 지표면 온도를 높이는 지구온난화로 이어졌다.

지표면 온도가 오르면 물순환도 큰 영향을 받는다. 지구온난화로 상승한 지표면 온도는 증발산을 가속화하고, 근지표 기온이 오르며 대기의 잠재적 수증기 저장량을 늘린다. 이는 다시 극한 강수 현상이 빈번하게 발생하는 대기 환경을 만든다(그림 2-9). 물순환이 빨라지는 것이다. 실제로 최근 기후모델 전망 데이터에 따르면, 세계 인구의 절반이 거주하는 아시아 지역에서 지구온난화로 물순환이 점점 빨라지는 가속화 현상이 확인되었다.

물순환이 빨라지면 어떤 문제가 생길까? 해양과 지표면, 대기에 존재하는 물의 양이 보존된다고 가정했을 때, 지구온난화로 순환이 가속화되면 물이 지표면에 체류하는 시간은 급격히 감소한다. 가뭄 현상은 빈번한 극한 강수로 일시적으로 해갈되지만, 물은 하천을 거쳐 해양으로 흘러가고, 이로 인해 하천을 통해 이용 가능한 수자원은 줄어든다. 토양 수분은 증발산이 증가하면서 역시 빠르게 마른다. 가뭄이 다시 발생할 환경을 만들어지는 것이다.


## 이상기후의 패턴

가뭄의 특성 변화를 2022~2023년 한반도 남서부 지역 사례에 적용해보자. 2022년 봄철, 한반도는 평년보다 강수량이 적었고, 남서부와 남동부가 함께 가뭄에 접어들었다. 같은 해 여름철에는 평년보다 강수량이 낮은 일수가 늘어났다. 가뭄은 점점 더 심각해졌다(그림 2-10).

그림 2-10 그래프 C의 위쪽을 보면, 2022년 5월에 가뭄 강도가 극심했던 것으로 나온다(scEDI -2 이하). 이후 5월 말과 6월 초 사이에 가뭄 관련 기사가 하루에 200개가 넘는 등 급격하게 증가했다. 6월 초와 중순에는 가뭄을 검색어로 사용한 인터넷 검색량이 급격히 증가했다(그림 2-10 그래프 C의 가운데와 아래).

2022년 9월 발생한 제11호 태풍 힌남노의 한반도 상륙은 남동부와 남서부의 가뭄을 해갈해주었다. 하지만 효과는 한 달도 채 이어지지 않았고, 남서부 지역은 다시 가뭄 단계(scEDI -1 이하)에 들어갔다. 이 가뭄은 2023년

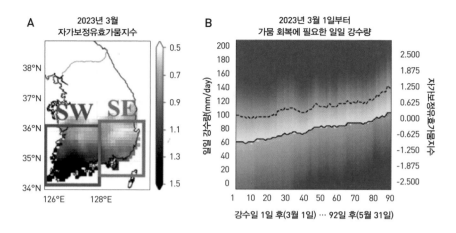

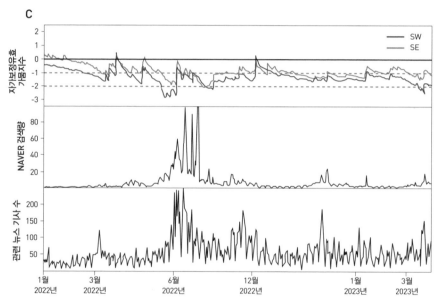

2022~2023년 한반도 남서부 가뭄 진행 상황과 사회적 영향을 지도와 그래프로 표현했다. A는 2023년 3월 한반도의 자가보정유효가뭄지수(scEDI)를 표현한 지도다. B는 가뭄 해갈에 필요한 강수량을 나타냈다. C에서 윗부분 그래프는 한반도 남서부와 남동부 지역의 scEDI 평균값으로 그래프가 아래로 향할수록 가뭄이 심한 상태다. 가운데는 가뭄 관련 인터넷 검색량이고, 아래는 가뭄 관련 뉴스 기사수를 시기별로 나타냈다.

## 자가보정유효가뭄지수

1999년 개발된 유효가뭄지수(EDI)를 개선해 포항공과대학교 수문기후연구실이 개발한 가뭄지수다. 관측 데이터 기간의 길이에 변화 없이 가뭄의 강도를 산출할 수 있는 것이 장점이다. EDI는 가뭄의 강도를 산출할 때, 시간에 따른 손실을 감안하여 강수에 따른 수자원을 1년 이상의 기간을 누적해 평년치와 비교한다. 또 시간 경과에 따른 지수 변동을 자동으로 보정해 가뭄의 발생 빈도와 강도를 평가할 수 있다.

산출 시 평균치는 사용되는 관측 데이터 중 마지막 30년의 평균값을 사용한다. 하지만 마지막 30년이 습한지 건조한지에 따라 관측 기간 내 가뭄의 특성이 과소평가될 수 있다. 30년이 넘는 관측 데이터에서는 강한 또는 약한 강도의 가뭄이 특정 시기에 집중되어 발생할 수 있기 때문이다. 따라서 평년치를 산출할 때 고정된 30년 평균치를 사용하지 않고 가뭄지수를 구하는 각 날로부터 지난 30년의 관측 데이터를 사용해 가뭄지수를 산출한 것이 자가보정유효가뭄지수(self-calibrating effective drought index, scEDI)다.

포항공대 수문기후연구실은 최근 연구에서 EDI의 시간적 자가 보정 필요성을 설명하고 1770년 후반부터 측우기를 통해 기록된 일별 강수 데이터와 1900년부터 2021년 기상관측기를 통해 관측된 일별 강수 데이터를 함께 사용해 scEDI를 계산했다. 또 이를 통해 극심한 가뭄에 대한 조선시대와 현대의 사회적 인지도나 영향을 《조선왕조실록》에 기록된 가뭄 피해 사례와 '네이버 데이터랩 플랫폼'에서 제공하는 가뭄 인터넷 검색량 데이터와 함께 비교했다.

농업 중심 사회였던 조선시대의 기우제나 가뭄에 대한 피해 보고 사례가 가뭄이 상대적으로 약한 시기(scEDI가 -1.4 이하)에 주로 발생한 반면, 현대사회에서는 가뭄에 대한 인터넷 검색량이 가뭄이 상대적으로 강한 시기(scEDI가 -2.0 이하)에 증가하는 것을 발견했다. 이는 한국 사회의 사회경제 구조 변화에 따라 가뭄에 대한 취약성이나 민감도가 변화했음을 알 수 있다.

5월까지 이어졌다.

　이와 달리 남동부 지역은 힌남노 이후 건조와 가뭄의 경계 단계를 유지하며 극심한 가뭄까지는 진행되지 않았다. 2022~2023년 한반도 남서부 지역 가뭄은 국지적 가뭄이다. 지구온난화 때문에 자주 발생할 것으로 예상되는 국지적 호우 현상은 2022년 여름, 서울을 포함한 한반도 중부 지역에 발생했지만, 남서부 지역은 상대적으로 건조했다. 이는 집중된 국지 호우 현상으로, 호우 지역에는 홍수가 발생하고 그 외의 지역에서는 지구온난화에 의해 한반도에 가뭄이 발생하기 쉬운 대기·지표 환경이 만들어지고 있다는 뜻이다. 다시 말해 강수의 불균형적인 공간 패턴으로 지역적인 가뭄 발생이 잦아질 것으로 예상된다.

　2023년 5월, 한반도 남부 지역에는 강한 강우가 빈번하게 발생했다. 덕분에 상대적으로 짧은 기간에 남서부 지역 가뭄은 해갈되었다. 하지만 지구온난화로 예상되는 대표적인 가뭄 특성 변화가 바로 빠른 해갈이다. 그리고 이런 해갈은 다가오는 장마철에 홍수로 이어지면서 복합 이상기후 현상을 발생시킬 수 있다.

　앞으로는 가뭄이나 홍수에 국한된 대응이 아니라, 지구온난화에 따른 극심한 가뭄과 뒤이어 홍수가 발생하는 복합 이상기후 현상에 대한 대비책이 필요할 것이다.

# 극지방의 변화

## 북극

북극의 평균기온은 봄과 가을에 영하 10도 이하이며, 여름에는 지역에 따라 섭씨 0도 이상까지 올라간다. 겨울에는 그린란드 부근과 동시베리아에서 영하 30도 이하까지 내려가기도 한다. 하지만 북극 온도가 달라지고 있다. 원래 IPCC 제6차 보고서와 최근 연구 결과에 따르면, 현재 지구 평균 온도는 산업혁명 이전 대비 섭씨 1.1도 상승했고 1950년대 이후 증가율은 더 빨라지고 있다. 지난 1만 년 동안 유례 없이 빠른 온난화다.

북극은 그중에서도 온난화의 정도가 심하다. 전 지구 평균에 비해 2~4배 빠르게 진행 중이다. 북극의 온난화는 주변의 빙하를 빠르게 녹이는 데 기여할 뿐 아니라 중위도에도 각종 재해 기상을 유발한다. 결코 먼 지역의 일이 아니다.

## 북극 온난화 증폭

　북극의 온난화가 다른 곳보다 빠르게 진행되는 현상을 '북극 온난화 증폭(Arctic Amplification)'이라고 한다. 이는 다른 계절보다 겨울에 더 크게 나타나는 것으로 알려져 있다(그림 2-11).

　북극 온난화 증폭이 여름보다 겨울에 더 큰 이유는 여름에는 입사된 태양에너지가 해빙을 녹이는 데 이용되고 남은 에너지는 해양의 혼합층을 데우기 때문이다. 여름철 북극해의 혼합층에 저장된 열은 가을과 겨울에 대기로 방출되어 북극 온난화에 기여한다. 또 온도 상승 때문에 북극 육빙

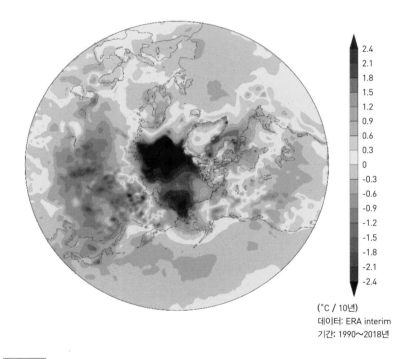

2.4
2.1
1.8
1.5
1.2
0.9
0.6
0.3
0
-0.3
-0.6
-0.9
-1.2
-1.5
-1.8
-2.1
-2.4

(°C / 10년)
데이터: ERA interim
기간: 1990~2018년

그림 2-11
겨울철 북반구 온도 변화 경향.

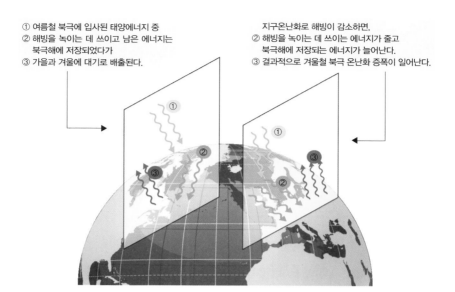

① 여름철 북극에 입사된 태양에너지 중
② 해빙을 녹이는 데 쓰이고 남은 에너지는
   북극해에 저장되었다가
③ 가을과 겨울에 대기로 배출된다.

지구온난화로 해빙이 감소하면,
② 해빙을 녹이는 데 쓰이는 에너지가 줄고
   북극해에 저장되는 에너지가 늘어난다.
③ 결과적으로 겨울철 북극 온난화 증폭이 일어난다.

**그림 2-12**
여름에 입사된 태양에너지는 해빙을 녹이는 데 이용된다. 이후 남은 에너지는 해양의 혼합층을 데운다. 해빙이 감소하면 북극해에 저장되는 에너지가 늘기에 온난화 증폭이 일어난다.

과 해빙이 감소해 온도가 더 큰 폭으로 올라가는 양의 피드백 과정이 북극 온난화 증폭에 관여하고 있다(그림 2-12).

온난화가 가파르게 일어나는 북극과는 달리, 북반구 중위도 지역에서는 2000년대 이후 한파가 1990년대보다 더 빈번하다. 한번 발생하면 더 오래 지속되기도 하고 때로는 눈폭풍을 동반해 큰 피해를 입히기도 한다.

예를 들어, 2009년 12월과 2010년 2월, 그리고 2022년 겨울에는 이와 유사한 한파가 북반구 전체에 발생해 사회경제적으로 많은 영향을 끼쳤다. 특히 한국의 수도권이 폭설을 동반한 한파로 일주일 이상 마비되었다. 2016년 1월 중하순에도 한반도를 포함한 동아시아와 북아메리카, 유럽 등 북반구 전체가 한파의 영향을 받았는데, 폭설로 제주공항이 기능하지 못해 많은 관광객의 발이 묶이기도 했다.

2021년 1월과 2023년 1월에는 한국을 포함한 동아시아에 갑작스러운 한파가 발생했다. 2021년 1월 8일, 서울의 기온은 영하 18.6도까지 떨어졌다(평년 기온 영하 0.9도). 이는 1986년 관측 이래 가장 낮은 기록이었다. 2023년 1월 24일에도 서울은 영하 16.7도를 기록했다. 북아메리카 지역도 지난 수년 동안 거의 매년 눈폭풍을 동반한 겨울철 한파가 반복되며 사회 경제적 피해를 입고 있다. 일례로 2021년 겨울, 미국 중부 지역의 기온이 영하 30도 이하로 떨어져 사람들은 생명을 위협받기도 했다.

북극 온난화 증폭과 더불어 북극 해빙은 급격한 감소 경향을 보이고 있다. 그림 2-13은 1979년부터 2018년까지 북극 해빙 농도 변화 추세(선형 추세의 공간 분포, 위쪽 지도)와, 바렌츠-카라해(지도에서 붉은색으로 표시)의 평균 해빙 농도 변화를 시간별로 나타낸 것이다. 봄에 바렌츠-카라해의 해빙 농도 감소가 가장 뚜렷함을 알 수 있다. 또 시계열 변화에 따르면 이 지역의 해빙 감소는 1998년 이후 더욱 분명하게 나타난다. 그린란드 동부의 프람스트레이트와 배핀만에서는 해빙의 농도가 약간 증가하는 추세인데, 이는 북극해에서 얼음이 녹기 시작하면서 해류에 의해 많은 해빙이 대서양으로 수송되기 때문으로 풀이된다.

1988년까지는 여름에 북극 해빙 면적이 약 800만km²로 감소했다가 겨울에는 약 1600만km²까지 증가하는 계절적 변화를 보였다. 하지만 지구온난화에 의해 거의 모든 계절에 걸쳐 해빙 면적이 꾸준히 감소하고 있다. 특히 2012년 여름에 해빙 면적이 350만km²까지 줄어들어 인공위성 관측 사상 최솟값을 경신했고, 이 기록은 아직도 깨지지 않고 있다. 북극의 여름철 해빙은 이후 약간 회복해 2023년 9월 15일, 현재는 약 423만km²를 보인다. 그럼에도 여름철 해빙 감소는 상당히 빠른 수준이다.

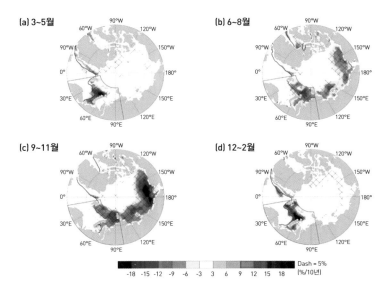

(a) 3~5월

(b) 6~8월

(c) 9~11월

(d) 12~2월

Dash = 5%

-18 -15 -12 -9 -6 -3  3  6  9  12  15  18    (%/10년)

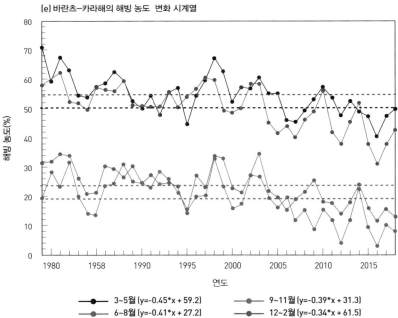

(e) 바란츠-카라해의 해빙 농도 변화 시계열

해빙 농도(%)

연도

- ● 3~5월 (y=-0.45*x + 59.2)
- ● 6~8월 (y=-0.41*x + 27.2)
- ● 9~11월 (y=-0.39*x + 31.3)
- ● 12~2월 (y=-0.34*x + 61.5)

**그림 2-13**

북극 해빙 농도의 (a) 봄철(3, 4, 5월), (b) 여름철(6, 7, 8월), (c) 가을철(9, 10, 11월), (d) 겨울철(12, 1, 2월) 변화 경향과 (e) 바렌츠-카라해의 해빙 농도(Sea Ice Concentration, SIC) 변화 시계열.

9월 말부터는 다시 결빙이 시작되기 때문에 겨울에는 북극해 대부분 지역이 해빙으로 덮이고 가을과 겨울에는 북대서양의 따뜻한 해류가 유입되는 바렌츠-카라해에서만 해빙 감소 경향이 뚜렷하다(그림 2-13). 가을철 해빙 농도의 감소율은 여름보다 더 크고 특히 동시베리아와 척치해의 감소 경향이 현저하다. 바렌츠-카라해의 해빙 농도 감소는 1990년대 후반부터 본격적으로 시작되었고, 2000년대 이후는 감소 경향이 매우 두드러진다. 이후 살펴보겠지만, 이는 북반구 중위도 냉각화와 관련이 있다.

북극에는 바다의 얼음뿐 아니라 눈이 켜켜이 쌓여 만들어진 육상의 얼음이 그린란드를 중심으로 분포해 있다. 참고로 그린란드 빙하는 모두 녹을 경우 전 지구 해수면이 약 7.4m 상승할 정도의 부피다. 그런데 북극의 빠른 온난화로 그린란드 빙하도 빠르게 녹고 있다. 인공위성 관측 자료를 바탕으로 추산한 그린란드 빙하의 부피는 1992년부터 2020년까지 약 4890Gt(기가톤, 1Gt은 10억 톤) 감소했다. 전 지구 해수면을 13.5mm 상승시킬 수 있는 규모다. 빙하의 감소율은 각각 1992년부터 1999년까지는 35 ± 83Gt, 2000년부터 2009년까지는 175 ± 89Gt, 그리고 2010년부터 2019년까지는 243 ± 93Gt으로 관측되어 최근으로 오면서 감소율이 증가하고 있다.

온실가스 증가로 눈의 양도 감소하고 있다. 2022년 북반구 전체 눈의 양은 2490만km²인데 이는 1967~2022년 평균 대비 약 23만km² 그리고 1967년 대비 약 300만km² 줄어든 값이다. 특히 봄과 여름철 눈의 감소가 빠르게 진행 중이다. 1967년부터 2018년까지 6월의 눈은 10년에 약 13.4% 감소했다. 봄과 여름, 북반구 눈의 양이 감소하는 데 반해 가을과 겨울 눈의 양은 크게 차이가 나지 않으며, 특히 시베리아의 강설량은 2000년대 이후 증가하는 추세를 보이고 있다. 이는 최근 들어 시베리아고기압이 겨울에 강화되는 경향과 일치한다. 일부 연구에 따르면 가을철 시베리아 강설량의 증가는 북극 해빙의 감소와 연관이 있을 것으로 추정된다.

북극의 온난화가 중저위도에 비해 더 크게 나타나는 이유는 여러 가지다. 가장 많이 거론되는 것은 얼음-알베도(입사하는 태양에너지 대비 대기와 지표면에 의해 산란되거나 반사되는 비율) 피드백이다. 북극은 태양에너지의 반사율이 높은 해빙·육빙(보통 0.7 이상)과 눈(0.8 이상)으로 덮여 있다. 그런데 대기의 온실가스 농도 증가에 따라 일부 지역의 눈과 얼음이 녹으면 알베도가 낮은 해양(0.1) 또는 토양·식생(0.3~0.4)으로 바뀌기 때문에 더 많은 양의 태양에너지가 흡수되어 온난화가 증폭된다.

연구 초기에는 이런 ① 얼음-알베도 피드백이 북극 온난화 증폭의 가장 중요한 원인으로 여겨졌다. 하지만 이후 연구에서는 온난화에 따라 ② 대기를 통한 극지역으로의 열수송량이 증가했기 때문으로 설명하기도 했다. 최근에는 ③ 북극의 낮은 기온에 의한 상향 장파 복사량의 상대적인 감소(일명 플랑크 피드백)가 북극 온난화 증폭에 중요한 역할을 한다는 주장도 있고(쉽게 말하면 지구에서 나가는 적외선이 줄어들었다는 뜻이다), ④ 저위도의 대기 안정도가 고위도보다 낮기 때문에 온난화에 따라 더 많은 수증기가 표면에서 대류권으로 증발하면서 고위도보다 열손실이 더 많이 일어나는 기온감률 피드백도 북극 온난화 증폭에 중요한 역할을 하는 것으로 보고되었다(그림 2-14).

그 밖에도 지구온난화에 따른 ⑤ 북극 지역 수증기량 및 구름의 증가와 관련된 피드백 과정도 원인으로 제시된다. 하지만 앞에 설명한 요소들은 계절에 따라 크게 차이가 날 수 있다. 예를 들어, 겨울철은 단파 복사에너지의 양이 제한적이기 때문에 얼음-알베도 피드백이 작동하기가 쉽지 않다. 따라서 겨울은 주로 대기 온도 연직 분포의 변화, 대기 수증기량 증가 또는 구름의 양 변화에 따른 장파 복사량의 영향이 우세하며, 알베도 피드

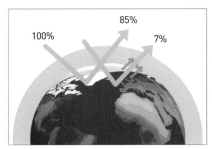

알베도가 높은 해빙이 녹으면서
북극에 흡수되는 태양에너지 증가

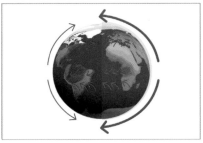

지구온난화에 따라
북극으로 수송되는 열 증가

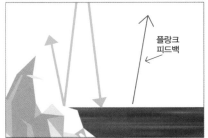

플랑크
피드백

북극 지역에서 방출되는
적외선 영역 에너지 감소

입사되는
태양에너지

하향 장파
복사에너지

북극 지역에서 증가한 수증기가 온실가스 같은
역할을 해 지표로 흡수되는 에너지 증가

**그림 2-14**

얼음–알베도 피드백에 의한 북극 온난화 증폭 과정. 최근에는 북극 온난화 증폭 원인으로 다양한 의견이 제기되고 있다.

백은 봄철부터 가을까지 지배적인 영향을 미친다.

## 중위도의 한파

그렇다면 전 지구 온난화에도 불구하고 북반구 겨울철 한파가 강해지고 또 빈번히 발생하는 원인은 무엇일까? 역설적이게도 2000년대 이후 북반구 겨울에 더욱 자주 발생하는 한파는 북극의 급격한 온난화에 기인한 다는 연구 결과가 많다.

　북극 해빙은 9월 중순부터 얼기 시작한다. 그런데 북극의 온난화에 의해 늦가을과 초겨울 바렌츠-카라해의 결빙이 지연된다고 해보자. 대기는 이미 냉각되어 있기 때문에 많은 양의 열과 수증기가 열린 해양에서 대기로 방출된다. 바렌츠-카라해에서 방출된 열은 1차적으로는 북극의 기온을 증가시키고 궁극적으로 북극의 기압을 올린다. 이는 중위도와 북극의 기압 차이를 감소시켜 제트기류의 세기를 약화시키며, 2차적으로는 성층권으로 로스비 파동(Rossby waves, 수천km 규모의 길이를 지닌 고위도 바람의 파동)의 활동을 강화시켜 폴라보텍스(극소용돌이. 남북극 대류권 상부와 성층권에 형성된 서쪽에서 동쪽으로 흐르는 대기 흐름으로, 북극 한랭기류를 감싸는 역할을 한다)를 약화시키는 역할을 한다. 약화된 중위도의 제트기류는 중심이 이전보다 더 중위도로 사행해 차가운 북극의 공기가 중위도까지 남하할 조건을 만들어 한파를 유발한다.

　시베리아 강설량 증가도 중위도 한파의 원인으로 지목되고 있다. 늦가을 해빙의 결빙이 지연되면 다량의 수분이 공급되어 북극해 인근에 많은 눈이 올 수 있다. 10월에 시베리아에 평년보다 많은 눈이 오면, 눈은 지표면보다 알베도가 높기 때문에 태양 반사가 증가해 단파 복사에너지의 감소가 나타난다. 이는 기존에 대기 냉각에 의해 성장하고 있는 시베리아고기압을 강화시키며 동아시아에 한파를 가져온다(그림 2-15).

　시베리아의 강설량 증가는 시베리아고기압의 강화를 통한 종관 규모(일기도에 표현되어 있는 보통의 고기압이나 저기압의 공간적 크기 및 수명. 주로 수백~수천km의 거리와 매일의 날씨 현상을 뜻한다)의 반응도 일으키지만, 성층권으로의 로스비 파동 전파를 활성화시키고, 이는 성층권 온난화 또는 돌연승

북극에 충분한 저기압 형성        북극 기온 상승으로 고기압 형성

강력한 폴라보텍스        약화된 폴라보텍스

시베리아 폭설로 인한 고기압

안정된 제트기류로 인해
중위도에 한파가 없는 경우        제트기류의 사행으로
중위도에 한파가 몰아치는 경우

**그림 2-15**

늦가을과 초겨울 바렌츠–카라해 해빙의 결빙 지연과 시베리아의 강설량 증가는 성층권 온도를 급격히 높이고 북극 지역에 고기압을 형성한다. 이는 대류권 폴라보텍스를 약화시키고 중위도에 한파를 일으킨다.

온(며칠 만에 온도가 섭씨 40도 이상 오르는 현상)을 일으켜 폴라보텍스를 약화시킨다.

늦가을과 초겨울 바렌츠-카라해 해빙의 결빙 지연과 시베리아의 강설량 증가에 의한 성층권 돌연승온, 그리고 그에 따른 북반구 고위도의 기압 증가는 수개월간 지속된다. 겨울부터는 북극 성층권의 고기압 편차가 지면으로 하강하며, 대류권에도 폴라보텍스의 약화를 야기해 한파를 유발한다. 따라서 중위도 폴라보텍스의 약화가 북극 온난화 증폭으로부터 어떤 기작을 통해 연결되는지 이해하면 계절 예측의 정확성을 높일 수 있을 것이다.

| 북극-중위도 원격상관 | 한계점 |
|---|---|
| 북극 온난화 증폭 | 카오스적 대기 반응 |

| 수온 증가, 해빙 감소, 강설량 증가 | 순환성 |
|---|---|
| | 간헐성 |
| | 상태 의존성 |
| | 복합적인 영향 |

| 종관 규모의 원격상관 | 계절 규모 원격상관 | 물리적 이해 |
|---|---|---|
| 북극 대기 교란 | 로스비 파동 전파 강화 | 성층권-대류권 상호작용 |
| ↓ | ↓ | 로스비 파동 원격상관 기작 |
| 우랄 블로킹, 그린란드 블로킹, 캄차카 블로킹 | 폴라보텍스 약화 | 지역적 차이 |
| ↓ | ↓ | 적도의 영향 |
| 마루와 골의 강화 | 제트기류 사행 | |
| ↓ | ↓ | |
| 중위도 극한기상 | 중위도 극한기상 | |

**그림 2-16**

북극 온난화 증폭부터 중위도 극한기상 발생까지의 연계 기작 및 한계점.

북극의 온난화와 중위도 겨울철 한파 발생에 연관성이 없다는 연구 결과도 일부 있다. 외부 강제력 변화 즉, 온실가스 증가에 의한 북극 해빙 감소나 시베리아 강설량 증가보다는 기후계 내의 자연 변동성에 의해 중위도 한파가 발생한다는 견해다.

이와 같이 북극의 영향을 회의적으로 보는 이유는 대부분의 분석 결과에서 북반구 겨울철 한파와 북극 온난화 증폭 사이의 통계적 유의성이 낮기 때문이다. 또한 많은 수치모델에서는 해빙 감소에 대한 중위도 냉각화 반응이 제대로 재현되지 못하고 있다. 이는 수치모델의 한계(물리적 모수화, 격자 크기보다 작은 규모의 현상 재현의 어려움 등)와, 기작에 대한 서로 다른 해석 때문으로 여겨진다.

북극의 온난화가 중위도 한파에 미치는 영향을 이해하기 위해서는 먼저 제트기류의 변동, 블로킹, 북극진동의 위상 변화, 로스비 파동을 통한 원격상관(teleconnection), 성층권-대류권 상호작용, 로스비 파동의 상층 전파 등과 같은 대기순환의 근본적인 이해가 필요하다. 그리고 눈과 해빙의 감소, 해양과 육상의 열용량 변화, 바람과 해류의 변화에 따른 일련의 양의 피드백 작용 등 북극 온난화 증폭의 원인에 대한 이해 또한 필요하다(그림 2-16).

당분간은 북극의 온난화가 지속될 것으로 예측된다. 따라서 이 온난화가 중위도에 어떤 과정을 통해 영향을 미치는지 파악할 필요가 있다. 아직은 관측 기간이 짧고 현상의 물리적인 복잡성 때문에 과학자들 사이에서 상반된 결과가 나오고 있다. 하지만 북극의 지속적인 변화는 중위도의 계절 규모 예측에 중요한 역할을 할 것이기 때문에, 세계기상기구(World Meteorological Organization, WMO)의 극지 예측 프로젝트(Polar Prediction Project), 세계기후연구 프로그램(World Climate Research Programme, WCRP)의 기후와 빙권(Climate and Cryosphere, CliC), 국제북극과학위원회(The International Arctic Science Committee, IASC)의 대기 워킹그룹 같은 국제 프로그램에서 북극과 중위도의 연계성 주제를 최우선으로 풀어야 할 주제로 선정한 바 있다.


## 남극


앞서 살펴보았듯이 북극해에서 해빙의 면적이 급격하게 줄어들고 있다. 해빙은 입사하는 태양 복사에너지를 반사시키기 때문에, 해빙이 감소하면 해양에 흡수되는 태양 복사에너지의 양이 증가해 지구 온도가 더욱 상승

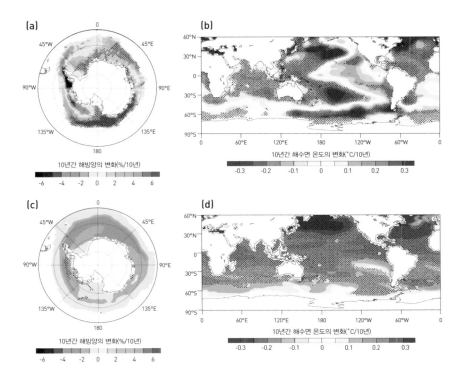

(a)

0
45°W  45°E
90°W  90°E
135°W  135°E
180

10년간 해빙양의 변화(%/10년)

-6  -4  -2  0  2  4  6

(b)

60°N
30°N
0
30°S
60°S
90°S
0  60°E  120°E  180  120°W  60°W  0

10년간 해수면 온도의 변화(°C/10년)

-0.3  -0.2  -0.1  0  0.1  0.2  0.3

(c)

0
45°W  45°E
90°W  90°E
135°W  135°E
180

10년간 해빙양의 변화(%/10년)

-6  -4  -2  0  2  4  6

(d)

60°N
30°N
0
30°S
60°S
90°S
0  60°E  120°E  180  120°W  60°W  0

10년간 해수면 온도의 변화(°C/10년)

-0.3  -0.2  -0.1  0  0.1  0.2  0.3

**그림 2-17**

관측된 남극 해빙(a)과 해수면 온도(b)의 1979~2014년 기간의 변화 경향이다. 남극대륙을 둘러싼 남빙양 지역에서 해빙 면적의 증가와 해수면 온도의 감소 경향이 관측되었다. (c)와 (d)는 같은 기간에 대해 온실기체 등의 인위적인 외부 요인들의 영향을 고려해 기후모델로 시뮬레이션한 평균 결과로, 관측과는 차이를 보이고 있다.

한다(양의 피드백). 이는 지구 다른 곳보다 북극 지역에서 온도가 크게 증가하는 현상(북극 온난화 증폭)의 주요 요인 중 하나다.

북극 해빙의 감소는 '온난화로 따뜻해지니까 얼음이 녹는다'는 상식과 잘 맞아떨어진다. 하지만 남극은 다르다. 남극대륙을 둘러싸고 있는 남빙양(대략 남위 50도 이남 지역)에서는 위성 관측이 시작된 1970년대 말 이후로 해수면 온도가 감소하고 해빙의 면적이 증가하는 역설적인 모습이 관

기후변화의 원인

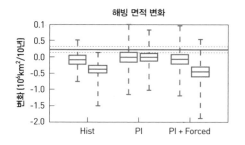

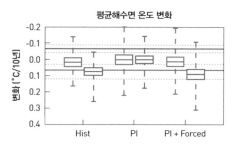

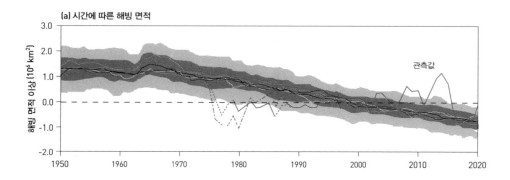

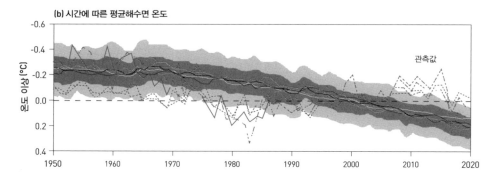

**그림 2-18**

관측 및 기후모델 실험을 통해 시뮬레이션한 남극 해빙의 면적(a)과 남빙양 평균해수면 온도 변화(b)
의 시계열 데이터다. 붉은색 선은 관측값을 나타낸다. 나머지 색은 기후모델 실험으로 시뮬레이션한
결과로, 온실기체 등의 인위적인 외부 요인에 기인하는 변화를 의미한다.

찰되고 있다.

이 수수께끼를 설명하기 위해 여러 가설이 제시되었다. 하지만 관측 자료의 부족, 기후변화 연구에 사용되는 컴퓨터 수치모델(기후모델)의 문제점, 그리고 남반구 고위도 지역 기후 시스템에 대한 이해 부족으로 남극 해빙의 변화는 미스터리로 남았다.

해빙은 태양으로부터 입사하는 단파 복사에너지를 반사할 뿐 아니라 해양과 대기 사이의 열교환, 대규모 해양순환, 탄소순환 그리고 생태계에 큰 영향을 미친다. 북극과 남극의 해빙이 미래에 어떻게 달라질지, 그에 따라 중위도와 저위도 지역에서 어떠한 변화가 일어날지 예측하는 것이 중요한 이유다.

온실기체 증가 등 외부 요인에 의해 달라질 미래 기후 예측에는 기후모델을 활용한다. 기후모델에는 지구 기후 시스템을 구성하는 대기권, 해양권, 지권, 빙권, 생물권 등의 물리 과정과, 구성 요소 사이의 다양한 상호작용이 표현되어 있다.

해빙 역시 기후모델로 예측한다. 이때 신뢰성 확보를 위해서는 관측된 해빙의 평균 상태와 변화 양상을 재현하는 것이 중요하다. 완벽하지는 않지만 대부분의 기후모델은 위성으로부터 관측된 북극 해빙 면적의 감소를 비교적 잘 재현하고 있다.

문제는 남극 해빙의 변화다. 1979~2014년에 온실기체가 증가했음에도 남극 해빙 면적이 늘어난 현상을 기후모델들은 제대로 재현하지 못하고 있다(대부분 감소한다고 예측하고 있다). 남빙양 해수면 온도 변화 역시 관측과 다른 결과를 내놓고 있다(그림 2-17, 18).

위성 관측과 기후모델 사이에 차이가 나타나는 이유로는 몇 가지가 제기된다. 첫째, 기후모델들이 지구온난화에 따른 남극 해빙 면적의 감소를 시뮬레이션에 과도하게 반영했을 수 있다. 또는 온실기체 등 외부 요인에 의한 해빙 변화 양상이 관측과 다를 수 있다. 둘째, 외부 요인이 아니라 기후 시스템 내의 자연 변동성이 남극 해빙 면적을 증가시켰을 가능성이 있다. 자연 변동성은 인간 활동과 직접 관련 없이 자연적인 과정으로 발생하는 해양 및 대기의 변화다. 이는 다양한 시간과 공간 규모로 나타난다. 일례로 적도 태평양에서 수년에 걸쳐 해수 온도가 변화하는 현상인 엘니뇨, 라니냐 현상을 들 수 있다. 마지막으로, 위 두 가지 요인이 복합적으로 작용해서 관측과 모델 간 차이가 발생할 수도 있다.

## 가설 1: 남극 성층권 오존의 감소

남극 해빙 면적의 증가 경향을 설명하기 위해 몇 가지 가설이 제시되었다. 먼저 오존홀의 영향에 주목한 연구가 있다. 오존홀은 냉장고의 냉매나 헤어스프레이 등에 사용된 프레온가스 같은 오존 파괴 물질 때문에 남극 성층권의 오존층이 파괴되는 현상이다. 오존층은 태양으로부터 지구로 들어오는 자외선 영역의 복사에너지를 흡수한다. 그런데 남극 성층권 오존층이 파괴되면서 남반구 고위도 지역의 성층권과 대류권의 온도가 감소했다.

그 결과 대류권의 바람에 변화가 생겼다. 원래 중위도와 고위도 상공에는 저위도 지역(열대 지역)과 고위도 지역(남극 지역) 사이의 온도 차이 및 지구 자전의 영향으로 서쪽에서 동쪽으로 향하는 서풍이 분다. 이 바람의 풍속은 저위도와 고위도 사이의 온도 차이가 커질수록 증가한다.

그런데 남극 성층권 오존층이 파괴되어 남반구 고위도 지역의 대기 온도가 감소했다. 저위도와 고위도 사이의 온도 차가 증가할 수밖에 없다. 이

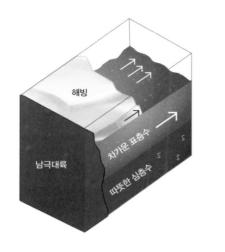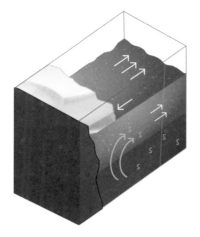

남극 성층권 오존 감소가 남극 해빙과 남빙양에 미치는 영향을 나타냈다. 왼쪽은 연 단위 시간 규모로 일어나는 빠른 반응을, 오른쪽은 10년 이상 시간 규모로 일어나는 느린 반응을 나타낸다. 남극 성층권 오존 감소는 남반구 고위도 지역의 대기 온도를 감소시켜 서풍을 강화시킨다. 강화된 서풍은 빠른 반응에서는 남극대륙 부근 바다 표층의 차가운 해수를 저위도 쪽으로 수송하고 해빙의 면적을 증가시킨다. 반면 느린 반응에서는 수온이 상대적으로 높은 심층의 해수가 용승 과정을 통해 표층으로 이동해 남극대륙 주변 바다 표층의 수온이 상승하고 그 결과 해빙의 면적이 감소한다.

는 남반구 지역, 특히 남위 60도 지역에서 서풍의 풍속이 증가하는 결과로 이어졌다.

풍속의 증가는 해양에도 영향을 미친다. 남반구에서 서풍은 해양 표층의 바닷물을 북쪽(저위도 방향)으로 수송한다. 서풍이 강화되면 남극대륙 근처의 차가운 표층 바닷물이 저위도 쪽으로 더 많이 수송되는 결과를 낳고, 이는 남빙양 해수면 온도를 감소시킨다. 그 결과 해빙 면적이 증가한다 (그림 2-19 왼쪽).

그러나 이 가설에는 문제가 있다. 남빙양은 일반적인 바다와 달리 깊이가 얕은 곳(표층)이 온도가 낮고 깊은 곳(심층)이 따뜻하다. 남빙양 특유의 염분 분포와 해양순환의 영향 때문이다. 그런데 남극 성층권 오존이 감소해 서풍이 강화되는 경향이 오래 지속되면, 이를 뒤흔드는 현상이 일어난다. 저위도 방향으로 수송된 표층수를 보충하기 위해 해양 심층에서 표층 방향으로 바닷물이 이동하는 용승(upwelling)이다.

용승이 발생할 경우 상대적으로 온도가 높은 심층의 해수가 표층으로 이동해 해수면 온도가 상승한다. 그 결과 해빙의 두께와 면적이 감소하게 된다(그림 2-19 오른쪽). 즉, 관측된 남극 해빙 면적 증가 경향의 주된 원인을 남극 성층권 오존의 감소로 돌리기 어렵다는 뜻이다.

또 2000년 이후 오존 농도와도 맞지 않는다. 몬트리올 의정서로 오존 파괴 물질 사용이 제한된 뒤, 2000년 이후 남극 성층권 오존 농도는 서서히 증가하고 있다. 이에 따라 남반구 고위도 지역의 대기순환이 남극 성층권 오존 감소기와 반대 양상을 보인다. 그런데 남극 해빙 면적은 1979년 이후 계속 증가하고 있으며, 특히 2000년 이후부터 2014년 사이에 크게 늘었다. 남극 해빙 면적 증가를 전적으로 남극 성층권 오존의 감소 때문으로 보기는 어렵다.


## 가설 2: 녹고 있는 남극대륙 빙하

다른 설명도 제기되었다. 바로 대륙 빙하가 녹는 현상이다. 해빙과는 반대로, 지구온난화 때문에 남극대륙 빙하의 두께와 면적은 감소하고 있다. 남극대륙의 얼음이 녹아, 차갑고 염분의 함유량이 낮은 담수가 남극대륙 주변의 바다로 유입되고 있다. 이에 따라 바다 표층의 안정도는 증가하는데, 그 결과 해수면 온도가 감소할 수 있다는 것이다.

좀 더 자세히 살펴보자. 온도가 낮은 남빙양 표층의 바닷물과 상대적으로 온도가 높은 심층의 바닷물 사이에 혼합이 활발히 일어날 경우 남극 해빙의 면적과 두께는 줄어든다. 반면 심층 및 표층이 섞이지 않고 안정적일 경우에는 해양 심층과 표층 사이의 열교환이 이루어지지 않아 해빙 면적이 증가할 수 있다. 남극대륙의 주변 바다로 유입되는 차가운 담수는 염분이 매우 낮기 때문에 염분이 높은 바닷물 위에 위치하고, 해수의 안정도는 더욱 증가한다.

그 결과 지구온난화가 심화됨에 따라 남극 해빙의 면적이 오히려 증가할 수 있다. IPCC 제6차 및 이전 보고서 작성에 활용된 기후모델 실험에는 남극대륙 빙하가 녹아 담수 유입이 증가할 경우가 고려되어 있지 않다. 따라서 남극대륙 빙하가 녹는 현상이 해빙 면적 변화 경향에서 관측과 모델 사이의 차이를 낳은 원인일 가능성이 높다.

다만 남극대륙 주변 바다로 유입되는 담수의 양과 특성에 대한 장기 관측 데이터가 부족하다는 것은 약점이다. 또 상반된 결과를 보이는 기존 연구도 있어 논쟁은 진행 중이다. 만약 이 가설이 남극 해빙 면적 증가 경향의 주요 원인이라면, 분석 기간이 늘어남에 따라 해빙 면적의 증가 경향은 보다 뚜렷해질 것이다. 위성 관측과 기후모델 실험 결과 사이의 차이 역시 증가해야 맞다.

그러나 2015년 이후에는 남극 해빙 면적이 뚜렷하게 증가하는 경향을 보이지 않고 있다. 또 남빙양 평균해수면 온도도 감소하지 않고 있다(그림 2-18). 분석 기간이 증가해도 위성 관측치와 기후모델 예측치 사이의 차이가 증가하는 양상을 보이지 않는다. 이런 점들을 고려하면, 남극대륙 빙하가 녹아서 담수가 증가한 것이 남극 해빙 면적의 증가를 일으킨 주된 원인이라고 결론짓기는 어렵다.

## 가설 3: 열대 해양 지역의 자연 변동성

이렇게 남극 해빙의 수수께끼는 풀릴 듯 풀리지 않는 미스터리였다. 2022년, 이 문제를 다른 방향에서 풀 단서를 극지연구소와 기초과학연구원(Institute for Basic Science, IBS) 기후물리연구단, 부산대학교 연구팀이 제시했다.

앞서 잠시 언급했듯, 기후 시스템 내의 자연 변동성이 남극 해빙 면적의 변화에 영향을 미칠 수도 있다. 만약 남극 해빙을 포함해 남반구 고위도 지역의 기후 요소들이 수십 년 이상에 걸쳐 자연적인 변동성을 보일 경우, 약 40년간의 위성 관측으로는 장기 변동성을 제대로 확인할 수 없다. 위 연구팀은 남극 해빙 면적의 증가 경향과 함께 남빙양 해수면 온도의 감소 경향이 관측되었다는 사실(그림 2-17)에 주목해, 상대적으로 관측 기간이 긴 해수면 온도의 변화를 다양한 기후모델 실험 결과와 함께 분석했다.

그 결과 남빙양 평균해수면 온도가 1950~1978년의 기간에 증가하는 뚜렷한 장기 변동성을 보인 것으로 나타났다(그림 2-18b). 1979년 이전의 불연속적인 위성 관측과, 육안으로 측정한 남극 해빙 면적 자료의 분석에서도 남극 해빙의 면적이 계속적으로 증가한 것이 아니라 상당한 장기 변동성을 보인 것으로 분석되었다(그림 2-18a).

그뿐 아니라 다수의 기후모델 모의실험 결과를 분석하니, 남빙양 해수면 온도와 남극 해빙 면적의 장기 변동성이 열대 태평양 및 북대서양 지역의 수십 년 이상에 걸친 기후 변동성과 밀접하게 관련된 것으로 나타났다. 이는 기존 연구들과 일치하는 결과다.

좀 더 자세히 살펴보면 이렇다(그림 2-20). 열대 해양 지역의 해수면 온도가 변화하고 그에 따른 대류 활동 양상이 변하면, 대규모 대기순환 패턴

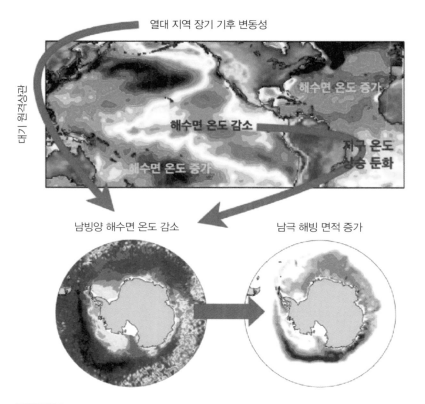

열대 지역 장기 기후 변동성

대기 원격상관

해수면 온도 증가

해수면 온도 감소

해수면 온도 증가

지구 온도 상승 둔화

남빙양 해수면 온도 감소

남극 해빙 면적 증가

**그림 2-20**

극지연구소, 기초과학연구원 기후물리연구단, 부산대학교 연구팀의 연구에 따르면, 열대 태평양과 북대서양 지역의 기후 변동성이 남반구 고위도까지 영향을 미칠 수 있다. 이는 온실기체 농도가 증가함에도 남빙양 해수면 온도를 감소시키고 해빙 면적을 증가시킬 수 있다.

이 변화한다. 이는 열대 해양 지역 기후 변동성의 영향을 남반구 고위도 지역까지 전달할 수 있다. 이렇게 열대 태평양과 북대서양 지역의 기후 변동성이 영향을 미쳐서, 온실기체 농도의 증가에도 불구하고 남빙양 해수면 온도는 감소하고 해빙 면적도 증가할 수 있는 것이다.

사실 이런 열대 해양-남빙양 사이의 원격상관 과정은 기존 기후모델에도 표현되어 있다. 하지만 기후모델들은 온실기체 농도의 증가로 인한 지구 평균온도 상승을 과하게 시뮬레이션에 반영하는 경향이 있었다. 그 결과 온실기체 농도 증가에 따른 남빙양 해수면 온도 상승이 열대 해양 지역의 기후 변동성과 관련된 남빙양 해수면 온도의 감소를 압도했고, 남극 해빙 면적의 증가 경향을 재현하지 못한 것으로 분석되었다.

1979~2014년 기간 동안에 관측된 남극 해빙 면적 증가 경향은 상당 부분 자연 변동성과 관련되어 있는 것으로 추정된다. 그러나 남극대륙 빙상이 녹으면서 담수 유입이 증가한 점, 남반구 고위도 지역의 대기와 해양 순환이 변화한 점 역시 남극 해빙의 변화와 밀접한 관련이 있다. 장기간의 관측을 통해 데이터를 확보하고 기후모델의 문제점을 개선하면 이 수수께끼를 풀 더 정교한 단서를 얻을 수 있을 것이다.

# 지구의 순환에서
# 내일을 바라보는 법

윤신영

## 영원히 얼지 않을 마음을 약속하며

신경정신과 전문의로 인류학 박사학위를 받은 신경인류학자 박한선 서울대학교 교수는 인류의 마음을 의학과 진화의 시각으로 동시에 바라볼 수 있는 보기 드문 학자입니다. 그는 수백만 년에 걸친 인류의 진화 역사에서 현재의 번성은 매우 예외적이라고 봅니다. 안정적이고 온화한 환경이 약 1만 년간 지속된 특수한 상황에서 비롯된 것뿐이라는 거지요. 그가 2021년, 생태전환 매거진《바람과 물》에 기고한 글은 기후위기 시대를 바라보는 신경인류학자의 복잡한 속내를 잘 드러냅니다.

> 위대한 인간 정신과 찬란한 인류 문명. 우리는 흔히 인류의 성취를 과대평가하고, 그 공을 '인류 고유의 특별성'에 부여하려는 유혹을 받는다. 그러나 구석기 전반에 걸쳐서 인간의 뇌가 아주 커지고, 언어와 도구를 발명했음에도 불구하고 '문화적 수준'은 그저 그랬다. (…) 우리는 오랜 빙하기 동안 어

떻게든 생존하기 위해 다양한 정신적 적응을 이루었지만, 겨우 살아남는 수준에 불과했다. 그러다 운 좋게 '온화한 봄날'을 맞아 꽃을 피운 것뿐이다. 꽃이 위대한 것이 아니라, 봄볕이 위대한 것이다. 추위 혹은 더위가 닥치면, 곧 꽃은 지고 말 것이다.

_박한선, 〈기후, 인구, 미래〉, 《바람과 물》 창간호

아늑했던 인류의 봄날이 생각보다 빨리 끝날 수 있다는 경고가 무성합니다. IPCC는 2022년 2월, 제6차 기후변화 평가보고서 제2실무그룹 보고서를 발표했습니다. 기후변화의 과학적, 객관적 현상을 분석한 2021년 8월의 제1실무그룹 보고서에 이어 두 번째 6차 보고서입니다. 기후변화가 생태계와 도시, 그리고 인류에게 어떤 영향을 미칠지를 리스크 측면에서 종합적으로 평가했습니다.

보고서는 우울한 예측으로 가득합니다. 육상생태계는 치명적 위협에 직면할 것으로 보입니다. 인류가 현재처럼 온실가스를 내뿜어 기온이 산업혁명 이전 대비 섭씨 5도 상승할 때, 육상 생물은 최대 60%가 멸종 위기에 처할 것으로 예측되었습니다. 동식물 종의 절반은 이미 서식지를 고위도 및 고지대로 옮기고 있습니다. 식물의 3분의 2는 봄철 생육이 빨라졌습니다. 봄마다 나오는 개화 시기가 당겨졌다는 기사는 사실이었습니다.

해양에서는 1950년 이후 생물군이 10년마다 59km씩 북쪽으로 이동했음이 밝혀졌습니다. 온실가스 배출을 줄이지 않을 경우 플랑크톤이 감소해 수산자원은 최대 15.5% 감소할 것이라는 예측도 나왔습니다. 자연히 식량 안정성도 떨어질 것으로 예상되었지요. 온실가스 배출을 줄이지 않으면 2100년까지 경작지의 30% 이상에서 더 이상 작물과 축산 생산을 하지 못할 가능성이 제기되었습니다. 인류가 이런 식량난을 피하기 어려울

것이라는 비관적 전망도 나왔습니다.

특히 흥미로운 부분은 도시였습니다. 도시의 인구는 지난 5차 보고서가 발표된 이후에도 계속 늘었습니다. 2015~2020년 사이에만 거의 4억 명이 증가했습니다. 대부분(90% 이상)은 저개발 지역에서 늘었습니다. IPCC는 2050년까지 추가로 25억 명이 도시에서 증가할 것이며 대부분(최대 90%)은 아시아와 아프리카 지역에서 늘어날 것이라고 예측했습니다.

이들 지역은 기후변화에 대한 적응 능력이 떨어질 수밖에 없는 곳입니다. 기후변화로 비슷한 재해가 발생하더라도 피해는 훨씬 클 수 있습니다. IPCC는 기후 리스크를, 피해를 유발하는 사건을 의미하는 위해성(hazard)과 영향받을 환경에 처한 정도를 나타내는 노출(exposure), 적응 능력의 부족을 나타내는 취약성(vulnerability)으로 정의합니다. 저개발국가들은 과거 개발에서 소외되어 기후변화의 원인을 제공하지 않았지만, 바로 그 이유 때문에 노출과 취약성 측면에서 개발국에 비해 훨씬 불리한 위치에 놓입니다. 부정의한 현실입니다.

건강한 삶과도 점점 거리가 멀어질 것으로 보입니다. 파리협정의 목표대로 지구 평균기온을 산업화 시대 이전에 비해 섭씨 1.5도 이내 상승으로 묶는다 해도 3억 5000만 명의 도시 인구가 물 부족에 시달릴 것으로 예상되었습니다. 살모넬라에 의한 식중독, 뎅기열과 같은 곤충에 의한 감염병 등 질환이 증가하며 극한기상이나 이상기후로 비전염성 질환, 상해가 발생할 가능성도 높아졌습니다. 산불이 잦아지면서 대기오염물이 늘어나 심혈관 및 호흡기 질환도 늘 것으로 예측되었습니다. 한국의 경우 온난화에 고령화가 결합해 열파에 의한 사망 위험이 2090년 최대 6배까지 늘어날 것으로 언급되었습니다. 아시아 전역에서는 2100년까지 가뭄이 최대 20% 증가할 것으로 예상되었습니다.

그리고 위협받고 있는 정신 건강에 대해서도 언급되었습니다. 가뭄이 도시민의 정신 건강에 영향을 미칠 가능성, 허리케인 등 재난이 주거 건축물과 전기를 황폐화시키고 시민의 정신 건강을 위협했던 푸에르토리코의 2017년 상황 등 기존의 실증 사례가 거론되었습니다. 이와 함께 재난에 따른 트라우마나 가족과 친지, 오래 살아온 문화를 잃은 데 따르는 혼란이 증가할 가능성이 매우 높을 것으로 예측되었습니다.

우리는 오랜 빙하기 동안 어떻게든 생존하기 위해 다양한 정신적 적응을 이루었지만, 겨우 살아남는 수준에 불과했다. 그러다 운 좋게 '온화한 봄날'을 맞아 꽃을 피운 것뿐이다. 꽃이 위대한 것이 아니라, 봄볕이 위대한 것이다. 추위 혹은 더위가 닥치면, 곧 꽃은 지고 말 것이다(박한선, 위의 책).

문제는 이 모든 피해가 전 지구에 만연한 상황을, 인류가 최근 1만 년 이내에는 경험해본 적이 없다는 사실입니다. 안정된 기후 전망이 무너졌을 때를 문명 이후 인류는 겪은 적이 없습니다. 새로운 감염병이 수시로 출몰하는 시대도 만난 적이 없습니다. 이런 시대를 마주한 인류가 어떤 전략을 취할지 지금으로서는 예상하기 어렵습니다. 인류는 분명 이타적이고 협력적인 모습을 보일 줄 아는 문화적 적응의 존재이며 수백만 년 진화 과정에서 이런 모습을 여러 차례 입증해왔습니다. 하지만 위 글에서처럼 급격하게 어두워진 기후 전망 아래서 신체적, 정신적 적응 전략이 어떻게 바뀔지는 아무도 모릅니다. 기후정의를 고민하고 기후변화를 막기 위해 협력하며 불평등을 완화하기 위해 공동으로 노력하는 마음이, 전 지구적인 기후위기 국면에서는 단기간의 성취와 생존, 번식이 우선시되는 생애사 전략(이를 '빠른 생애사' 전략이라고 합니다)에 자리를 내줄지 모릅니다.

현재 기후과학자들이 가장 우려하는 기후변화 시나리오는 어느 순간 기후변화가 인류가 손을 쓸 수 없는 순간에 돌입해 스스로 가속화하는 단계입니다. 임계점(티핑포인트)을 넘는 경우입니다. 빙하가 녹으면서 태양광 반사가 줄고, 그래서 기온이 더 올라 다시 빙하 유실을 가속화하는 식입니다. 이런 요인이 여럿 복합적으로 얽히면 더 무섭습니다. 빙하 녹은 물이 바닷물의 염도를 낮추고 해수 순환을 바꿔 다시 기후를 흔들고 국지적 빙하기를 불러올 수 있습니다. 기후위기로 늘어난 산불이 땅을 녹여 메탄을 방출시키고, 이 메탄이 다시 온실효과를 강화할 수 있습니다. 임계반응이 폭포수처럼 연이어 쏟아지는 이런 단계를 임계연쇄반응(티핑 캐스케이드)이라고 합니다.

임계연쇄반응 목록에 인류의 마음이 포함되는 상상을 해봅니다. 기후위기가 가속화된 어느 국면에서, 인류는 공격성과 배타성으로 무장한 채 협력을 거부하고 기후위기를 극복하기 위한 모든 노력을 거둘지 모릅니다. 서로가 서로에게, 그저 감염원이 될지도 모릅니다. 그리고 그것이 그 어떤 요인보다 강력하게 임계연쇄반응을 추동할지도 모릅니다. 그때가 되면, 살아남은 인류에게는 검정치마와 백예린이 부른 노래 〈Antifreeze〉의 가사는 기묘한 설화 속 이야기로 기억될 것입니다.

우리 둘은 얼어붙지 않을 거야
바다 속의 모래까지 녹일 거야
춤을 추며 절망이랑 싸울 거야
얼어붙은 아스팔트 도시 위로

*이 글은 필자가 2022년 3월 '얼룩소'에 썼던 글을 보완하고 다듬었습니다.

# 3부

# 기후위기를
# 벗어나려는
# 노력

# 기후목표와 기후정의

## 기후목표

2022년에는 지구 전역에 극단적인 기상 현상이 발생해 막대한 인명과 재산 피해를 주었다. 유럽은 500년 만의 극심한 가뭄과 함께 강력한 폭염, 산불이 광범위하게 나타났다. 파키스탄은 기록적인 몬순 폭우로 국토의 3분의 1이 잠기는 대홍수를 겪었다.

한국도 예외는 아니었다. 많은 지역에서 첫 6월 열대야를 기록하는 등 때이른 폭염이 기세를 떨쳤다. 8월 초에는 역대급 폭우가 서울을 포함한 중부지방에 발생해 침수 피해가 컸다. 9월 초에는 태풍 힌남노가 포항을 내습해 피해를 입혔다. 11월에는 이례적인 이상고온 현상이 지속되었고, 12월에는 다시 강력 한파가 찾아와 널뛰는 기후를 경험했다.

최근 몇 년을 돌아보면 2018년에는 장기간 지속된 최강 폭염이, 2020년에는 가장 긴 장마와 집중호우로 막대한 피해가 발생했다. 이렇게 강화되는 극한기상 현상의 근본적 원인으로 인위적인 지구온난화가 지목되고 있

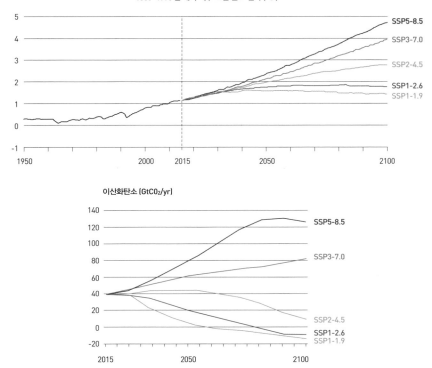

1850~1990년 대비 지구 표면 온도 변화 (°C)

이산화탄소 (GtCO₂/yr)

**그림 3-1**

미래 온실가스 배출 시나리오(아래)에 따른 전 지구 표면 온도의 변화(위). SSP(Shared Socio-economic Pathway, 공통사회경로)는 미래 기후변화에 따라 인구, 경제 등 사회경제 지표가 어떻게 변화할지를 포함하고 있다(아래). IPCC 제6차 보고서에 사용되었다.


다. 온난화가 지속됨에 따라 한국이 속한 동아시아 지역에도 폭염, 호우, 태풍의 영향이 더욱 강해질 것으로 전망된다.

인위적인 온난화를 억제하기 위해 2015년 12월에 체결된 파리협정은 전 지구 평균기온 증가를 산업혁명 이전 대비 섭씨 2도 이하로 유지하고 추가적으로 1.5도 이하로 제한하기 위해 노력할 것을 목표로 한다. 이 협정으로 온난화 억제가 기후변화 위험과 영향을 줄일 수 있다는 사실을 인식하게 되었다.

특히 지구 전체의 온난화가 어느 정도 진행되는지에 따라 지역별 이상기후가 얼마나 강해지고 빈번해질 것인지 보다 정밀한 평가가 요구되었다. IPCC 제6차 보고서의 전망에 따르면, 섭씨 1.5도 온난화는 온실가스 배출 시나리오에 상관없이 2021년에서 2040년 사이에 도달할 가능성이 매우 높으며, 섭씨 2도 온난화는 온실가스 배출을 급격히 줄이지 않으면 21세기 내에 나타날 것으로 보인다(그림 3-1).

그렇다면 섭씨 1.5도와 2도 온난화 시 동아시아 이상기후는 현재 대비 얼마나 더 강해질까? 또한 섭씨 2도에서 1.5도로 온난화를 0.5도 줄였을 때 이런 이상기후 증가가 얼마나 둔화될까? 동아시아 지역에 피해를 크게 일으키는 여름철 폭염과 호우를 중심으로 최근 연구 결과들을 정리해 보았다.

## 극한 열 스트레스

폭염은 보통 고온을 동반하지만, 고온과 더불어 습도가 높아지면 인체에 미치는 피해가 커지며 온열 질환 질병률과 사망률이 증가한다. 따라서 고온과 함께 습도를 고려할 필요가 있다. 대표적으로 사용하는 열 스트레스 지수로 습구흑구온도(Wet-Bulb Globe Temperature, WBGT)가 있다. 예를 들어 습구흑구온도가 섭씨 32도가 넘어가면 작업 강도가 낮은 경작업에서도 30분 일하면 30분 휴식을 해야 한다.

전 지구 기후모델 시뮬레이션 결과에 따르면, 온난화가 심해짐에 따라 동아시아의 극한 열 스트레스 발생 영역은 급격히 증가한다(그림 3-2). 극

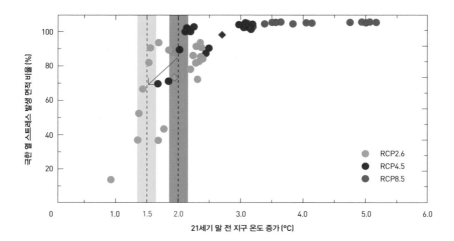

**그림 3-2**

전 지구 온도 증가에 따른 동아시아 극한 열 스트레스 발생 영역의 변화. RCP(Representative Concentration Pathway, 대표농도경로)는 IPCC 제5차 보고서에서 온실가스 농도값에 따른 기후변화 시나리오를 산출하기 위해 사용했다. RCP2.6이 온도 상승폭이 가장 작은 경로이고, 8.5가 상승폭이 가장 큰 경로다.

한 열 스트레스는 현재 기후에서 50년에 한 번꼴로 발생하는 매우 드문 사례를 기준으로 한다. 즉, 과거에 경험해보지 못한 푹푹 찌는 무더위가 발생하는 지역이 전 지구 온도 증가에 따라 동아시아 전 영역으로 확장된다는 뜻이다. 섭씨 1.5도로 온난화를 제한해도 절반 이상의 지역에서 극한 열 스트레스가 발생하며, 2도로 제한할 경우에는 약 80% 지역에서 극한 열 스트레스를 겪을 것으로 전망되었다. 섭씨 1.5도와 2도를 비교해보면, 1.5도에서 극한 열 스트레스 발생 지역을 20% 정도 감소시킬 수 있는 것으로 나타났다.

　　사회경제적 그리고 생태계 피해와 대응의 측면에서 보면, 한여름 폭염의 강도 및 지속 기간도 중요하지만 폭염이 찾아오는 시점도 매우 중요하다. 온난화에 따라 여름이 점점 길어지고 겨울이 짧아질 것으로 예상되며, 이에 따라 여름 같은 고온일과 폭염이 5월 말과 10월 초에도 나타나고 있다.

　　온난화 정도에 따른 여름 계절 길이의 변화를 살펴보자. 북반구 평균

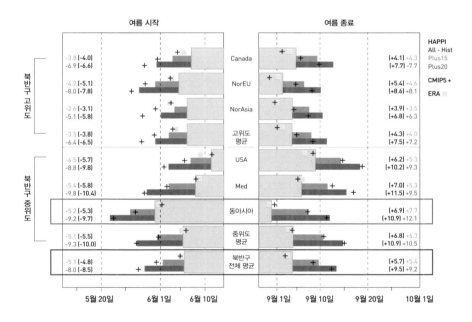

**그림 3-3**

북반구와 지역별 섭씨 1.5도와 2도 온난화 시의 여름 시작일과 종료일의 현재 대비 변화. 파란색 막대 그래프는 현재, 초록색은 섭씨 1.5도 상승 시, 빨간색은 2도 상승 시의 시점 변화를 나타낸다. 빨간색 상자로 강조한 부분이 동아시아이고, 맨 아래 파란색 상자는 북반구 전체의 평균이다. 동아시아의 변화가 클 것을 확인할 수 있다. CMIP와 ERA는 기후모델 또는 기후 분석 데이터 이름으로 이들이 측정 또는 예측한 데이터값을 표시하고 있다.

기온이 섭씨 1.5도 증가하면 여름 길이는 10일 정도 증가하며, 2도 온난화 시에는 18일 정도 길어진다(그림 3-3).

동아시아를 포함한 중위도 지역은 북반구 평균에 비해 여름 확장이 더 심한 경향을 보인다. 섭씨 1.5도 온난화 시 여름 계절 길이는 약 2주 길어지고, 2도 증가 시 약 3주 증가한다. 북반구에서 두 온난화 사이의 계절 길이 차이는 평균 7.5일이다. 하지만 고위도 지역(6~7일)보다는 중위도 지역(8~9일)에서 더 크게 나타나는 경향이 있다. 동아시아는 약 8.5일이다.

여름 기간이 팽창하면서 여름 같은 고온일 또한 더 자주 발생한다. 동아시아에서 현재 여름의 평균온도에 해당하는 사례가 미래의 여름 팽창 기간에 얼마나 자주 나타나는지 비교해보면, 현재는 연평균 하루 정도 발생하지만 섭씨 1.5도 온난화 시 이틀, 2도 온난화 시 사흘로 2~3배 증가하는 것으로 나타났다. 이는 섭씨 0.5도 온난화 저감 시 이른 폭염과 늦은 폭염의 발생이 상당히 줄어들 수 있음을 보여주는 결과다.


## 폭우와 가뭄

극한 강수는 강한 대류를 동반하며 매우 강한 상승기류가 대기 중에 있는 수증기를 한꺼번에 응결시켜 강수로 떨어뜨리는 현상이다. 기온이 증가함에 따라 극한 강수의 강도와 빈도는 거의 모든 지역에서 증가하며, 동아시아 지역 또한 기온과 극한 강수가 밀접한 비례관계를 보인다. 이는 기온의 증가가 대기에 머금을 수 있는 수분을 증가시키기 때문인데, 대략 섭씨 1도 증가 시 수분은 7%씩 늘어난다.

기후모델 시뮬레이션에서 나타난 동아시아 지역의 일강수량 자료를 이용해 퍼센타일(자료를 작은 것부터 큰 것까지 순서대로 나열했을 때 특정 백분율에 해당하는 값)별 강수 빈도의 미래 전망을 살펴보면, 80퍼센타일 이상의 강한 강수는 미래에 증가하고 극한 강수로 갈수록 빈도가 더 크게 증가함을 알 수 있다(그림 3-4).

섭씨 1.5도와 2도 온난화 시의 결과를 비교해보면 극한 강수로 갈수록 차이가 커짐을 확인할 수 있다. 가장 강한 강도인 99.9퍼센타일(해마다 강수일을 약 100일로 잡을 경우, 10년에 한 번 정도 겪는 극한 강수에 해당한다)의 변화를 살펴보면, 섭씨 1.5도 온난화 시 현재 대비 약 40% 빈도 증가를 보이는데 2도 온난화 시에는 약 65% 증가로 커진다. 이는 온난화를 섭씨 0.5도 저감할 때 극한 강수의 발생확률을 약 25% 줄일 수 있음을 의미한다.

또 한 가지 흥미로운 결과는 약한 강수(10~60퍼센타일)의 빈도는 온난화에 따라 오히려 감소한다는 사실이다. 이는 강수 패턴의 양극화를 뜻한

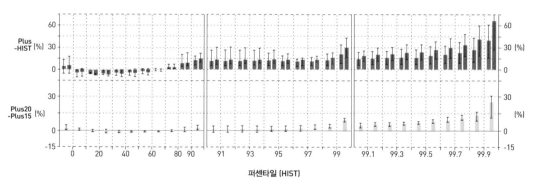

**그림 3-4**

섭씨 1.5도(초록)와 2도(빨강) 온난화 시의 퍼센타일별 일강수 빈도의 변화(위). 2도와 1.5도 빈도 변화의 차이(아래). 맨 왼쪽이 0~100퍼센타일별 차이를 나타낸다. 10~60퍼센타일 영역에서는 강수가 오히려 줄어들고, 80퍼센타일 이상에서는 매우 큰 증가를 보인다. 가운데와 오른쪽은 각각 90퍼센타일 이상, 99퍼센타일 이상을 확대한 그래프다.

다. 즉, 온난한 기후에서는 대기가 수증기를 더 오랫동안 들고 있다가 한꺼번에 강하게 비로 떨어뜨리게 되어, 폭우 증가와 함께 무강수 일수 및 가뭄의 증가가 나타날 수 있다. 이에 대한 선제적인 대비가 매우 중요하다.

파리협정 목표 온도 도달 시 동아시아와 한반도 지역에 나타날 이상기후의 변화를 연구 중심으로 살펴보았다. 먼저 온난화 목표를 달성하더라도 현재와 대비해 동아시아의 이상고온과 극한 강수는 증가하고 여름 계절 또한 확장될 것이다. 이는 우리가 탄소중립을 통한 온난화 저감뿐 아니라 피할 수 없는 온난화에 대한 분야별 적응 및 대응책을 철저히 준비해야 함을 의미한다.

또 섭씨 2도 대신 1.5도로 전 지구 온도 상승 폭을 낮출 경우 동아시아 지역의 이상고온과 극한 강수의 증가 그리고 여름 계절의 확장이 유의하게 줄어들 것으로 나타났다. 전 지구 평균온도 상승을 섭씨 0.5도 낮추는 일이 동아시아의 이상기후에 의미 있는 차이를 가져옴을 보여주는 과학적 증거다. 더구나 그 차이는 극한 현상으로 갈수록 더욱 뚜렷해진다.

섭씨 1.5도와 2도 목표 온도에 도달하기 위한 탄소중립 경로는 매우 다양할 것이며 그에 따른 이상기후의 반응을 체계적이고 종합적으로 평가할 필요가 있다. 또한 지금까지 대부분의 이상기후 전망은 각 현상별로 나누어 진행했는데, 2020년 여름에 폭염과 호우가 잇따라 나타난 것처럼 복합 이상기후가 점점 더 많이 발생할 것으로 보인다. 이런 복합 극한 현상의 원인을 밝히고 상세하게 예측하기 위한 연구가 활발히 진행되어야 한다. 보건, 농업, 에너지 등 분야별 영향 평가와 적응 대책을 마련할 때도 복합 기상재해 가능성을 고려해야 할 것이다.

# 탄소 배출

2022년 11월 6일부터 이집트 샤름엘셰이크에서 개최된 제27차 UN 기후 변화협약 당사국총회(COP27)가 마무리되었다. 전 세계가 기후변화 대응을 위해 모여 지난 한 해를 돌아보고 나아갈 방향에 대해 열띤 논의를 벌였다. 국가마다 이해관계가 같지 않아 온실가스 저감에 대해 조금씩 다른 이야기를 하고 있지만, 한 가지는 분명하다. 기후위기에 대응해야 한다는 절박함만큼은 공통이라는 것이다. 기후변화는 이제 단순히 기후 시스템의 구성 요소가 변화한다는 의미를 넘어 전 인류의 생존을 위협하는 요인이 되었다.

예를 들어, 산불이 나도 인간의 힘으로는 불을 끌 수 없어 막연히 비를 기다릴 수밖에 없는 시점이 왔다. 마치 원시 주술 사회로 돌아가기라도 한 것처럼 기우제를 지낼 뿐, 우리가 스스로 물을 부어서는 불을 끌 수 없는 단계가 된 것이다. 사람이 핸들을 잡지 않아도 스스로 주행하는 차를 타고, 컴퓨터만 켜면 자리에 앉아 전 세계에서 일어나는 일을 모니터링할 수 있는 최첨단 시대에 사는데, 무슨 일인가 의아한 생각이 들 것이다.

우리의 능력이 모자라서가 아니다. 기후변화로 불이 너무 강해져서다. 미국 캘리포니아, 호주 건조 지역처럼 늘 산불이 거세게 일어나는 곳만이 아니라, 그렇게 큰 산불이 나지 않는 온대 지역인 한국에서도 2022년 이런 일이 발생했다. 그뿐 아니라 더 많은 무시무시한 일이, 우리가 한번도 상상하지 못했던 일이 지구 곳곳에서 발생하고 있다. 바로 기후변화 때문이다.

사실 기후는 늘 변한다. 인간의 간섭 없이도 자연적 요인에 의해서도 달라진다. 지구라는 행성의 기후 시스템은 태양에서 들어오는 에너지에 의존하고 있다. 예를 들어, 지구 안에서도 1년 내내 많은 양의 태양에너지를 받는 적도 지역은 따뜻하다. 반대로 1년 중 일부 기간만 태양으로부터 에너지를 받는 극지역은 상대적으로 춥다. 태양의 활동 변화에 따라 들어오는 에너지의 양이 달라지면 기후가 바뀌기도 한다. 화산활동은 막대한 양의 에어로졸(미세한 입자)을 대기로 뿜어내어 지구의 기온을 일정 기간 낮출 수 있다. 바다 밑 해류의 흐름 또한 기후를 바꾸는 능력을 갖추었다.

문제는 이런 자연적 요인으로는 지금 우리가 경험하는 급진적이고 강력한 기후변화를 설명할 수 없다는 것이다. 과학자들의 연구 결과에 따르면 지금 우리가 경험 중인 현 세대 기후변화의 주범은 인간 활동으로 인한 온실가스 증가 때문이다. 특히 그중에서도 탄소 계열 온실가스인 이산화탄소가 가장 주요한 요인이다. 1850년 산업화 이후 지금까지 공기 중에 차곡차곡 쌓인 이산화탄소가 우리를 힘들게 하는 것이다. 더는 공기 중에 이산화탄소가 쌓이면 안 된다. 따라서 전 세계는 탄소중립이라는 카드를 꺼내 들었다.

## 탄소중립과 탄소순환

탄소중립이란 인간이 배출하는 탄소(이후부터는 인간이 배출하는 인위적 온실가스 중 가장 많은 양을 차지하는 이산화탄소로 표현하겠다)와 지구 시스템이 흡수하는 양이 같아지는 상태를 의미한다. 즉 지구 전체로 봤을 때 더는 대기 중으로 이산화탄소를 보내지 않는 상태다. 이를 이해하려면 먼저 지구 시스템과 관련한 탄소순환을 이해해야 한다.

탄소순환은 인간이 배출한 이산화탄소를 지구 시스템의 여러 구성 요소가 상호 교환하는 과정이다. 최근 20년 평균값을 기준으로 보면, 인간은 화석연료 연소를 통해 35.2Gt, 벌목, 토지 이용, 도시 개발 등으로 4.5Gt 정도의 이산화탄소를 대기 중으로 내보냈다. 연간 약 39.7Gt의 이산화탄소를 인위적으로 배출하는 셈이다. 이렇게 인간이 내놓은 이산화탄소의 약 29%인 11.4Gt은 육상생태계가 흡수하고, 약 26%인 10.5Gt을 해양이 흡수하고 있다. 결국 인간이 배출한 양의 약 55%는 지구 시스템이 흡수를 해주지만, 남아 있는 45%의 이산화탄소가 공기 중에 쌓인다.

더구나 이산화탄소는 대기 중에서 화학반응을 하지 않는 안정한 기체로, 한번 대기 중에 쌓이면 최대 200년까지 머무른다. 우리가 지금 당장 이산화탄소 배출량을 줄이더라도 어제 배출한 이산화탄소가 199년 364일 대기 중에 머무른다. 결국 배출량이 줄어들더라도 일정 기간은 계속해서 대기 중 이산화탄소 농도가 올라갈 수밖에 없다. 섭취한 열량보다 소비하는 열량이 적으면 동물은 살이 찐다. 열량을 지방으로 저장해서다. 대기도 마찬가지다. 남은 이산화탄소는 대기 중에 머무르며 지구를 덥히는 부작용을 일으키는 것이다.

그래서 이런 상황을 헤쳐 나갈 해결책이 중요해졌다. 늘어난 지방을 없애려면 섭취 열량을 줄이거나 소비 열량을 늘려야 한다. 탄소도 그렇다. 탄소중립, 즉 배출한 양이 모두 흡수되어 대기 중에 더 쌓이지 않게 하는 전략이 필요하다.

육상식물과 바다는 인류가 배출한 이산화탄소를 없애고 있지만, 전체의 반 정도만 해결해줄 뿐이다. 탄소중립에 도달하기 위해서는 당장 이산화탄소 배출량을 반으로 줄이거나, 지구의 생태계가 지금보다 2배 많은 이산화탄소를 흡수해야 한다. 그런데 지구의 생태계가 지금보다 더 흡수한다는 것은 거의 불가능한 일이다. 오히려 지구 곳곳에서 나타나는 생태계의 변화를 보면 앞으로 흡수량이 줄어들지도 모른다는 불길한 예감이 든다.

# 육상생태계와 해양의 탄소 흡수

## • 식물과 토양

지구 탄소순환 내에서 육상생태계와 해양이 탄소를 흡수하는 과정을 살펴보자. 육상생태계는 크게 식물에 의한 이산화탄소 흡수, 토양에 의한 이산화탄소 배출로 구성된다. 주위에 흔히 보이는 나무, 풀, 농작물 등은 스스로 바이오매스를 생산하기 위해 대기 중의 이산화탄소를 흡수하고 탄소동화작용을 통해 몸집을 불린다. 식물에 대기 중 이산화탄소는 밥과 같은 역할을 한다.

이와 달리 토양은 미생물의 도움으로 탄소를 대기 중으로 내보내는 역할을 한다. 미생물이 토양 속 유기물을 먹고 분해하는 과정에서 이산화탄소가 대기 중으로 방출되기 때문이다. 다행히 지금 지구 전체적으로 보면, 육상생태계에서 식물이 흡수하는 양이 토양이 배출하는 양보다 많기 때문에 육상생태계는 흡수원의 역할을 하고 있다.

## • 해양의 용해도펌프와 생물펌프

해양은 조금 다르다. 대기로부터 '용해도펌프'와 '생물펌프'라 불리는 두 가지 과정을 통해 이산화탄소를 흡수한다. 용해도펌프는 대기 중 이산화탄소가 인접한 바다로 녹아 들어가는 과정이다. 북극 등 차가운 바다에서 훨씬 더 많이 녹는 게 특징이다(차가운 탄산음료에 이산화탄소가 더 잘 녹아 있는 것과 같은 원리). 용해도펌프는 대기 중 이산화탄소를 바다 깊은 곳까지 운반하는 주요 기작이기도 하다.

생물펌프는 말 그대로 바닷속 생물에 의해 진행되는 과정이다. 바닷속 다양한 생물의 광합성과 분해 작용을 통해 이루어진다. 마치 육상의 식물처럼 광합성을 통해 대기의 이산화탄소를 끌어 들이는 셈이다. 최근에는 대기 중 이산화탄소 농도가 늘어나면서 대기-해양 이산화탄소 교환량이 늘어나 많은 이산화탄소가 바다로 들어가고 있다. 이는 해양 산성화라는 치명적인 생태계 교란으로 연결된다.

특히 우리가 주목해야 할 곳은 북반구 고위도 지역의 영구동토층이다. 이곳은 땅이 2년 이상 섭씨 0도 이하로 얼어 있는 지역이다. 그런데 현재 온난화 경향을 보면 전 지구에서 기온이 가장 강하게 상승하는 곳이 바로 영구동토층이 위치한 지역이다. 툰드라의 질퍽한 늪지는 푸른 초원으로 바뀌고, 얼어 있던 땅은 늪으로 변해가는 등 극단적인 풍경의 변화가 나타난다. 언 땅이 푸른 초원으로 바뀌면 식물에 의한 탄소 흡수가 늘어나지 않을까 하는 생각이 들 수 있다. 하지만 그 양은 미미하다. 오히려 영구동토층이 녹으면서 오랜 기간 땅속에 묻혀 있던 이산화탄소가 빠져나올 위험이 있다. 영구동토층에는 대기 중 이산화탄소의 약 2배인 1600Pt(페타톤, 1Pt는 1000조 톤)의 탄소가 묻혀 있다. 지금처럼 극지역의 온난화가 지속된다면 땅속의 이산화탄소는 대기 중으로 빠져나올 수밖에 없다.

정리하면, 지구의 탄소순환을 구성하는 많은 요소가 신호를 보내고 있다. 인간에 의해 계속해서 배출되는 이산화탄소가 해양 산성화, 영구동토층의 해빙 등 지구 탄소 흡수원을 위협하고 있다. IPCC 제6차 보고서(AR6)에 따르면 현재 진행 중인 온난화는 당분간 계속될 것으로 보인다. 어쩌면 우리가 예상하는 것보다 더 강력한 온난화가 진행될 확률도 크다. 지구의 흡수원이 지금보다 탄소 흡수를 덜하게 될 수도 있다. 식물이 광합성을 통해 아무리 열심히 이산화탄소를 빨아들여도 영구동토층의 이산화탄소 배출이 늘면 지구 육상생태계는 흡수원이 아니라 배출원으로 바뀔 수 있다. 탄소중립은 더욱더 달성하기 어려워질 것이다. 흡수원이 줄면 배출량을 더 많이 줄여야 한다. 지구가 우리에게 보내오는 신호를 종합해보면 길은 하나다. 지금 당장 탄소중립을 위한 기술 개발, 과학적 탐구, 정책 개발, 교육 등 다양한 행동이 시작되어야 한다.

# 탄소 배출 줄이기

## 탄소 흡수

2050년까지 탄소중립을 달성해야 한다는 목소리가 높다. 탄소중립은 인류가 배출하는 탄소량은 줄이고 흡수량을 늘려서 순 배출량을 0으로 만드는 상태다. IPCC에 따르면, 인류가 감당할 수 있는 수준으로 기후변화를 억제하려면 2100년까지 지구 평균기온 상승폭을 산업혁명 이전 기준 섭씨 1.5~2도 이내로 줄여야 한다. 이 획기적 감축의 첫걸음이 바로 '2050 탄소중립'이다.

탄소중립을 둘러싼 낙관론과 비관론이 팽팽하다. 현재 기술 수준으로는 이산화탄소 배출량을 0으로 줄이기 매우 힘든 것이 현실이다. 따라서 배출된 이산화탄소를 대기에서 없애는 기술이 반드시 필요하다. 그런데 어떻게? 한 가지 방법으로 탄소 저감 기술 바이오숯(바이오매스와 숯의 합성어, biochar)을 소개한다.

# 바이오숯

바이오숯은 유기물을 열분해하는 동안 생기는 부산물이다. 열분해는 산소 공급을 제한한 채 섭씨 350도 이상의 고열로 물질을 분해하는 과정이다. 열분해된 유기물은 숯(charcoal, 'char') 형태로 변환된다. 그래서 이름이 바이오숯(bio+char)이다. 숯은 탄소 함량이 높고 탄소의 형태가 화학적으로 매우 안정하다.

숯과 일반 유기물의 탄소순환을 비교해보자. 살아 있는 식물은 광합성을 통해 대기 중 이산화탄소를 체내 유기물 형태로 축적한다. 식물이 죽으면 이 유기물은 미생물에 의해 분해되어 다시 대기 중 이산화탄소로 돌아간다. 즉, 식물은 자신의 생애에 걸쳐 탄소중립이다. 이와 달리 숯은 대기 중에 놔둬도 미생물에 의한 분해가 거의 일어나지 않는다. 식물이 살아생전 축적한 탄소를 숯으로 바꾸면, 탄소가 대기로 다시 날아가지 않고 숯 내부에 가두어지며 안정적인 탄소 저장고가 된다(탄소 네거티브). 숯을 에너지원으로 태워버리면 탄소가 다시 대기로 돌아가지만, 태우지 않고 토양에 묻거나 다른 용도로 사용하면 그 탄소는 오래 저장된다. 이렇게 토양에 저장할 목적을 가진 것이 바이오숯이다.

바이오숯은 아마존에서 발견한 특이한 흙 덕분에 주목받기 시작했다. 네덜란드의 빔 솜부르크는 아마존 지역을 탐험하다 유난히 검고 비옥한 토양, 테라 프레타(검은 흙)를 발견했다. 주변 토양은 타피오카 정도를 재배할 수 있을 정도로 척박했지만, 테라 프레타는 탄소 함량이 20배나 많고 질소와 인 등 양분 함량도 3배가 넘었다. 테라 프레타가 비옥한 이유가 바로 토양에 있는 숯 때문이었다. 여러 연구에 따르면, 바이오숯을 토양에 투입하면 양분 상태, 물리적 구조, 미생물 활성도 등 전반적인 토양 건강성이 좋아지고 식물 생장이 증진된다. 토양의 물리, 화학, 생물학적 성질이 모두 개선되기 때문이다.

물리적인 측면을 보자. 바이오숯은 구멍이 많다. 이 같은 특성 덕분에 산소 공급이 원활해져 식물 생장에 유리하다. 또 공극(흙 사이의 빈 공간)이 발달해 수분 보유 능력이 좋아지는데, 덕분에 가뭄 피해를 덜 받는다.

다공성 구조는 화학적으로도 의미가 있다. 이 구조는 표면적이 매우 넓다. 또 표면에 다양한 화학 작용기를 가지고 있으므로 양이온 및 음이온 치환 능력이 뛰어나다. 이는 비료 보유력이 커진다는 뜻이다. 생물학적으로는 바이오숯의 공극이 서식처가 되어 미생물 활성도를 높인다(그림 3-5).

이와 같은 바이오숯을 토양에 투입하면 식물의 생장을 촉진해 작물 생

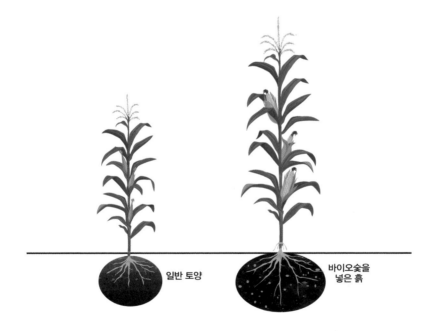

일반 토양          바이오숯을
                넣은 흙

**그림 3-5**
바이오숯은 특유의 공극 구조로 다양한 물리, 화학, 생물학적 작용을 활발하게 해 식물의 생육을 돕는다.

**그림 3-6**
미국 미네소타주의 실험장에서 양상추에 마카
다미아 바이오숯을 투입해 작황을 연구하는 사
진. 많은 연구에서 투입하지 않은 토양보다 생장
이 잘되는 것으로 나타난다.

산성이 커진다(그림 3-6). 더구나 농경지 토양에서는 메탄이나 아산화질소 등 온실가스 배출도 많은데, 바이오숯을 투입한 토양에서는 이들 가스의 배출이 감소한다는 연구도 나오고 있다. 현재 바이오숯은 IPCC가 인정하는 이산화탄소 저감 기술로 자리 잡은 상태다.

## 이산화탄소 저감 기술

IPCC에서 2019년 발간한 '지구온난화 섭씨 1.5도 특별 보고서'에서는 바이오숯을 육상생태계에 기반한 다른 이산화탄소 저감 기술들과 176쪽 글상자와 같이 비교했다.

네 가지 저감 기술과 바이오숯 이산화탄소 제거 효과의 환경 영향을 살펴보자. 전 지구 규모에서 바이오숯의 탄소 저감 잠재량은 연간 약 7억 톤 수준으로 평가된다. 이는 토양탄소격리와 비슷한 잠재량이다. 조림·재조

# IPCC가 꼽은 생태계 기반 탄소 저감 기술

- **조림과 재조림(afforestation and reforestation, AR)**

나무를 새로 심거나 다시 심는다. 식물은 살아 있는 동안 광합성을 통해 대기 중 이산화탄소를 흡수하므로 식물의 생애인 50~100년 이내의 시간에서 이산화탄소 저감 기술이 된다. 나무를 베어 죽은 경우에도 이를 목재로 가공해 가구 또는 건축자재로 사용할 경우 탄소는 분해되지 않고 저장되어 있다고 본다.

**장점:** 가장 기본적인 기술. 저렴한 비용.

**단점:** 나무의 생장 속도는 수령이 높아지면서 느려지고, 이에 따른 이산화 탄소 제거 효율도 낮아지며 물 사용량이 많음.

- **토양탄소격리(soil carbon sequestration, SCS)**

지구 전체로 봤을 때, 토양에 저장된 탄소는 대기나 식생에 저장된 탄소의 3~5배에 달한다. 하지만 인류가 초지 또는 산림을 농경지나 도시로 전환하면서 많은 양의 토양 탄소가 대기 중으로 빠져나갔다. 이를 되돌리려면 무경운 농법을 도입하거나 녹비 재배(녹색식물의 잎과 줄기를 비료로 사용하는 재배법), 유기질 비료 투입 등 지속 가능한 영농 활동을 해야 한다. 이렇게 토양의 탄소 저장량을 늘리는 활동이 토양탄소격리다.

**장점:** 큰 무리 없이 농경지에 적용 가능.

**단점:** 토양의 탄소 저장능이 무한하지 않으므로 대략 20년 이후 효과가 줄 어듦.

- **강화된 풍화(enhanced weathering, EW)**

토양에 칼슘이나 마그네슘 등을 함유한 암석을 투입해 대기 중의 이산화탄소를 토양수 내에 탄산 이온 형태로 녹여 제거한다. 탄산 이온이 녹은 토양수는 탄산염 형태로 토양에 저장되거나 침출되어 수생태계로 이동한다.

**장점:** 저장된 탄소는 매우 안정해 10만 년 이상 해양 저층에 저장될 수 있음.

**단점:** 다소 실험적인 지구공학(인위적으로 기후를 조절하는 기술)적 접근.

- **바이오에너지 탄소 포집 및 저장 기술**(bioenergy with carbon capture and storage, BECCS)

  바이오에탄올, 제지 생산 등 바이오매스를 활용하는 공장의 굴뚝에서 이산화탄소를 포집해 지질 또는 해양에 매립한다. 화석연료를 연소하는 굴뚝에서 이산화탄소를 포집해 저장하는 일반 탄소 포집 및 저장 기술(CCS)이 탄소중립인 것과 달리, BECCS는 탄소를 오히려 흡수한다는 점(탄소 네거티브)에서 차이가 있다.

  **장점:** 일반 CCS보다 탄소 네거티브. 탄소 저감 잠재량이 큼.

  **단점:** 기술 성숙도 초기 단계.

림 효과나 BECCS보다는 낮지만, 대신 바이오숯 기술은 에너지를 사용하지 않고 오히려 생산한다는 장점이 있다. 바이오숯이 대부분 바이오매스 발전소의 부산물로 생산되기 때문이다.

또한 바이오숯은 다른 기술들과 달리 이용 과정에서 물을 추가로 이용하지 않는다. 조림·재조림 기술의 경우 물 사용량이 연간 $370km^3$나 된다는 사실과 대비된다. 토양탄소격리와 강화된 풍화 기술도 물 사용량이 적지만 바이오숯은 제조 과정에서 추가적 에너지를 생산한다는 장점이 있다. 비용 또한 중요한 이슈인데, 현재 바이오숯 기술의 비용은 이산화탄소 1톤당 30~130달러(4~18만 원) 수준으로 조림·재조림이나 토양탄소격리 기술보다 높은 편이고 BECCS와 비슷하며, 강화된 풍화보다는 저렴하다.

기술 수준에 대한 평가를 종합해보면, 바이오숯은 중간 정도의 가격에, 에너지는 사용하지 않으며 물 이용량도 적어 경쟁력 있는 이산화탄소 저감 기술로 확대 적용될 가능성이 높다(그림 3-7).

마지막으로 다양한 활용 사례를 소개한다. 현재 바이오숯의 가장 큰 활용처는 농경지다. 일본은 이미 2020년 국가 온실가스 인벤토리에 바이오숯 투입에 따른 토양 탄소 저장량 변화를 포함시켰다. 또 바이오숯을 농경에 활용하는 경우 'J 크레딧(에너지 절약 설비 설치나 삼림 관리를 통해 감축하거나 흡수한 온실가스량을 국가가 인증하는 제도)'으로 인정해 2022년까지 총 247톤의 $CO_2$를 발행했다. 우리나라도 한국농업기술진흥원에서 바이오숯 기술을 자발적 온실가스 감축 프로젝트 방법론으로 인정해 $CO_2$ 1톤당 1만 원의 인센티브를 부여한다.

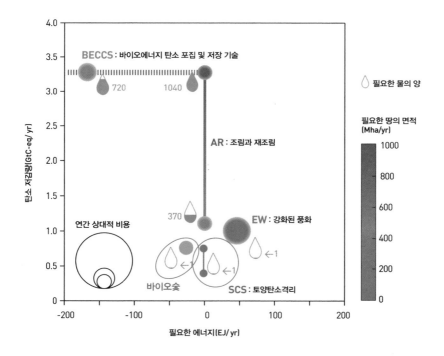

**그림 3-7**

육상생태계 기반 탄소 저감 기술의 효과 및 환경 영향 비교.

도심 녹지도 잠재적인 활용처다. 도시는 가장 큰 이산화탄소 배출원이며 기후변화의 주범이다. 배출을 줄이려는 노력도 필요하지만 이산화탄소의 흡수원 확보도 무시할 수 없다. 도시 녹지의 이산화탄소 흡수 기능이 조명받는 이유다. 녹지의 이산화탄소 흡수라고 하면 식생에 의한 광합성을 주로 떠올린다. 하지만 토양에 바이오숯을 적용하는 방법도 가능하다.

도시에 가로수를, 공원에 나무를 새로 심는다고 하자. 나무의 생착을 돕기 위해 토양 개량제와 비료를 같이 공급한다. 그 대신 나무뿌리 주변에 바이오숯을 투입하면, 영양분을 추가하고 토양에 탄소를 저장하는 효과를 동시에 얻을 수 있다(그림 3-8). 2024년 현재 경기도 수원시의 가로수를 대상으로 실험 중이며, 이팝나무를 신규로 식재할 때 무게 기준 4%의 바이오숯을 생분해 망에 넣어 투입했다. 이를 수원시 가로수의 전 구간에 확대 적용할 경우 총 1만 7000톤의 $CO_2$를 저장할 수 있다.

지구 온실가스 배출의 약 38%를 차지하는 건설 부문에서도 바이오숯을 활용하려는 노력이 이루어지고 있다. 스위스 이타카연구소는 실제 바

**그림 3-8**

수원시 가로수 박스에 바이오숯을 망에 넣어 투입하는 모습.

이오숯을 자재로 사용한 최초의 건물이다. 스웨덴 스톡홀름에서는 가로수를 정비하거나 교체하면서 나온 정원 부산물을 활용해 바이오숯을 만들고 이를 가로수 식재 박스에 채웠다. 이런 방법으로 도시 전체에 2020년까지 총 2만 5000톤의 $CO_2$를 저장했다. 오스트리아에서는 바이오숯을 자갈과 섞어 총 30m의 도로를 조성하기도 했다.

우리나라에서도 현대건설이 관심을 보이고 있다. 2022년 국내 건설 부문에서 바이오숯을 활용할 기술의 범위를 검토했다. 이를 통해 도로 또는 아파트 건설 공사 시 토양에 바이오숯을 투입하는 기술이 잠재성을 지닌다는 사실을 확인했다.

바이오숯이 바이오매스 기반의 신소재이자 확실한 이산화탄소 저감 기술로 자리매김하기 위해서는 연구를 넘어 현장 적용과 효과 검증으로 나아가야 한다. 특히 농경지 외에 도시 토양 및 건설 부문으로의 확대가 절실하다. 필요하다면 농업 부문 이외에서의 탄소 인센티브도 고려해봄 직하다.

# 탄소 저장고

'3연패의 늪에 빠지다' '전쟁의 수렁에 빠졌다' 등은 일상생활에서 흔히 들을 수 있는 말이다. 모두 부정적인 의미로 쓰인다는 점 외에 습지를 가리키는 단어를 포함했다는 공통점이 있다. 영어에서도 습지를 지칭하는 'quagmire', 'bog down' 등의 표현은 진창에 빠져서 일이 제대로 진행되지 않는 답답한 상황을 의미한다. 습지에 대한 일반적인 인식을 보여준다.

근대 이후 습지는 물을 빼서 농경지로 전환하거나 필요 없는 폐기물을 버리는 장소로 인식되었다. 이탄습지 같은 곳에서는 이탄을 파내 땔감으로 사용해버리기도 했다. 영국에서는 'raised bog'라는 유형의 습지가 산업혁명 이후 95% 이상 사라졌다고 추정되며, 국내 갯벌도 일제강점기 때 조사된 사항과 비교하면 현재 절반도 남아 있지 않다. 북아메리카도 유럽인이 이주한 이후 습지의 절반 이상이 사라진 것으로 알려져 있다.

## 습지의 기능

20세기 들어서 과학의 발달과 더불어 습지의 중요성이 알려졌다. 다양한 연구가 이루어졌고 습지를 보존하고 파괴된 습지를 복원하는 기술에 대한 관심도 높아졌다. 나라마다 습지를 보호하는 법률과 제도를 갖추었고, 한국도 1999년 '습지보전법'을 제정했다. 1971년 이란 람사르에서 열린 회의를 계기로 국제적으로 중요성이 있는 곳을 '람사르 습지'로 지정해 보존·보호하는 람사르 협약이 채택되었다.

습지가 중요한 생태계로 등장하게 된 이유는 몇 가지가 있다. 먼저 습

### 정의

습지는 말 그대로 물기가 있는 습윤한 지역을 말한다. 하지만 과학적으로는 좀 더 복잡한 정의가 필요하다. 크게 다음 세 가지 요인을 만족시키는 경우 습지라고 부른다.

① 식물이 생장 기간 동안 물에 잠긴다.
② 물에 잠겨서 산소가 없는 상황을 견딜 수 있는 수생식물이 다수를 차지한다(우점).
③ 오랫동안 물에 잠긴 토양에서 나타나는 독특한 특성을 보이는 지역이다.

하지만 모두 애매한 면이 있다. ①의 경우, 1년에 며칠 이상 물에 잠겨야 하는지, 어느 정도 깊이까지 잠겨야 하는지 등 모호한 부분이 있다. ②도 산림과 같은 생태계와 달리 물이 차 있는 짧은 시간에는 수생식물이 우점하지만, 다른 시기에는 이런 식물들이 모두 사라져버리기도 한다. ③ 역시 두루뭉술하다. '경계 설정' 분야가 습지 연구의 중요한 주제로 꼽히는 이유다.

### 분류

습지는 북위 60도 부근의 고위도 지역과 적도 부근에 많이 분포한다. 적도 부근은 강수량이 높기 때문이고, 고위도 지역에는 이탄습지가 많다. 습지의 특성상 물이 고일 수 있는 지역이면 어디든지 생성될 수 있기 때문에 다른 생물군계(biome)에서 전혀 예상치 못한 곳에 분포하기도 한다.

습지는 크게 내륙 습지와 연안 습지로 나뉜다(그림 3-9). 내륙 습지는 다시 무기 토양 습지와 유기 토양 습지로 구분된다. 대표적인 내륙 습지로는 한국 등 중위도 지역의 호수 주변이나 하천 주변에서 관찰되는 소택지(marsh)와, 고위도 지역 및 고산 지역에서 관찰되는 이탄습지가 있다. 열대 지역 부근에는 나무가 우거진 내륙 습지(swamp)가 발견된다.

연안 습지에는 식생이 있는 염습지(salt marsh), 식생이 없는 갯벌(mud flat), 해초류가 우점하는 잘피(sea grass), 적도 부근에서 발견되는 홍수림(mangrove) 등이 있다. 이곳에 서식하는 식생은 높은 염분도를 견딜 수 있다.

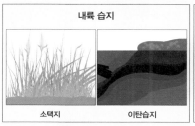

**내륙 습지**

소택지     이탄습지

**연안 습지**

갯벌     홍수림

**그림 3-9**

습지는 크게 내륙 습지와 연안 습지로 나뉜다. 각각의 습지는 다시 소택지와 이탄습지, 갯벌과 홍수림으로 나뉜다.

지는 매우 높은 생물 다양성을 보유한다. 일부 유형의 습지는 일차생산성(식물이 광합성 작용으로 무기물인 공기 중의 $CO_2$를 유기물로 바꿔 생물이 이용할 수 있는 에너지로 바꾸는 양. 생태계에 있는 모든 생물이 이 에너지를 기반으로 살아갈 수 있다)이 매우 높아 지구 생태계 전반에 걸쳐서 아주 중요한 역할을 담당한다. 거쳐가는 물의 수질을 개선하는 역할도 있다.

하지만 특히 주목할 것은 기후 측면에 대한 기여다. 습지, 특히 이탄습지는 전 지구적 탄소순환에서 중요한 탄소 흡수원이다. 일부 습지는 메탄을 방출하기 때문에 기후변화 연구에서 중요하다. 게다가 습지는 우기에는 물을 보유하고 건기에 지표수와 지하수로 공급하는 역할을 해 유역 내에서 홍수나 가뭄의 피해를 완화한다. 기후변화로 극한 기상 현상과 재해가 증가할 것으로 예상되는 상황에서 습지의 역할은 점점 더 커질 것으로

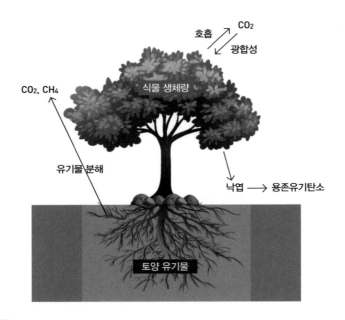

호흡
$CO_2$
광합성

$CO_2$, $CH_4$

식물 생체량

유기물 분해

낙엽 ⟶ 용존유기탄소

토양 유기물

**그림 3-10**

습지에서 일어나는 탄소순환 모식도. 습지 식물은 광합성을 통해서 이산화탄소를 흡수하지만 이 중 일부는 식물 자체의 호흡에 의해, 나머지는 토양미생물의 분해에 의해 이산화탄소나 메탄으로 배출된다. 습지에서는 분해되지 않은 유기 토양 일부가 용존유기탄소의 형태로 물에 배출되기도 한다.

보인다.

최근에는 습지의 탄소 흡수 및 저장 기능에 관심이 모이고 있다. 그림 3-10은 습지에서 일어나는 탄소순환을 그린 것이다. 습지의 탄소 저장과 관련해서 진행되는 연구는 크게 세 가지다. 첫째, 습지 내에 얼마나 많은 탄소가 저장되어 있는지, 그 기작은 무엇인지 밝히는 분야다. 두 번째는 기후변화로 환경 조건이 바뀌면 현재 저장된 탄소가 안정적으로 유지될지 아니면 다시 대기로 배출될지 밝히는 것이다. 마지막으로 습지 내에 탄소 저장량을 늘리는 기술 개발이다.

전 지구적 수준에서 보면 습지 생태계는 탄소를 흡수하고 있다. 습지

식물은 광합성을 통해 대기 중의 탄소를 생태계로 유입시키고, 호흡 과정을 통해 다시 대기로 방출한다. 식물체에 남아 있는 탄소의 경우, 식물체가 사멸하고 난 뒤 분해를 거치게 되는데 이 중 분해되지 않은 부분은 아래 토양에 쌓인다.

그런데 습지는 물이 가득하거나 침수되어 있어 산소 농도가 낮다. 때문에 호기성 미생물과 같이 유기물을 분해하는 미생물의 활동이 제약을 받는다. 이런 환경에서는 유기물이 분해되지 않고 축척되어 이탄이라는 특이한 형태의 탄소 덩어리가 형성된다. 특히 고위도 지방처럼 온도가 낮은 지역에서는 미생물의 활동이 떨어지기 때문에, 흡수되는 탄소의 많은 부분이 대기 중으로 재방출되지 않고 이탄으로 저장된다(그림 3-11).

이렇게 이탄으로 구성된 습지를 특별히 이탄습지라고 한다. 이 습지 중 많은 부분은 스패그넘이라는 이끼류가 우점한 경우가 많다. 이탄습지에 저장된 탄소의 양은 정확히 알려져 있지 않고 많은 논쟁거리다. 지금까지 알려진 정보에 따르면 최소 450Pg(페타그램, 1Pg는 1000조g)에서 많게는 1000Pg에 이르는 것으로 추정된다. 이는 세계 토양 탄소량의 3분의 1 이상이다. 해양을 제외한 생태계 중 가장 큰 탄소 저장고이며, 장기적인 관점에서 전 지구적 탄소순환의 주요한 저장 기능을 담당한다.

과학자들은 이탄습지에서 토양 유기물 분해 속도가 왜 이렇게 느린지 연구해왔다. 이탄습지는 pH가 낮고(산성 상태라는 뜻이다), 상대적으로 온도가 낮다. 또 스패그넘과 같이 이탄습지에 서식하는 종이 방출하는 유기물은 미생물에 의해 다시 무기물로 분해되기 어렵다.

가로세로 1m 넓이의 땅에서 자라는 스패그넘은 1년간 평균 12~610g의 유기물을 생산하는데 이 중 4~25%만이 분해되고 나머지는 이탄으로 땅속에 저장된다. 또 물이 가득한 이탄습지의 조건도 유기물 분해에 영

노르웨이 극지방에서 발견되는 이탄습지의 단면 사진. 표면에는 녹색으로 보이는 살아 있는 식물 부분이 있고, 이들이 사멸한 후에 분해되지 않고 아래쪽은 짙은 황색 또는 검은색 유기물로 축적되어 이탄을 이룬다.

향을 미친다. 산소 공급이 감소하는데, 저산소 상태는 특히 페놀산화효소 (phenol oxidase)와 같은 산화효소를 억제한다. 이 효소의 억제는 결국 페놀릭(phenolic) 계열 물질의 축적을 야기하고, 이 물질은 다른 미생물과 효소의 작용을 억제해서 결국 이탄 내에 다량의 유기물이 축적되는 결과를 가져온다.

이탄습지는 명확한 탄소 저장처이나 소택지 또는 다른 유형의 습지가 주요한 탄소 흡수원인지에 대해서는 아직 논란이 있다. 습지에서는 메탄이 발생하기 때문이다. 메탄은 이산화탄소에 이어 지구온난화 기여도가 두 번째로 높은 것으로 보고된 기체다. 단위 몰당 온난화 효과는 이산화탄소의 25배에 이른다.

전 지구적 수준에서 보면 메탄 발생 총량의 30% 정도는 습지와 같은 혐기성 환경에서 미생물의 작용에 의해 자연적으로 발생하는데, 그 양은 1년에 100~200Tg(테라그램, 1Tg는 1조g)으로 알려져 있다. 습지 내부는 물에 잠겨 있고 많은 양의 유기물이 분해되는 환경이라 강한 환원 조건을 가지고 있어서 메탄생성균(methanogen)에 의해 메탄 생성이 잘 일어난다. 습지에서 발생된 메탄은 토양층을 통과하는 도중에 메탄산화세균(methanotrophic bacteria)에 의해 산화되어 일부가 제거되고 나머지가 방출된다. 방출량은 수위 및 온도, 탄소질에 따라 다르다.


## 새어 나오는 탄소

기후변화로 환경이 달라질 때 현재까지 저장되어 있던 탄소는 어떻게 될까? 대기 평균온도가 올라가면 토양 내의 평균온도도 오른다. 미생물의 활성도는 온도 상승에 따라 증가하는 경우가 많기 때문에 기후변화에 따른 온도 상승은 습지 내에 저장된 유기탄소의 분해 속도를 증가시키고, 결과적으로 더 많은 양의 이산화탄소를 배출하게 된다. 또한 다른 강력한 기체인 메탄과 물속에 녹아서 배출되는 용존유기탄소의 양도 증가할 것으로 예상된다. 온도 상승이 습지 식물의 광합성 속도를 증가시켜 생태계에 고정되는 탄소의 양도 증가할 가능성이 있다.

하지만 현재까지 발표된 실험 및 모델 결과를 보면, 온도 상승은 습지 생태계 순 탄소 방출량을 증가시킬 것으로 예측된다. 특히 이탄습지가 많이 분포하는 고위도 지방의 온도 상승 속도가 가파르기 때문에, 많은 양의 탄소가 습지 생태계에서 대기와 수체로 이동할 것이 예상된다.

온도 이외에 강수량과 패턴의 변화도 습지 생태계 환경에 큰 영향을 미친다. 특히 유럽의 일부 이탄습지 지대에서는 여름 가뭄이 더욱 심해질 것으로 보이는데, 이렇게 되면 습지의 평균 수위가 내려가면서 산소의 공급이 증가한다. 그 결과 산화효소들이 활성화되며 이탄의 분해를 억제하던 페놀릭 계열의 물질이 빠른 속도로 분해될 수 있다. 반대로 수위가 내려가면 메탄의 발생도 감소할 수 있는데, 현재 이탄습지의 수위가 몇 센티미터 내려갈 때 이산화탄소와 메탄의 발생량이 몇 퍼센트씩 변화할 것인지 정확히 예측하기 위한 연구가 진행 중이다.

대기 중 이산화탄소 증가 자체도 습지 생태계에 큰 영향을 미친다. 특히 $CO_2$의 증가는 식물 광합성을 증가시키는 직접적인 요인이다. 육상생태계의 연구 결과에 따르면, 이는 식물의 생체량 증가로 이어진다. 그러나 습지 내에서 일어나는 반응은 좀 더 복잡하다. 높은 농도의 이산화탄소에 노출시킨 습지에서 식물의 일차생산성은 증가하지만, 이것이 습지 식물의 생체량 증가로 반드시 이어지지는 않는다. 증가된 광합성 산물은 식물 뿌리를 통해서 땅속으로 공급되는 것으로 알려져 있다. 이것은 토양 내 메탄 생성을 늘려 습지에서 생성, 배출되는 메탄의 양을 증가시키거나 이웃한 수체로 용존유기탄소의 배출을 증대시키는 것으로 밝혀졌다.

마지막으로 이미 파괴된 이탄습지를 복원해서 다시 탄소를 흡수·저장시키는 연구를 소개한다. 캐나다나 유럽처럼 이탄습지에서 이탄을 채취해 연료로 사용한 지역에서는 파괴된 습지를 복원하여 스패그넘의 광합성을 통해서 이산화탄소를 흡수하고 동시에 토양에 쌓이는 유기물의 분해 속도를 늦추는 방법이 큰 관심을 끌고 있다.

## 자연의 콩팥

### • 수질 정화

기후 조절 기능도 주목받고 있지만, 습지가 환경학자들의 관심을 끌게 된 첫 번째 계기는 수질 정화 기능이다. 강물이나 강우 유출수 등이 습지에 이르면 유속이 느려지고 식물 표면이나 토양의 흡착 작용 때문에 많은 양의 오염 물질이 습지에 쌓여 물에서 제거된다. 이 때문에 인체의 장기에 빗대어 습지를 자연의 '콩팥'이나 '간'이라고 부르기도 한다.

### • 인, 질소 제거

인과 질소가 대표적이다. 인의 경우 토양의 무기물에 흡착되거나 화학결합을 통해 함께 이동하는 경우가 많다. 때문에 습지에 토사가 쌓이면 인도 함께 토양 내에 축적된다. 질소는 토양 내에 서식하는 탈질 미생물의 대사 작용에 의해서 아산화질소($N_2O$) 같은 기체 상태로 변해 수체에서 영구적으로 제거된다. 탈질이 일어나기 좋은 환경은 산소가 없고 먹이인 탄소가 풍부하며 질산염 농도가 높은 곳인데, 때문에 질소를 과량으로 포함한 농경지 유출수가 습지와 만나는 지점이나 강변의 식생 지대에서 탈질이 왕성히 일어난다. 그 외에 식물의 흡수에 의해 인과 질소가 제거되기도 한다.

최근에는 습지의 이런 기능을 이용해서 인공적으로 습지를 건설해 수처리에 활용하는 인공 습지 기술도 널리 연구, 활용되고 있다. 대표적인 수질오염 물질인 인과 질소는 습지에서 물리화학적 방법과 생물의 작용으로 정화된다.

광범위한 지역에 존재하는 이탄습지를 조경적인 방법으로 복원하는 것은 현실적으로 불가능하다. 따라서 좀 더 넓은 영역에 적용할 수 있는 방법이 제안되었다. 가장 쉬운 방법은 개발을 위해 물을 빼서 건조해진 이탄습지 지역에 소규모 댐이나 수문을 만들어 다시 적절히 물에 잠기게 만드는 방식이다. 이런 기술은 북유럽뿐 아니라 이탄습지가 대규모로 파괴된 인도네시아와 같은 열대 이탄습지에서도 적용된다.

동시에 이탄을 캐낸 지역에 다른 물질을 가해서 유기물 분해 속도를 늦추고, 이를 통해 이탄습지 내 탄소 저장량을 늘리는 기술도 현장에서 시도하고 있다. 예를 들어, 다른 육상생태계에서 널리 적용되는 바이오숯 같은 물질을 이탄습지에 넣거나 미생물의 활성도를 억제하는 것으로 알려진 페놀릭 계열의 물질을 이탄습지에 공급해 유기물 분해 속도를 더욱 낮추고 이탄습지에 저장된 탄소를 안정화시키는 기술이 대표적이다.

습지는 여러 가지 생태적 기능이 알려져 있어 보존과 복원이 시급하다. 특히 기후변화와 관련해 다량의 유기탄소를 보유하고 있어 주목받는다. 습지가 향후 더 많은 탄소를 보유할 수 있을지, 아니면 기후변화의 영향으로 저장된 탄소를 다시 대기와 수체로 내놓는 '폭탄'이 될지는 우리 사회가 습지를 어떻게 관리하고 활용할 것인가에 달렸다. 따라서 습지를 보존하고 기후변화의 속도를 늦추는 노력이 필요하며, 습지 자체의 분해 속도를 낮출 방법도 찾아야 한다. 이 생태계를 잘 활용해서 전 지구 수준에서 대기 중 탄소를 안정적으로 보관할 수 있는 생태공학적 기술의 연구에도 더 많은 관심이 필요한 시점이다.

## 나무

추운 겨울에도 늘 푸른 솔잎은 선비에게 고고함의 상징이지만, 소나무 입장에서는 고통의 대상이다. 태양 빛을 받기 어려운 시절에 힘겹게 잎을 매달고 있어야 하기 때문이다. 솔잎의 엽록체는 부족한 태양 빛에너지로 이산화탄소를 고정해 적은 양이나마 포도당을 만든다. 이 과정에는 햇볕 외에 물도 필요하므로 그나마 땅 아래 소나무 뿌리로 흐르는 물이 얼지 않아야 가능한 일이다.

이와 달리 일찌감치 잎을 떨군 활엽수는 저장해둔 탄수화물을 쓰면서 겨울을 견딘다. 그렇기에 겨울 활엽수는 동물과 다를 바 없이 호흡하고 이산화탄소를 내보낸다. 실제로 숲에서 관측해보면 여름보다 겨울에 이산화탄소 농도가 약간 높다.

식물은 포도당을 만들고 산소를 내놓지만, 동물에 이런 작용 없다. 포도당을 부수어 에너지를 얻으며 공기 중으로 이산화탄소를 되돌리는 과정만 있다. 이를 호흡이라고 한다. 호흡은 동물만이 아니라 식물도 쉼 없이 수행한다. 다만 빛이 있을 때 광합성에 가려져 보이지 않을 뿐이다. 빛이 없는 야간에 관찰하면 식물도 숨을 쉰다는 사실을 확인할 수 있다.

호흡은 공기를 들이마시고 내뱉는 행위다. 산소를 저장하지 못하는 동물은 죽을 때까지 이 행위를 반복한다. 호흡은 포도당이나 지방을 천천히 태우는 일이며, 그 결과 물과 이산화탄소가 만들어진다. 동시에 생성된 에너지로는 몸을 움직인다. 이 같은 과정은 세포 속 미토콘드리아가 담당한다. 식물 세포에도 미토콘드리아가 있다. 미토콘드리아와 엽록체를 동시에 갖춘 식물은 동물보다 훨씬 복잡한 작용을 거치는데, 포도당을 만들고 동시에 소비한다.

엽록체는 지표면에 쏟아지는 빛에서 최대 1%의 효율로 탄수화물을 합성한다. 빛은 전자의 무한 공급원인 물을 깨서 이산화탄소를 고정할 주재료를 마련한다. 태양은 전자에 에너지를 공급하고 식물은 그것으로 이산화탄소를 고정한다. 4만 6630개의 원자로 구성된 엽록체 속 광계(光界)

에서 벌어지는 일이다. 특히, 가로수로 많이 심는 느티나무 1그루(잎 면적 1600m² 기준)는 5~10월 사이에 1.8톤의 산소를 방출하고 2.5톤의 이산화탄소를 흡수할 수 있다.

## 미세먼지 저감

숲과 식물은 미세먼지를 저감시키는 효과가 있다. 여기에는 세 가지 과정이 있다. 먼저 줄기와 가지는 미세먼지를 흡착 및 차단한다. 그리고 미세하고 복잡한 표면을 가진 잎이 미세먼지를 흡수, 흡착한다. 마지막으로 숲 내부의 상대적으로 낮은 기온과 높은 습도는 미세먼지를 땅으로 침강시킨다.

하나씩 살펴보자. 대기 중의 미세먼지 알갱이가 수증기를 내뿜는 숲 지붕에 닿으면, 움직이는 속도가 느려지고 알갱이 일부는 체에 걸러지듯 차단된다. 이 과정을 통해 숲 지붕 아래에서 미세먼지 농도가 낮아지기도 한다. 일단 나무와 나무가 모인 숲 안으로 들어온 미세먼지는 수관층에서 지면으로 낙하되는 침강 기작에 의해서 포획된다. 나뭇잎의 기공에 의한 흡수 기작으로 잎에 잡히기도 하고 잎 표면, 줄기와 가지에 붙들리기도 한다. 잎의 분비물에 부착되는 흡착 기작을 겪기도 한다. 이렇게 차단, 침강, 흡착, 흡수 기작에 의해서 숲에서 미세먼지 농도는 낮아진다(그림 3-12).

2017년 중국 베이징 임업대학교 유신사오 교수팀은 침엽수, 활엽수, 혼효림, 관목숲에서 네 가지 기작별 미세먼지 저감율을 분석했다. 그 결과 침강에 의해 미세먼지가 저감되는 비율이 가장 높았고 뒤이어 차단, 흡착, 흡수 순서로 효과적이었다. 공단과 주거 지역 가운데 차단 숲을 조성한 뒤

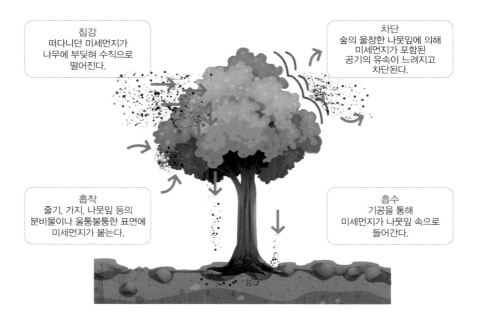

침강
떠다니던 미세먼지가
나무에 부딪혀 수직으로
떨어진다.

차단
숲의 울창한 나뭇잎에 의해
미세먼지가 포함된
공기의 유속이 느려지고
차단된다.

흡착
줄기, 가지, 나뭇잎 등의
분비물이나 울퉁불퉁한 표면에
미세먼지가 붙는다.

흡수
기공을 통해
미세먼지가 나뭇잎 속으로
들어간다.

**그림 3-12**
나무는 차단, 침강, 흡착, 흡수 기작의 네 가지 작용을 통해 대기 중 미세먼지 농도를 낮출 수 있다.

주거 지역과 산업 단지의 미세먼지 농도를 비교 분석한 결과, 주거 단지는 산업 단지에 비해 27% 정도의 농도가 낮았다.

이 결과는 수종 선택 및 숲 관리를 어떻게 하느냐에 따라서 저감율을 낮출 수 있다는 점을 시사한다. 특히, 바람 방향, 숲 조성 위치, 대상지의 기후나 현장 조건 등에 따라서 침엽수, 활엽수, 혼효림, 관목숲을 조성할 경우, 미세먼지 저감율을 높일 수 있음을 확인했다.

미세먼지 저감을 위해 숲을 조성할 때는 네 가지 원칙을 고려해야 한다. 첫째, 상록수이며 둘째, 단위엽면적이 크고 셋째, 단위면적당 기공이 많으며 넷째, 표면이 거칠고 두꺼운 잎(잔털이 많고, 끈적끈적한 잎)일수록 저감 효과가 크다는 사실이다. 국립산림과학원은 국내에서 흔히 심는 나무

322종을 대상으로 수종별 미세먼지 저감 능력을 세분화해 연구했다. 그 결과 키 큰 나무 가운데 미세먼지 저감 효과가 우수한 상록수종은 소나무, 잣나무, 곰솔, 주목, 향나무 등으로 나타났다.

낙엽수종 가운데는 낙엽송, 느티나무, 밤나무 등이 우수했다. 울타리 등에 많이 사용되는 관목류 중에서는 두릅나무, 국수나무, 산철쭉 등이 미세먼지를 줄이는 데 효과적인 것으로 나타났다. 지표면에는 눈주목과 눈향나무를 심을 것을 제안했다.

나무의 줄기, 가지, 잎은 복잡하고 미세한 표면 구조를 가진다. 잎의 굴곡, 섬모, 돌기, 왁스층 등이 대표적이다. 우리 눈에 보이지 않는 초미세먼지는 이 미세한 구조에 붙잡힌다. 잎사귀의 양이, 털이 많을수록 초미세먼지는 다량 붙잡힌다(그림 3-13). 나무 1그루가 연간 에스프레소 커피 한 잔 가량인 35.7g의 미세먼지를 줄이고, 잎사귀가 많고 오랫동안 붙어 있는 침엽수는 1그루당 1년에 44g의 미세먼지를, 활엽수는 22g을 줄인다.

나무와 나무가 모여 숲이 되면 기온이 떨어지고 습도가 높아져서 미세먼지는 그 안에 고요하게 가라앉는다. 잎은 호흡 과정에서 이산화질소, 이

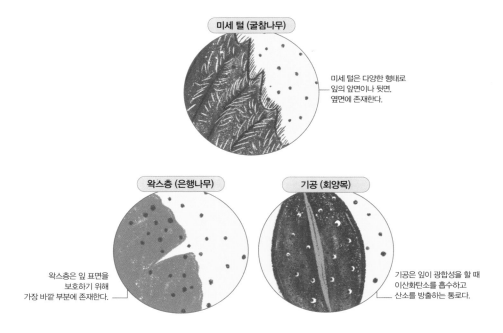

그림 3-13
미세먼지를 흡착 및 흡수하는 나뭇잎의 무기 3종(미세 털, 왁스층, 기공).

산화황, 오존 등 오염 가스를 흡수해 대기질도 개선한다. 연간으로 환산하면, 1ha(가로 100m, 세로 100m의 면적에 해당)의 숲은 연간 총 168kg의 대기오염 물질을 제거한다. 국내 숲 전체로 보면 연간 총 107만 톤의 대기오염 물질(부유먼지, 이산화황, 이산화질소 및 오존 농도)을 저감하는 셈이다.

물론 숲 단위와 도시 단위에서 미세먼지 저감을 보는 시각은 다르다. 도시 규모에서 미세먼지를 줄이기 위해서는 배출원 관리가 필수적이다. 다만, 도시 숲 면적이 클 경우 상대적 농도가 달라질 수 있다. 이를 위해서는 숲 구조를 개선하거나 수종을 바꾸는 등 미세먼지의 흡착과 침강을 높이는 세부 관리 전략이 필요하다.

# 도시 숲

폭염이 한창인 여름, 나뭇잎도 풀이 죽은 채 수그리고 있다. 여름마다 도심 폭염이 이어진다. 도시 열섬과 함께 열돔(Urban Heat Dome) 효과까지 더해져 열파가 밀려오는 섬 안에 갇힌 듯하다. 특히, 전체 인구의 92%가 국토 면적의 17%인 도시에 모여 국민 대부분이 뜨거운 도가니 안에 살고 있다. 열기를 식히기 위해서는 도시 숲이 중요하다. 도시 숲은 시원한 그늘을 만들고 뜨거운 열을 도심 밖으로 배출한다. 실제로 도시 숲은 여름 한낮의 평균기온을 섭씨 3~7도 완화할 수 있어 사막 안의 오아시스 역할을 한다.

신호등 옆에 있는 우산의 그늘에서도 시원하다. 다만, 우산은 그늘 효과만 있다면 나무는 증산작용도 있다. 증산작용은 식물이 뿌리에서 물을 끌어 올려서 잎에서 수증기로 만드는 과정이다. 물을 수증기로 만들면서 에너지를 빼앗아 주위를 시원하게 한다. 가로수는 차량의 분진과 미세먼지를 제거하기도 한다. 가로수를 2줄 이상의 띠녹지로 관리하면 30% 정도의 비산먼지도 줄일 수 있다. 시선을 유지시켜 도로 교통을 안전하게 하고 미관을 개선하는 효과를 제공한다. 또한 야생동물의 통로 및 서식지가 된다. 도시 숲은 그린 인프라의 축이라고 할 수 있다.

나무는 이산화탄소를 흡수하고 산소를 방출한다고 앞서 언급했다. 가로수도 마찬가지다. 국내 주요 가로수종인 벚나무, 양버즘나무, 은행나무, 이팝나무, 느티나무를 대상으로 조사한 결과, 맑은 날 250m²의 엽면적을 기준으로 가로수 1그루는 매일 성인 1~4명이 방출하는 이산화탄소를 흡수하고, 성인 1~3명에게 산소를 공급한다.

그리고 20m 높이의 나무를 2줄로 심고 이를 좌우 산줄기에 연결하면 풍속을 약 45% 줄이는 효과가 있다. 1줄만 심은 가로수로는 풍속을 줄이는 효과가 거의 없지만, 보행로의 온도는 크게 낮출 수 있다. 가로수가 없는 보행로와 1줄 가로수가 있는 보행로는 평균 섭씨 2.7도의 온도 차이가 있다.

가로수는 소음을 줄이는 기능도 한다. 방음벽의 경우 소음이 다다르면 파동이 벽 뒤쪽으로 돌아 들어가서 다시 커지기도 하지만, 나무는 다수의 미세한 입자 사이에 틈이 있어 소음을 낮출 수 있다. 이를 입증하기 위해 폭 7m, 높이 1.2m 크기의 관목 울타리(회양목, 담쟁이덩굴, 산철쭉, 명자꽃, 주목)를 설치해 소음을 측정한 결과, 관목 울타리는 약 16%의 소음을 저감했고, 인근 숲 내부에서는 약 32.2% 감소했다.

한국에서 가로수로 쓰인 나무는 총 150종이다. 2016년을 기준으로 총 735만 3000그루가 전국 도로 4만 1660km에 조성되어 있다. 전국 도로 연장 총 10만 4342km의 약 40%에 가로수가 있다. 전체 735만 3000그루 가운데는 벚나무류가 20.2%로 가장 많고, 은행나무 13.8%, 이팝나무 6.9%, 무궁화 6.3%, 느티나무 6.2%순이다.

가로수는 건설교통부에서 2001년 산림청으로 이관되었다. 하지만 여전히 가로수를 도로의 부속물이나 도로 건설 시 경관 유도를 위한 공간으로 인식하는 경향이 있다. 그러나 이제는 가로수가 여가 활동과 치유 공간이라는 인식으로 전환되어야 한다. 특히, 미세먼지와 폭염을 저감하는 생활공간으로 가로수는 우리 몸의 실핏줄과 같은 존재다. 도로 중심 용어인 가로수 대신, 생명을 살리는 기능에 맞게 '줄나무', '띠녹지', '수림대' 등으로 바꿔야 한다. 또한 생육 기반인 토양 조건을 개선하고, 1줄보다는 2줄, 단층보다는 복층으로 두껍고 길게 심어 도시 그린 인프라의 핵심으로 삼아야 한다.

고대 이집트의 상형문자에 도로와 가로수의 형태가 있다. 중국 주나라 시대에도 열수(列樹)라는 말이 있었다. 국내에서는 1760년, 조선 영조 시대에 청계천의 범람을 막기 위해 '준천사'라는 조직을 두고 치산치수(治山治水)를 했는데, 하천변에 소나무, 오리나무, 능수버들 등의 식재를 한 고지도가 있다. 1895년 고종 때는 도로변에 나무를 식재할 것을 권고한 사실이 있다.

현재 가로수는 행정적으로 '고속도로와 국도를 제외한 도로, 보행자 전용 도로 및 자전거 전용 도로 등 도로 구역 안 또는 그 주변 지역에 심는 수목'으로 정의한다. 사람과 가장 가까운 거리에 있는 숲이라고 할 수 있다.

폭염과 미세먼지를 막고 우리의 생존을 지켜주는 나무를 소중하게 생각해야 한다. 가로수는 관목숲을 그늘 아래 품고, 나무와 나무의 지붕층으로 연결된 띠녹지는 우리에게 산소라는 선물을 건넨다. 회색빛 도심 속에서 도시 숲은 신선한 산소를 제공하는 건강한 허파가 된다. 더불어 기후변화의 주범인 탄소를 포집하는 탄소 저장고의 역할도 한다. 생활권 내에서 휴식, 치유 및 교육 공간뿐 아니라 생물 서식지로도 중요하다. 도시 숲에 대한 요구와 필요성이 더욱 커지고 있다. 미래 도시에서 그린 인프라는 디지털 시대의 아날로그 자연이자 생활의 활력소다.

# 기후 문제의 대응

## 미세먼지

한국의 미세먼지 농도는 평균이나 고농도 빈도 모두 줄고는 있지만, 아직 OECD 다른 국가에 비해서는 2배 정도 높다. 2020~2022년은 기상 조건도 좋았고, 신종 코로나바이러스 감염증(코로나19)과 대기오염 물질 저감 정책의 영향으로 미세먼지 농도가 계속 낮아졌다. 동시에 미세먼지에 대한 국민과 언론, 정부의 관심도 줄고 있다. 이제 우리는 미세먼지 문제를 더 이상 신경 쓰지 않아도 될까? 근거 없는 불안도 해롭지만, 근거 없는 자신감도 해롭다. 미세먼지 문제는 현재를 정확하게 파악해 대처하는 것 못지않게, 앞으로의 상황을 예상해 준비하는 것도 중요하다.

먼저 현황을 살펴보자. 그림 3-14는 초미세먼지에 의한 세계의 초과 사망률 데이터에 서울의 초미세먼지 연평균 농도를 표시한 것이다. 미세먼지에 의한 사망 가운데 최근 서울의 농도 부근에서 사망률 곡선의 기울기가 가장 크다. 다시 말하면, 이때는 초미세먼지 농도를 $1\mu g/m^3$ 줄였을 때 사망률이 가장 크게 줄어드는 기간이다.

이에 따라 2021년, WHO는 초미세먼지 농도 권고 기준을 연평균 10μg/m³에서 5μg/m³로 낮췄다. 유럽과 미국, 일본 등에서 한국의 2분의 1 수준인 미세먼지를 더 낮추기 위해 도심지 차량 운행 제한 지역 확대 등의 정책을 시행하는 이유기도 하다.

앞으로를 예상하는 것은 어렵지만, 우리에게는 적어도 50년간 확실하게 예측할 수 있는 미래 추이가 있다. 바로 고령화와 기후변화(기후위기)다. 노인은 미세먼지 농도가 같더라도 젊은 사람에 비해 사망률이 높다. 그림 3-15에 보듯, 일본은 미세먼지 농도가 한국의 절반 정도지만 이로 인한 사

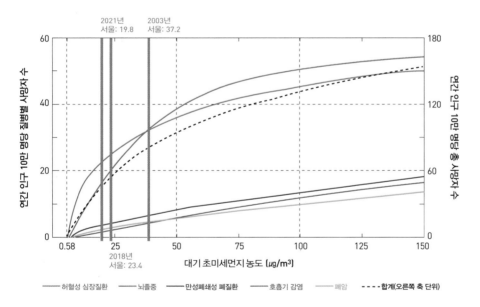

**그림 3-14**

대기 초미세먼지에 의한 여러 질병의 초과 사망률 자료에 서울시의 초미세먼지 농도 추이(파란 선)를 결합한 자료다. 최근 몇 년 사이의 농도 구간은 단위 초미세먼지 농도를 줄일 때 사망률이 가장 큰 비율로 감소하는 구간이다.

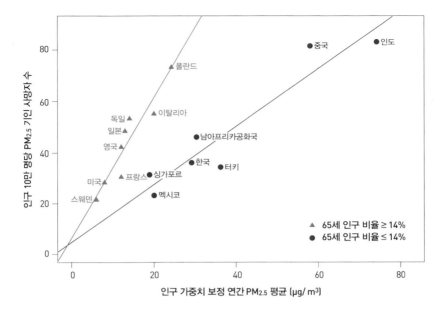

고령화사회에서 초미세먼지가 사망률에 미치는 영향. 같은 농도라도 고령화사회에서는 사망률이 약 2배 증가하는 것을 알 수 있다.

망률은 우리보다 약간 높다. 고령화로 노인 인구 비율이 높기 때문이다. 한국은 이미 고령화사회에 진입했고, 곧 초고령화사회가 될 것이다. 미세먼지에 의한 사망률을 줄이려면 지속적인 농도 저감이 필요하다.

기후변화는 미세먼지와 두 가지로 연관된다. 첫째, 기상 조건 변화로 대기 화학조성이 바뀌어 미세먼지 농도가 높아진다. 특히 고농도 사례(haze)가 증가할 수 있다. 미국 환경보호청(US Environmental Protection Agency, US EPA)에 따르면, 기후변화는 미국에서 오존 농도를 증가시킬 것으로 보이며 다른 대기오염 물질에 대해서는 아직 명확하게 추이를 알 수 없다. 한편 중국 베이징 지역을 대상으로 한 모델링 연구에서는 기후변화에 따라 고농도 사례가 증가할 가능성이 높은 것으로 나타났다.

다른 하나는 기후변화에 의한 폭염 등의 극한 기상이 고령화와 비슷하게 사람의 미세먼지에 대한 저항력을 감소시켜서, 같은 농도라도 인체에 대한 악영향이 증가하는 것이다. 그 외에 탄소중립, 외부의 변화, 사회구조 등이 미세먼지 농도나 영향과 관련이 있다. 다행히 한국에서도 기후변화를 완화하기 위한 탄소중립이 추진되고 있다. 달성을 위해서는 화석연료 사용을 줄여야 하며, 이는 대기오염 물질 발생 자체를 줄이고 결과적으로 미세먼지 농도를 낮추는 효과가 있다.

외부 영향 가운데 중국은 자국민의 대기 환경에 대한 불만을 해소하기 위해 강력한 대기오염 물질 배출 저감 정책을 수립, 시행했다. 특히 최근 4~5년간 그 효과가 크게 나타나고 있다. 북한의 에너지 사용량은 여러 요인으로 우리의 4% 정도에 불과하다. 하지만 석탄과 생체연료 위주의 에너지원, 낮은 연소 효율과 제어 기술의 낙후 등으로 대기오염 물질 배출량은 물질에 따라 오히려 우리보다 많다. 2016년 기준 모델링 결과에 따르면, 북한의 대기오염 물질은 수도권 미세먼지 연평균 농도에 15% 정도 영향을 준다. 북한의 경제 발전이 적절한 대기오염 물질 배출 저감 정책과 결합한다면 우리에게 미치는 영향이 감소하겠지만, 그렇지 않다면 증가할 가능성이 크다.

사회구조는 예측하기 힘들지만 전반적으로 갈등이 더 심해지고, 계속해서 새로운 위험이 발굴될 것으로 예상된다. 한국과학기술기획평가원(KISTEP)은 2045년까지 미래 사회를 전망해 이슈를 도출했다. 그 결과 ① 디지털 세상, ② 사회구조의 변화, ③ 지구환경 변화와 자원 개척, ④ 세계 질서의 변화, ⑤ 위험의 일상화가 나타났다.

미국 국가정보위원회는 2040년 미래 예측에서 기후변화 등의 세계적도전에 대응하는 어려움으로 공동체, 국가, 국제사회 내의 균열 증가를 보았다. 이는 기존 체제와 구조의 역량을 초과해 불균형이 확대되고 공동체, 국가, 국제사회 내의 다툼이 확대될 것으로 예상했기 때문이다. 국가 간, 지역 간, 계층 간 갈등이 심화되면 미세먼지 대응 정책 수립 및 시행 과정이 점점 더 힘들어질 듯하다. 한 예로 충청남도의 석탄화력발전소를 들 수 있다. 충청남도에서는 이 발전소들이 수도권 전기 수요를 위한 것으로, 충청남도 미세먼지에 대해 수도권이 부담을 해야 한다는 책임론이 제기되고 있다.

위험의 일상화는 현대 사회의 특징이며 이는 미세먼지 문제가 공론화된 이유의 하나이기도 하다. 하지만 그 심각성에도, 미세먼지가 새로 발굴된 다른 위험 요소에 의해 주요 의제에서 사라질 수 있다.

## 정책 수립

서울이나 외국 대도시의 경우를 보면 초미세먼지 농도를 반으로 줄이는 데 15년 정도 걸렸다. 따라서 단기적으로(~5년) 가시적인 성과를 내는 것도 중요하지만, 장기적으로 일관된 정책 방향을 제시하고 유지하는 일이 필요하다. 이렇게 장기간에 걸쳐 시행하는 정책에서 가장 중요한 바는 국민의 합의를 이끌어내는 것이다. 이를 달성하기 위해서는 정부가 국민에게 설명 가능한 정책을 수립하고 시행, 평가해야 한다. 대기오염 물질 배출량과 관련해, 어디에서 어느 성분을 얼마나 줄이면 농도가 얼마나 낮아질지, 그 결과 우리에게 미치는 영향은 어느 정도인지 과학적인 설명을 효과적으로 국민에게 하고, 합의해야 한다.

이를 위해서는 ① 과학에 기반한 정책이어야 하고, ② 정책 수립 과정

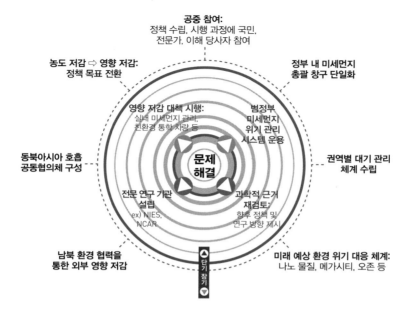

**그림 3-16**

미세먼지 문제를 해결하기 위한 장단기 정책 제안.

에 국민이 참여하는 절차가 이루어져야 하며, ③ 만들어진 정책을 효과적으로 국민에게 알리는 소통 체계가 있어야 한다.

먼저 과학에 기반한 정책을 보자. 대기오염 물질이 외부에서 이동하거나 국내에서 배출되면, 어떤 경로를 거쳐 반응해 미세먼지를 생성하는지 이해할 수 있어야 한다. 미세먼지를 포함한 대기오염 물질은 우리의 활동 과정에서 배출되고 생성되며, 그 영향을 우리가 받는다. 미세먼지 저감 대책 가운데는 특정 개인이나 집단이 손해를 볼 경우도 있다(석탄화력발전 산업과 관련 노동자는 가동 중지나 가동률 저감 정책으로 피해를 볼 수 있다). 따라서 저감 정책 수립 과정에 국민을 포함한 이해 당사자가 참여하고, 이를 효과적으로 소통하는 절차가 민주국가에서 필수다. 이런 체계가 있어야만 미세먼지를 저감하기 위한 여러 이해 당사자 사이의 갈등을 최소화하면서 정책을 수립, 시행할 수 있다.

아쉽게도 국내 미세먼지 관련 요소 기술 가운데는 미세먼지 생성 과정에 대한 이해와 정책 수립, 시행, 평가 수준이 가장 낮은 것으로 평가되었다. 앞으로의 방향은 문제를 인식하는 단계부터 해결 방안을 탐색하고 정책을 수행하는 과정까지 이해 당사자가 모두 참여해야 한다. 또 자연과학과 공학 외에 사회과학의 결과를 적극 활용해야 한다.

그다음으로 중요한 것은 단기, 중기, 장기 대책을 구분해 수립하는 것이다. 미세먼지 저감은 단기간에 효과를 볼 수 있는 정책도 있지만(예를 들면 어린이 통학 차량의 저공해화), 장기간에 걸쳐 사회구조가 바뀌어야 하는 정책도 있다(예를 들면 화석연료 사용 저감). 효과적인 정책을 시행하기 위해서는 단기(~5년), 중기(~10년), 장기(~30년)로 구분해야 한다.

특히 탄소중립(기후변화 완화)과 기후변화 적응 대책의 상당수가 미세먼지 저감과 연계될 수 있으므로, 통합 관리가 중요하다. 그림 3-16은 장단기 미세먼지 저감 대책 제안의 예다.

미세먼지에 의한 영향을 최소화하기 위해서는 앞으로도 농도를 줄이기 위한 장기간 노력이 필요하다. 다행인 것은 에너지 수요 관리와 교통 정책, 화석연료의 사용 저감 등의 탄소중립 정책이 미세먼지 저감에도 필수라는 점이다. 또 기후변화 적응을 위한 여러 대책(예를 들어 폭염 대책)은 미세먼지에 따른 영향을 최소화하는 데도 도움이 될 수 있다. 기후변화 적응과 미세먼지에 의한 영향 저감을 통합적으로 평가, 관리하는 것이 필요하다.

이를 위해서는 국민을 포함한 이해 당사자가 정책 수립 과정부터 참여하는 체계 구축이 필수다. 다시 한번 강조하지만, 미세먼지 문제에서 우리가 겪은 경험은 앞으로 다가올 여러 사회 현안, 예를 들어 탄소중립이나 기후변화 적응 문제 등에 중요한 사례로 활용할 수 있고, 활용되어야 한다. 과거 사례로부터 교훈을 얻는 일은 우리 사회가 발전하는 동력이 될 것이다.

## 식량난

세계는 지금 매우 중요하고 긴급한 5대 환경 이슈로 기후변화, 물 부족, 오염, 산림 파괴, 토양침식 및 퇴화를 꼽는다. 이 가운데 기후변화와 물 부족은 우리 생활에 직접적인 영향을 미친다.

기후는 다양한 기후 시스템 요소(대기권, 해양권, 생물권, 지권, 빙권) 사이의 상호작용에 따라 늘 변한다. 하지만 오늘날 문제가 되는 기후변화는 이런 일상적인 기후변화와는 구분된다. 노벨화학상을 받은 대기과학자 파울 크뤼천(Paul Jozef Crutzen)에 따르면, 지난 2000년 동안의 기후변화와 달리 현재의 기후변화는 인류가 자연환경을 파괴해 기후와 생태계를 급격하게 변화시킨 것이 원인이다. 크뤼천은 이를 근거로 현재를 새로운 지질시대 개념인 '인류세'라고 불러야 한다고 주장했다. 기온 상승률이 과거와 비교해 훨씬 가파르다. 홍수나 가뭄, 폭염이 과거에는 보기 어려웠던 강한 강도로 발생하고 있다. 여기에 기후변화가 큰 영향을 미쳤다는 사실이 여러 선행 연구를 통해 밝혀지고 있다.

### 애그플레이션

최근에는 기후변화의 영향이 너무 강력하다는 의미에서 '기후위기'

라는 말을 사용하기도 한다. 단순히 극한기후나 이상기후라고 부르기에는 자연재해의 규모가 너무나 크기 때문이다. 극한기후의 발생 빈도와 강도가 증가함에 따라 해양 생물과 육상 생물의 멸종도 늘고 있다. 식량난(Agflation, 애그플레이션은 'agriculture'와 'inflation'의 신조 합성어로 농산물 가격 급등으로 일반 물가가 상승하는 현상이다)이 발생할 가능성도 커졌다.

미국 코넬대학의 2015년 연구에 따르면, 꿀벌의 개체 수가 감소한 대

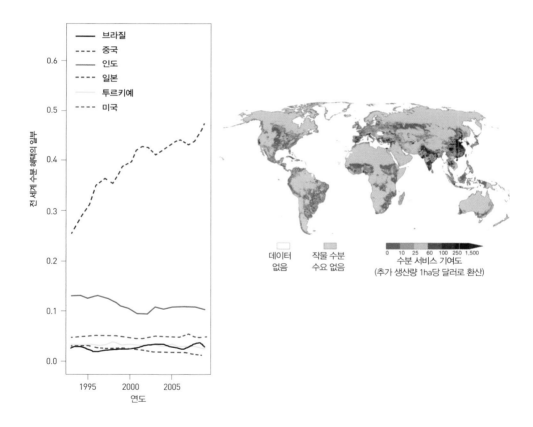

**그림 3-17**

수분매개곤충에 의존하는 농업의 경제적 가치를 나타냈다. 수치는 농작물 시장 생산량에 대한 수분 서비스 기여도를 추가 생산량 1ha당 달러로 환산한 것이다.

표적 원인에는 바이러스와 농약 외에 기후변화가 있다. 그림 3-17은 수분 매개곤충에 의존하는 농업의 경제적 가치를 나타낸 지도다. 중국과 인도가 세계 1, 2위의 꽃가루받이 작물 수출국임을 알 수 있다. 생물 다양성 위기, 생태계 변화, 벌의 위기가 곧 아시아의 식량 위기가 될 수도 있다는 뜻이다.

NASA의 최근 연구 역시 기후변화가 식량 생산량에 매우 큰 영향을 미친다는 사실을 보여준다. 전 세계 옥수수 평균 수확량은 세기 말까지 24% 감소하고, 온실가스 고배출 시나리오일 경우에는 2030년 이전부터 명백한 감소로 전환될 것으로 예상되었다(그림 3-18). 이와 달리 밀은 작물 수확량이 약 17% 증가할 것으로 예측된다. 온도 상승과 강우 패턴의 변화, 인간이 유발한 온실가스 배출과 그에 따른 지표면 이산화탄소 농도의 상승 때문이다.

농림축산식품부의 통계에 따르면, 한국의 곡물 자급률은 쌀 97.3%, 보리 32.6%, 밀 1.2%, 옥수수 3.3%, 콩 25.4% 수준이다. 밀과 옥수수의 해외 의존도가 높다. 기후변화에 따른 세계적 식량 생산량 변화에 촉각을 곤두세울 수밖에 없다.

국내 농업도 변화를 피할 수 없다. 고배출 시나리오(SSP5-8.5)를 이용해 미래를 전망한 농촌진흥청의 '기후변화로 바뀌는 우리나라 6대 과일 미래' 발표를 보자. 사과는 과거 30년의 기후 조건과 비교해 앞으로 재배 적지와 가능지가 급격하게 줄어들어 2070년대에는 강원도 일부 지역에서만 재배할 수 있을 것으로 예상된다. 배는 2030년대까지 재배 가능 면적이 증가하다 2050년대부터 줄어들고, 2090년대에는 역시 강원도 일부 지역에서만 재배가 가능할 것으로 예측되었다. 복숭아는 2030년대까지는 총 재배 가능지 면적이 과거 30년간 평균 면적보다 소폭 증가하지만, 이후 급

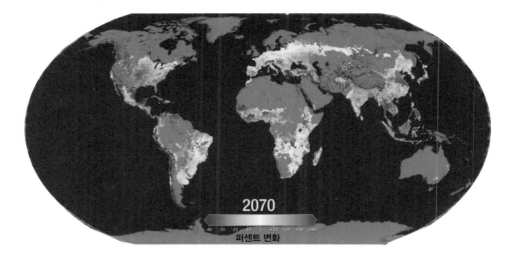

2070

퍼센트 변화

**그림 3-18**

2070년 옥수수 생산량 변화를 전망한 지도. 빨간색은 옥수수 생산량이 감소한 지역을 나타내고, 녹색은 증가한 지역을 나타낸다.

격히 줄어 2090년대에는 강원도 산간지에서만 재배가 가능할 것으로 나타났다. 포도 또한 2050년대까지는 재배지 면적을 유지할 수 있으나, 이후 급격히 줄어들며 2070년대에는 고품질 재배가 가능한 지역이 크게 감소할 것으로 예측되었다. 다만 단감은 2070년대까지 고품질 재배가 가능한 재배 적지 등 총 재배 가능지가 꾸준히 증가하고 재배 한계선도 상승하며, 산간 지역을 제외한 중부 내륙 전역으로 확대될 전망이다.

## 해양 열파의 영향

해양생태계로 눈을 돌려보자. 지구온난화로 섭씨 3도가 올라갈 경우,

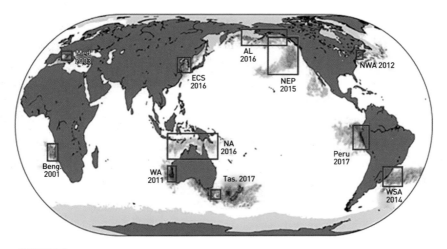

역사 속 주요 해양 열파 사례를 표시한 지도.

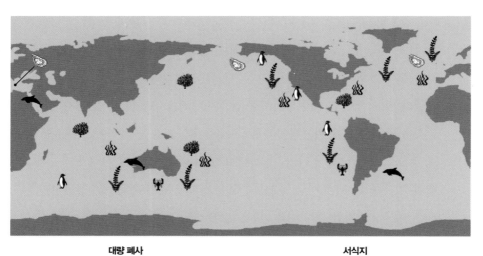

**대량 폐사**

 해양 포유류
조류

 자연 어류
조개

 양식 어류
조개

 해양숲

**서식지**

 초원

 산호초

 생물학적 산호
(비산호초)

대규모 폐사로 영향을 받은 해양생태계의 지역적 분포를 표시한 지도. 지구 전체 해양생태계에서 기후 변화의 영향이 나타남을 알 수 있다. 산호는 물론이고 조개, 잘피에서부터 해양 포유류까지 다양한 생물에 큰 영향을 미친다.

약 32%의 생물 종이 사라질 것으로 예상된다. 이산화탄소가 흡수되면서 바다가 산성화한다. 해수 온도 증가에 의한 해양 열파까지 일어나면 꽃게류가 폭발적으로 늘고 물속 산소가 부족해질 수 있다. 여기에 질병이 발생하면서 해양 어종이 감소하는 사례가 보고되었다.

해양 열파의 영향이 큰 해역 사례를 보면, 동중국해와 황해도 열파 위험에서 자유롭지 않다는 사실을 알 수 있다. 해양 열파는 큰 해양생태계 파괴를 유도한다. 그림 3-19는 지난 20여 년간 발생한 대규모 해양 열파 사건을 나타낸다. 특히 2017년 열파가 심했던 기간 동안 열 스트레스와 세균 감염 증가로 해양 생물 폐사가 심각했다. 2016년에는 북동태평양 열파에 의해 연어가 대규모로 폐사한 사례가 있다.

국제 환경 단체 그린피스도《매거진 B》와 함께 특별 보고서를 펴냈다. 이 '기후위기 식량 보고서'는 식량 자급률이 21.7%인 한국이 전 세계 5위 식량 수입국이라는 사실을 지적하며 기후변화와 팬데믹 상황으로 세계 식량 생산량이 급감하는 현재의 위기 상황을 경고했다. 기후위기로 2100년까지 꿀과 사과, 커피, 감자, 쌀, 고추, 콩 등 여덟 가지 농작물 생산이 어려워진다는 점 역시 강조했다.

한반도나 육지 주변의 대규모 해양 열파는 열 스트레스와 세균 감염을 증가시켜 물의 산소 부족을 가져오고 산호와 연어, 송어 등 약 40여 종의 대규모 폐사를 초래해 수산 양식 산업에 치명적인 피해를 입힌다(그림 3-20).

# 잠재산불지수

식량의 생산과 유지에 매우 중요한 지수는 온도와 습도다. 이 가운데 습도는 다양한 분야에서 응용된다. 실효습도(effective humidity)는 실생활과 식생에 중요한데, 지속적인 습도량의 누적을 나타낸다. IBS 기후물리연구단은 슈퍼컴퓨터 알레프를 이용해 해양과 대기를 각각 10km와 25km 격자로 나누어 상세한 미래 전망을 수치 모의했다. $CO_2$ 농도가 증가함에 따라 전 지구에서 어떤 변화가 나타나는지 상세히 예측하기 위해, $CO_2$ 농도를 2배로 높인 경우와 4배로 높인 경우를 실험했다. 그 뒤 한국의 지표 건조화를 나타내는 낮은 실효습도 조건에서의 잠재산불지수를 구했다(그림 3-21). 잠재산불일수는 이 실효습도가 50% 이하인 날의 수를 나타낸 것이다. 기간은 지표 건조가 시작되는 3월에서 6월까지의 자료를 사용했다.

연구 결과, 봄철 한반도 대부분의 지역에서 실효습도가 감소하고 이에 따라 잠재산불일수가 늘어날 것임을 확인했다. 특히 한반도 남동부 지역에서 실효습도가 최대 3% 이상 감소하고 잠재산불일수는 15일 이상 증가할 것으로 나타났다. 잠재산불지수가 크다는 것은 인위적인 이유로 산불이 나더라도 제어가 힘들어 피해가 증가할 가능성이 있다는 뜻이다.

앞으로 우리는 기후변화의 영향을 기후위기 요소로 분류해야 한다. 이

## 실효습도

$$H_e = (1 - r) \times \left[ H_t^{0d} + rH_t^{1d} + r^2 H_t^{2d} + r^3 H_t^{3d} + r^4 H_t^{4d} \right]$$

- $H_e$: 실효습도, $r$(실효습도 계수): 0.7, $H_t^{xd}$: $x$일 전의 상대습도

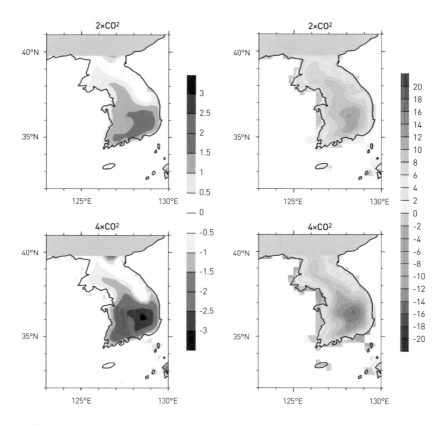

그림 3-21

$CO_2$ 농도를 2배 늘렸을 때와 4배 늘렸을 때를 모의한 뒤 실효습도(왼쪽, %)와 잠재산불지수(오른쪽, 일수)를 예측해 현재 기후와 얼마나 차이가 나는지 표시한 지도다. 색은 백분율 변화와 날짜 수 변화를 의미한다.

를 위해서는 비용 편익 측면까지 고려할 필요가 있다. 먼저 기후 상태를 나타내는 변수를 정의해야 한다. 기온, 강수량, 습도, 빙하 감소 등은 온난화 경향을 뚜렷이 보일 것이다. 여기에 더해 해양 및 해양생태계, 생물 다양성, 농업과 식량 안보, 인간의 건강 및 도시 인프라와 경제에 미칠 영향을 분석해야 한다. 그런 뒤에야 도시와 국가의 기후변화 적응 및 완화 정책을 효율적으로 세울 수 있을 것이다. 극한기후 발생의 빈도는 잦아지고 강도도 세질 것이다. 해양생물과 육상생물 가운데 멸종하는 종도 늘어날 것이다. 이는 식량난의 발생 가능성을 높인다. 기후변화 적응 대책을 시급히 마련해야 하는 이유다.

또한 국내 꿀벌의 개체 수가 감소하는 원인으로 이상 난동과 같은 기후변화 요소 외에 대기오염도 거론되고 있다. 더 자세한 연구가 필요하다. 지속 가능성의 입장에서 본다면 생물 다양성 위기, 생태계 변화, 사라지는 벌역시 기후변화에 의한 식량 위기로 연결될 수 있다. 가볍게 여겨서는 안 될것이다.


## 신재생에너지

파리협정 이후, 유럽의 그린딜과 한국, 미국, 일본, 중국 등 주요국의 탄소중립 선언이 이어졌다. 기후변화에 대응하기 위한 전 지구적 노력이 숨가쁘게 진행되고 있다. 그런데 이런 때에 '에너지 공급 불안'과 '에너지 안보위기'가 부각되었다. 탄소중립을 위한 세계의 노력을 더 어렵게 하거나 심지어 방향을 후퇴시킬 수 있다는 우려가 나온다.

21세기에 발생한 에너지 공급 불안 사태와 그에 따른 가격 상승 현상으로, 화석연료가 가진 지정학적 리스크가 다시금 확인되었다. 이전의 오일쇼크 등을 돌이켜보면 에너지 안보를 해결하기 위한 첫 번째 방법은 안정적인 공급망을 확보하는 것이었다. 다양한 형태의 에너지 수입선을 갖추어야 한다는 의미다.

하지만 지금은 그때와 상황이 다르다. 각자가 가진 햇빛과 바람으로 값싼 전기를 만들 수 있다. 실제로 유럽에서는 2030년 재생에너지 공급 비중을 당초 40%에서 45%로 높였다. 러시아산 화석연료 사용을 중단하기로 하면서 내린 결정이다. 미국과 일본, 중국 등 주요국은 물론, 신흥 경제국 모두 에너지 안보와 탄소중립을 동시에 구현하는 재생에너지를 주목하고 더욱 적극적인 지원 정책을 제시하고 있다.

햇빛과 바람만 있으면 어디에서나 전기를 만들 수 있는 재생에너지는 지정학적 리스크도 없고 온실가스 배출도 없으며 다른 발전원보다 값싸게 생산할 수 있다. 잘만 운용하면 기후변화 완화와 에너지 안보라는 두 마리 토끼를 모두 잡는 방법이 된다.


## 재생에너지

재생에너지는 기술 발전과 정부의 정책 지원에 힘입어 2000년대 중반부터 국가별 보급량이 크게 증가했다. 2010년 이후로는 신규 발전원 가운데 재생에너지의 비중이 가장 크다. 특히 2021년을 보면 신규 발전원의 75%가 재생에너지원이다. 말 그대로 대세다.

물론 이는 설치 용량 기준이다. 전기를 만드는 이용률(capacity factor)이 다르니 설치 용량만으로 모든 것을 이야기할 수는 없다. 하지만 전 세계적으로 다른 발전원의 추가 설치가 정체된 상황에서, 재생에너지의 성장이 유독 가파른 것만은 사실이다.

그 배경에는 탄소중립을 위한 정책적 지원과 재생에너지의 경제성 개선이 자리한다. 지난 10년간 태양광의 발전 단가는 10분의 1로 줄었다. 풍력의 단가도 3분의 1로 감소했다. 화석연료로 생산된 전기와 비교했을 때

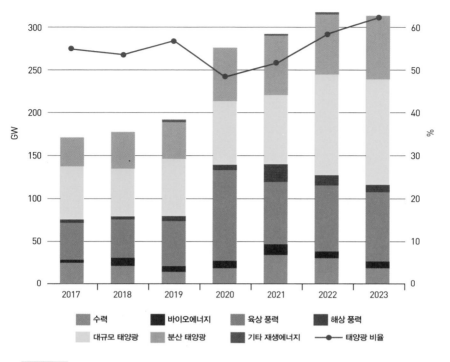

글로벌 신규 재생에너지 발전 설비 용량 추이. 하늘색은 수력, 파란색은 바이오에너지, 연두색은 육상 풍력, 초록색은 해상 풍력, 노란색은 대규모 태양광, 주황색은 분산 태양광, 빨간색은 기타 재생에너지, 보라색은 태양광 비율이다.

지역에 따라 발전 단가가 비슷하거나 오히려 더 낮은 곳이 생겨나고 있다. 깨끗하고 원료 공급에 대한 걱정도 없으면서 가격까지 저렴하니 쓰지 않을 이유가 없다. 재생에너지는 이미 지구촌의 많은 국가와 지역에서 경제적인 에너지다. 그렇다고 현재 보급량이 충분하다는 것은 아니다. 전력 부문에서는 재생에너지의 비율이 증가했지만 건물, 산업 특히 수송 부문은 아직 매우 부족하다(그림 3-23).

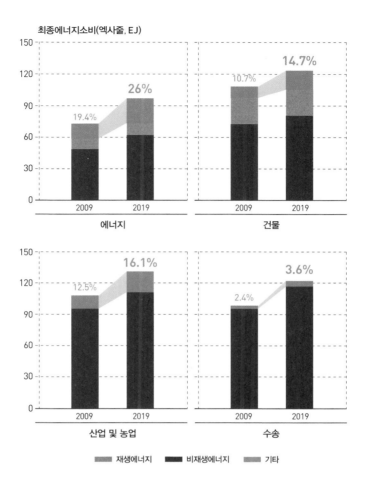

최종에너지소비(엑사줄, EJ)

에너지

건물

산업 및 농업

수송

■ 재생에너지　■ 비재생에너지　■ 기타

**그림 3-23**

영역별 총 에너지 소비 중 재생에너지 보급 비중의 변화.

　재생에너지에도 단점은 있다. 에너지밀도가 상대적으로 낮아서 설치 공간이 많이 필요하다. 국토 면적이 좁은 한국에서는 한계로 인식될 수 있다. 이 상황이 비용 상승 요인이 되기도 한다. 또 햇빛과 바람은 세기가 일정하지 않기 때문에 시간대별로 예측이 어려울 정도로 들쭉날쭉한 발전 특성을 보인다. 이러한 '간헐성과 변동성'은 전력 계통(그리드)에 부담을 준다. 전체적인 계통의 안정성을 떨어뜨릴 뿐 아니라 추가 투자가 필요해 진다.

하지만 해결할 수 있는 문제다. 설치 면적 부족을 해소하려면 같은 면적에서 더 많은 전기를 발생시킬 기술과 숨은 면적을 활용하는 기술을 개발해야 한다. 초고효율 태양전지 개발이 대표적인 예다. 현재 시중에 거래되는 고효율 태양광 모듈은 변환 효율이 20~22%다. $1m^2$의 면적에서 200~220W의 전기를 만든다는 뜻이다. 만약 30% 이상의 모듈을 만들 수 있다면 같은 $1m^2$에서 300W의 전기를 만들 수 있다. 다른 말로 표현하면 동일한 전기를 생산할 때 소요되는 면적이 약 3분의 2로 줄어드는 것이다. 풍력발전기도 크게 만들면 설치 면적 대비 발전량이 증가하는 효과가 있고, 터빈과 시스템을 개량하면 단위 풍속당 발전량을 높일 수 있다.

숨은 면적을 찾는 노력도 중요하다. 일체형 태양광 시스템(Integrated PV System)이 대표적이다. 건물 지붕이나 벽면에 설치하기도 하고, 농지를 활용하되 농사와 병행하거나 물 위에 띄우는 방식으로 태양광 패널을 설치한다. 별도의 추가 면적이 없어도 되는 일이다. 이외에도 자동차 등 다양한 곳에 태양광 시스템을 설치할 수 있다. 해상 풍력 또한 주류로 등장하고 있다. 고정식 해상 풍력 외에 부유식도 도입 중이어서 설치 면적 부족 문제는 다양한 방식으로 해결될 것으로 보인다.

재생에너지 전기의 간헐성과 변동성은 에너지를 저장하고 변환하는 기술을 활용해서 극복해야 한다. 배터리를 이용해 전기를 저장하고 필요할 때 쓰는 것이 대표적이다. 그 밖에도 잉여 전기를 활용하여 물을 전기분해해 수소로 저장하거나 열로 저장하는 다양한 방식이 개발되고 있다. 수십 개의 발전소가 전국의 전기 공급을 담당하던 시기를 지나, 수만 개 또는 수백만 개의 발전소가 모여서 전기를 생산하고 남는 것을 저장하고 변환하면서 에너지 공급의 안정성과 경제성을 확보해야 하는 상황이다.

따라서 전기(에너지)망은 더 디지털화되고 스마트해져야 한다. 이러한 분산 에너지 시스템이 도입되어야 재생에너지 변동성으로 인한 계통 문제도 해결할 수 있다. 그리고 무엇보다 태양광과 풍력 등 재생에너지가 설치되는 지역에 거주하는 주민의 수용성이 높아져야 한다. 재생에너지 공급의 필요성도 알리고, 장단점에 대한 사실도 투명하게 전달해야 한다.

경우에 따라서는 재생에너지 발전에 따른 인센티브도 공유할 필요가 있다. 이러한 문제들이 해결되어야 국내에서도 태양광과 풍력 발전시스템이 보다 더 많이 보급되고 경제성 또한 개선될 수 있다.

## 글로벌 RE100

해외 공장을 시작으로 최근, 삼성전자는 국내외 전 사업장에 대한 RE100을 선언했다. 또 2050년까지 다양한 기술을 적용한 탄소중립 모델을 제시했다. 애플을 비롯한 수요처의 요구, 국내 대표 기업으로서 ESG 경영에 나서야 한다는 압박 등 RE100을 선언할 필요성이 높아져왔음에도 늦어진 것은, 국내 여건을 고려했을 때 증가할 비용을 어떻게 부담할지 고민이 컸기 때문일 것이다. 현재 국내에 설치된 전체 재생에너지 전력량으로는 삼성전자나 SK하이닉스 등 몇몇 주요 기업의 전력 사용량을 충족시키지 못한다. 삼성전자의 RE100 선언은 국가적인 대응 방안 마련이 필요하다는 점을 시사한다.

'RE100'은 국제 단체인 CDP 위원회(Carbon Disclosure Project, 세계 주요

표 3-1 글로벌 기업들의 **RE100** 이행 사례.

| 기업 | 업종 | 규모 (19연간 전력 수요 (TWh) | RE100 | | 이행 실적 | | 재생 에너지 조달 방식 |
|---|---|---|---|---|---|---|---|
| | | | 참여 연도 | 목표 연도 | 2018년 | 2019년 | |
| 구글 | 서비스 | 12.2 | 2015 | 2017 | 100% | 100% | PPA, 인증서 구매 |
| 애플 | | 2.4 | 2016 | 2016 | 100% | 100% | PPA, 자가발전 |
| 마이크로 소프트 | | 8.7 | 2015 | – | 75% | 100% | 인증서 구매, PPA |
| 페이스북 | | 5.1 | 2016 | 2030 | 91% | 100% | PPA |
| 뱅크오브 아메리카 | 서비스(금융) | 1.9 | 2016 | 2020 | 22% | 100% | 인증서 구매 |
| 월마트 | 서비스(유통) | 27.3 | 2015 | 2030 | 15% | 29% | 인증서 구매, PPA, 자가발전 |
| 보다폰 | 제조업(통신) | 4.5 | 2018 | 2025 | 75% | 18% | 인증서 구매, 자가발전 |
| BMW | 제조업 (자동차) | 2.4 | 2015 | 2050 | 9% | 9% | 자가발전 |
| GM | | 5.8 | 2016 | 2050 | 32% | 32% | PPA, 인증서 구매, 자가발전 |
| 코카콜라 | 제조업 (소비재) | 0.6 | 2015 | 2020 | 92% | 100% | 인증서 구매, PPA, 자가발전 |
| 존슨앤존슨 | 제조업(제약) | 1.8 | 2015 | 2050 | 36% | 37% | PPA, 자가발전 |
| 3M | 제조업(재료) | 3.1 | 2019 | 2030 | 27% | 33% | PPA, 인증서 구매, 자가발전 |

* 출처: BNEF, 2021년 1월 기준

상장회사에 기후변화 관점에서 기업의 경영 전략을 요구, 수집해 연구 및 분석하는 글로벌 프로젝트) 등의 주도로 기업이 2050년까지 사용 전력의 100%를 재생에너지 전력으로 사용하겠다고 선언하는 자발적인 캠페인이다.

사용하는 모든 에너지를 재생에너지로 전환한다는 'Renewable Energy 100%' 또는 탄소중립을 의미하는 CF100(Carbon Free 100)과 혼용되기도 하지만, 본래 의미의 RE100 캠페인은 기업에서 활용하는 전기에너지의 모두를 태양광, 풍력과 같은 재생 전력으로 충당하자는 것이다. 쉽지 않은 요건이지만, 소비하는 전체 에너지를 재생에너지로 변환하는 것에 비하면 비교적 수월하다. 연간 100GWh(0.1TWh) 이상 전력을 소비하는 기업을 대상으로 2030년 60%, 2040년 90%, 2050년 100% 이행 목표 설정을 권고하고 있다.

구글, 애플, BMW 등 414개(2023년 6월 기준)의 세계 유수 기업이 현재 RE100 캠페인에 참여한다. 국내에서도 삼성전자, SK하이닉스, LG에너지솔루션, 고려아연, 현대자동차, 네이버 등 34개의 기업이 가입해 2030년, 2040년, 2050년 등 다양한 목표 달성 시점을 제시하고 있다. 주요 이행 수단으로는 인증서 구매, 녹색 요금제, 전력 구매 계약(Power Purchase Agreement, PPA) 등이 있다(주요 기업의 조달 방식은 표 3-1 참고).

RE100은 탄소중립 과정에서 탄소국경조정제도(Carbon Border Adjustment Mechanism, CBAM)와 더불어 새로운 무역 장벽으로 자리 잡을 가능성이 높다. 법적 구속력은 없으나, 글로벌 투자사와 참여 기업이 한국 기업들에 "제품 공급 관계를 지속하고 싶으면 반드시 동참하라"고 요구했다는 뉴스가 끊이지 않는다. KDI(한국개발연구원) 정책대학원과 에너지경제연구원이 2022년 발표한 보고서에 따르면, 한국 기업이 2040년까지 RE100에 가입하지 않을 경우 반도체 수출이 30% 감소할 것으로 예측된다. RE100이 커다란 과제로 부상한 것이다.

상공회의소가 발표한 정책 보고서를 보면 대기업의 29%, 중견 기업의 10%가 수요 기업으로부터 재생에너지 사용을 요구받았다. RE100 가입 여부와 관계없이 고객사로부터 요구받는 상황이다. 재생에너지 확보가 국가 전체 산업의 경쟁력과 직결되고 있는 것이다. 비싼 재생에너지 조달 비용 때문에 해외에 생산 기지를 짓는 일이 이득인 상황도 얼마든지 벌어질

- **녹색프리미엄 제도**: 전기 소비자가 기존 전기 요금과 별도의 녹색프리미엄을 한국전력공사에 납부해 재생에너지 전기를 구매하는 제도다. 한전에서 공고하는 녹색프리미엄 입찰에 참여해 재생에너지 전기를 구매하게 된다.

- **재생에너지공급인증서(REC) 구매**: 전기 소비자가 신재생에너지 공급의무화제도(Renewable Portfolio Standard, RPS) 의무 이행에 활용되지 않는 REC를 에너지공단에서 개설하는 REC 거래 플랫폼을 통해 구매하는 것이다.

- **제3자 PPA**: 한국전력공사 중개로 전기 소비자와 재생에너지 발전 사업자 간 전력 구매 계약을 체결, 재생에너지 전력을 구매하는 방식이다. 전기 소비자가 재생에너지 발전 사업에 일정 지분을 투자하고 해당 발전사와 별도의 제3자 PPA 또는 REC 계약을 체결하거나 전기 소비자가 자기 소유의 자가용 재생에너지 설비를 설치하고 직접 사용하는 방법도 가능하다.

수 있다. 반도체 업계에서는 정부가 재생에너지 공급을 대폭 늘리고, 재생에너지 구매에 따른 세제 혜택과 보조금 지급을 검토해야 한다는 목소리가 나온다. 재생에너지 확대는 단순한 친환경에너지를 보급한다는 차원을 훨씬 넘어서고 있다.

국내에서는 전기 소비자가 재생에너지 전기를 선택적으로 구매해 사용하는 한국형 RE100(K-RE100) 제도가 시행 중이다. 산업용 및 일반용 전기 소비자를 대상으로 하는 K-RE100 제도는 2050년 100% 이행 목표 설정을 권고한다. 전기 소비자가 에너지공단이 운영하는 RE100 시스템에 등록해 재생에너지 전기를 사용하고, 에너지공단으로부터 '재생에너지 사용 확인서'를 발급받아 RE100 이행 등에 활용하는 구조다.

K-RE100을 실행하기 위해서는 녹색프리미엄 제도, 재생에너지공급인증서(Renewable Energy Certificate, REC) 구매, 제3자 PPA, 지분 투자, 자체 건설, 직접 PPA 등 다양한 접근이 가능하다. 현재까지 K-RE100 제도에 가입한 기업들의 경우 저렴하고 쉽게 재생에너지 전력을 구매하는 녹색프리미엄 제도로 쏠렸다. 최근에는 기업이 재생에너지로 생산된 전기를 직접 구매해 사용하는 직접 PPA도 가능해져, 재생에너지의 확대와 온실가스 감축에 실질적으로 기여하는 가장 효율적인 RE100 이행 수단으로 평가받는다.

## 탄소중립 2050

애플은 2022년 10월, 주요 제조 협력 업체가 애플 관련 생산 공정에서 100% 재생 가능 에너지를 사용하는지 여부 등을 평가해 매년 탈탄소와 진척도를 추적하겠다는 계획을 발표했다. 이에 SK하이닉스, TSMC 등의 부품 공급 기업이 100% 재생 가능한 전기로 모든 애플 관련 생산에 전력을 공급하겠다고 약속했다.

기후변화 대응을 위해 탄소중립을 추진하고, 이것이 기업의 지속 가능성과 연계된 ESG 경영의 핵심 요소가 되며, 다시 글로벌 RE100이라는 거대한 움직임으로 진화하는 과정이다. 결국 최종 수요 기업으로 ESG 경영 차원에서 RE100에 참여하든, 부품 제조 기업으로 RE100에 참여하든 관계없이 개별 기업의 RE100 여부는 기업의 생존 문제이고 경쟁력의 핵심 요소가 되었다. 특히 반도체, 철강, 조선 등 에너지 다소비 업종을 다수 보유한 한국은 RE100 이슈가 더욱 중요하다. 삼성전자나 SK하이닉스의 경우 생산 라인을 증설할 때 우선적으로 재생에너지 공급 가능성을 확인해야 하는 상황에까지 도달한 것이다.

탄소중립 2050 계획이 수립되고 국가별 감축 목표(Nationally Determined Contributions, NDC)에 대한 논의를 하는 과정에서 가장 우려했던 부분이 바로 기업에 부과될 과도한 부담이었다. 그래서 산업 부문의 탄소중립 목표를 설정하는 것이 가장 어려운 문제였고 지금도 실효적인 목표 설정이 중요하다. 하지만 글로벌 RE100이라는 체계를 고려한다면 재생에너지를 통한 탄소중립에 더 이상 수동적으로 대응해서는 안 된다. 오히려 재생에너지 확대를 위한 이슈를 선점하고 주도해나가야만 산업에서의 경쟁력을 확보할 수 있다. 이는 우리 사회를 구성하는 여러 주체에 재생에너지 보급을 통한 탄소중립이 새롭게 인식되는 계기도 될 것이다.

이는 실현 가능성의 문제가 아니다. 어떻게 실현할지에 대한 것이다. 국가 경제를 견인하는 기업의 경제활동이 재생에너지 공급 부족으로 어려움을 겪는 상황은 피해야 한다. 아무리 RE100이 어려운 과제라고 해도, '국가 탄소중립 로드맵 2050'의 전력 부분에 다 포함되어 있다. 글로벌 RE100은 국가 탄소중립의 과정이고 요소다. 개별 기업의 RE100 실현 방안을 찾아가는 과정에서 국가 탄소중립은 더욱 현실화될 것이다.

climate
change

pandemic

virus

# PART 2

바이러스와

감염병

# 기후변화와 감염병을
# 떼어놓고 생각할 수 없는 이유

윤신영

2023년 7월과 11월, 스페인 바르셀로나국제보건연구소(ISGlobal)는 2022년 여름 유럽에서만 7만 명이 넘는 사람이 열파(폭염)로 사망했다고 발표했습니다. 보건 분야 국제 학술지 《네이처 메디신(Nature Medicine)》과 《랜싯 지역보건-유럽(The Lancet Regional Health-Europe)》에 각각 실린 연구 결과입니다.

연구팀은 이 해 여름 유럽을 강타한 기록적인 폭염이 건강에 미치는 영향을 정량화해 2편의 논문으로 발표했습니다. 유럽 35개국 823개 지역의 주간 기온 데이터와 사망률 데이터를 이용해 2022년 여름 폭염에 의한 사망자 수를 분석했습니다. 그 결과, 이 해 유럽 지역에서 더위로 사망한 사람은 7만 명 이상이라고 결론 내렸습니다.

7만 명이라는 수치가 잘 와닿지 않을 수도 있습니다. 한국과 비교하면 얼마나 큰 재난인지 알 수 있습니다. 한국의 인구는 2022년 기준 약 5160만 명이고, 유럽의 인구는 5억 4300만 명입니다. 유럽이 대략 10배라고 가정하면, 한국에서 한 해 약 7000명이 오로지 더위 때문에 사망한 것과 비슷한 상황입니다.

실제로 한국의 현재 상황은 어떨까요. 2022년 질병관리청이 공개한 제 1차 기후보건영향평가 보고서에 따르면, 한국은 2010~2019년 사이에 연평균 61.2명이 온열 질환으로 사망했습니다. 170명으로 가장 많은 사망자가 발생했던 해는 2018년입니다.

하지만 이는 통계청 사망 원인 통계 속 온열 질환 항목을 단순 집계한 것입니다. 폭염이 없었다고 가정했을 때와 실제 폭염이 있을 때의 사망자 수 차이를 토대로 초과 사망자 수를 구하면 보다 정확하게 추정할 수 있습니다. 이에 따르면, 국내에서는 한 해 평균 211명이 폭염으로 사망하고 있는 것으로 추정됩니다. 가장 많았던 해는 2018년으로 804명이 폭염으로 사망했습니다.

요약하면, 유럽의 2022년 사망자 수는 한국에서 평소 보고되는 온열 질환 환자 수의 114배, 폭염에 의한 연평균 초과 사망자 수 추정치의 33배에 해당합니다. 만약 비슷한 일이 실제로 국내에서 벌어졌다면 이를 총체적 재난이라고 보지 않을 이유가 있을까요, 기후 재난이요.


## 기후변화가 부른 새로운 위기, 보건 재난

기후변화가 사람들의 관심을 끄는 이유는, 건강에 직간접적으로 영향을 미치는 요인이기 때문입니다. 단순히 지구의 물리적 변화만을 의미했다면 아마 기후변화는 지금보다 훨씬 적은 관심만 받았을 것이라고 생각합니다. 하지만 사람들에게 영향을 주지 않는 환경이란 없지요. 결국 영향을 받고, 그것은 생명과 건강에 위협이 되곤 합니다.

가장 쉽게 떠올릴 수 있는 위협은 물리적 재난에 의한 피해입니다. 2022년 서울 신림동과 경북 포항 등에서 벌어진 침수 사고, 2023년 충북 청주시 오송읍에서 일어난 지하차도 침수 사고 등 폭우에 의한 인명 사고가 포함됩니다. 산불, 태풍 등 강력한 재난 앞에서 안전과 건강을 위협받는 상황이 올 수 있습니다. 한파와 열파 등 기온의 극단적인 변화에 의한 건강 위협도 여기에 포함됩니다. 또, 이 같은 극한기상 현상과 재난 상황이 벌어지면 많은 사람이 정신적 후유증을 겪을 가능성도 있습니다. 정신 건강을 위한 관리가 필요해집니다. 이는 2022년 2월 발표된 IPCC 제6차 기후변화 평가보고서에서도 새롭게 지적한 내용입니다.

또 다른 예는 미세먼지 등 대기질이 악화해 건강에 영향을 미칠 가능성입니다. 기후변화와 대기질이 관련이 있다니, 의아하게 생각할 수도 있습니다. 하지만 3부에서 짚었듯, 기후변화와 대기질은 깊은 관련이 있고, 녹지 조성 등 정책에서도 연관이 많아 함께 고민해야 할 문제입니다.

기후변화와 관련해 또 하나 고민할 주제가 바로 감염병입니다. 제1차 기후보건영향평가 결과보고서 역시 건강에 영향을 미칠 대표적인 분야 세 가지를 꼽았는데 기온, 대기질과 함께 감염병을 언급했습니다.

물론, 보고서도 밝혔듯 '기후병'이라는 질병이 따로 있는 것은 아닙니다. 하지만 기후변화로 생태계 변화가 발생하고, 매개체와 병원체의 서식 환경이 변화하면 감염병 위험이 높아질 수 있으며 이는 직접적으로 건강을 위협합니다. 기후보건영향평가 결과보고서에서도 2010~2019년의 10년 사이에 노로바이러스 감염증과 살모넬라균 감염증 등 장 감염 질환이 증가하는 추세라고 밝혔습니다. 관련 입원 환자의 연평균 발생률은 1.7배 높아졌고, 특히 노로바이러스, 캄필로박터균, 살모넬라균 감염증 신고는 마지막 5년 사이에 3~5배 급증했습니다.

다만, 뎅기열과 웨스트나일열 등도 발생은 증가했으나 해외 유입으로 밝혀졌고, 진드기 매개 감염병도 지속 보고되고 있으나 기후변화의 영향은 불명확하다고 보고서는 밝혔습니다.

기후변화와 감염병의 관계는, 이제 연구가 시작된 새로운 분야입니다. 기후변화 전문가는 지금껏 기후변화와 대기, 기상의 문제를 깊이 파고들었고, 감염병 전문가는 각 감염병의 원인과 치료법, 역학적 특성 등을 밝히는 데 더 주력했습니다. 기후가 감염병 발생 패턴에 미치는 영향에 관심을 기울이기 시작한 것은 극히 최근의 일이지요.

기후변화와 감염병을 함께 바라봐야 하는 이유는, 둘 사이에 관련이 있어서만은 아닙니다. 현대 인류가 마주하고 있는 가장 커다란 위협을 꼽으라면 반드시 최상위에 들어갈 대상이기 때문입니다. 2019년 갑작스레 등장해 전 지구를 숨죽이게 했던 새로운 감염병인 신종 코로나바이러스 감염증(코로나19)을 생각해보면 이해하기 쉽습니다. 대처법도 모르고, 언제 어떻게 퍼져 나갈지 모르는 미지의 바이러스 감염증이 주는 공포와 혼란은 대단했습니다. 대상 바이러스의 정체를 밝히고, 전파 특성을 확인하는 와중에도 수많은 사람이 목숨을 잃었습니다. 결국 백신과 치료제가 개발되면서 코로나19 팬데믹은 인류 과학과 지성의 승리로 막을 내렸습니다. 하지만, 갑자기 언제 또다시 미지의 '감염병 X'가 등장해 인류를 예측 못할 위험에 빠뜨릴지 모릅니다.

미지의 감염병이 퍼지면, 인류가 자랑하던 교류 활동이 중단됩니다. 생산과 경제활동을 비롯해 사회가 온전히 유지되기 위해 필요한 움직임을 멈추는 일이 다시 발생할 수 있습니다. 병원이 문을 닫아 다른 질병의 위험이 높아지고, 학교가 문을 닫아 젊은 세대의 학업과 사회화 교육이 위협받을 수 있습니다. 이런 조치의 결과는 팬데믹이 끝나고 수 년이 지난 뒤까지 서서히 영향을 미칩니다.

코로나19라는 한 번의 감염병 위협은 인류가 합심해 넘길 수 있었고, 이제야 한숨 돌리고 있습니다. 하지만 비슷한 위협이 두 번째, 세 번째 찾아왔을 때도 극복할 수 있으리란 보장은 없습니다. 그리고 기후변화는 바로 이 위협의 빈도와 강도를 훨씬 높일 수 있습니다.

비록 이전까지는 크게 관심을 갖고 두 재난을 바라보지 않았더라도, 이제는 함께 지켜봐야 합니다. 그것이 이 책에서 기후변화와 함께 감염병을 나란히 살펴보는 이유입니다.

climate change
virus
pandemic

# 4부

# 바이러스

# 지구온난화와 바이러스

지구온난화의 영향으로 한국의 기후도 아열대 지역구에 가까워졌다. 열대 바이러스 감염병이 국내에서 발생할 가능성이 높아질 것을 우려하는 전문가가 늘고 있다. 지금까지 열대 바이러스 감염병이 국내에서 발생한 경우는 대부분 해외 방문자나 여행자가 원인이었고, 국가적으로 걱정할 수준은 아니었다. 그러나 지구온난화는 이런 상황을 근본부터 뒤흔들고 있다.

열대 바이러스 감염병의 대표적인 예는 고열, 두통, 오한, 출혈을 동반하는 지카바이러스, 뎅기바이러스, 황열바이러스, 치쿤구니야바이러스에 의한 것이다. 모기, 벼룩 및 진드기를 포함한 절지동물에 물려 일어난다. 이들은 감염된 사람이나 동물을 대상으로 흡혈을 하는데, 이때 바이러스가 침샘에 전달되어 증식한다. 이후 다시 다른 사람이나 동물을 흡혈할 때 증식한 바이러스를 전파해 감염을 일으킨다.

가장 대표적인 전파 매개 절지동물은 모기다. 특히 암컷 모기는 산란에 필요한 단백질을 얻기 위해 온혈동물의 혈관에 침을 침투시켜 흡혈한다. 이 과정에서 모기의 침샘을 통하여 저장된 바이러스가 사람에게 전파되어 감염병이 발생한다.

현재 지구상에는 대략 3500종 이상의 다양한 모기 종이 존재한다. 이 가운데 열대 바이러스 감염병을 매개하는 대표적인 것으로는 이집트숲모기(*Aedes aegypti*)와 흰줄숲모기(*Aedes albopictus*)가 있다. 지구온난화에 따른 아열대 지역의 확장으로 이 모기들의 서식지 역시 확대되고 있다. 아열대 지역으로 들어서는 한국으로 서식지를 넓혀 번식 및 증식한다면 열대 바이러스 감염병이 국내에서 발생하고, 국내 환자끼리의 전파도 피할 수 없을 것으로 보고 예의 주시하고 있다.


## 낯선 바이러스의 등장

지구온난화에 의해 북극과 남극의 거대한 빙하가 녹아내리면서 얼음 밑에 있던 땅이 급격히 노출되고 있다. 빙하기 이후 그 속에서 얼어 있던 알려지지 않은 바이러스들(일명 고대 바이러스)이 풀리며 주변에 사는 동물(예를 들어 펭귄, 바닷새, 밍크, 곰, 물개 등)에 전파되고, 이 바이러스에 감염된 동물이 인간과 접촉해 인체에 인수공통감염성 질환을 일으킬 수 있다. 병원성이 약하다면 문제가 되지 않겠지만, 인간은 한 번도 감염되지 않은 바이러스에 면역력이 없어 취약하기 때문에 심각한 신종 바이러스 감염병이 생겨날 가능성도 있다.

최근 수년간의 연구에 따르면, 남극에 서식하는 펭귄, 바닷새 등 조류의 몸에서 고병원성 조류인플루엔자(H5N1형)가 발견되었다. 지난 몇 년간 세계 여러 온난화 지역의 조류에 H5N1형 조류인플루엔자가 널리 퍼진 상태였는데, 기후변화의 영향으로 새들이 남극대륙까지 이동하면서(철새 이동 경로에 변화가 생긴 탓이다) 전파가 이루어진 것이다. 과학자들은 펭귄이 조류인플루엔자에 면역이 없는 데다 집단 서식을 하는 특성 때문에 바이러스가 확산하는 경우 "생태학적 재앙이 될 수 있다"고 우려한다. 또한 고병원성 조류인플루엔자(H5N1형)에 감염된 새와 접촉하거나 이들을 섭취한 야생 포유류 및 인간에게도 고병원성 조류독감이 발생할 수 있어 세심한 역학조사와 방역이 필요하다.

기후변화 외에, 인구 증가에 따른 인간의 거주지 확대도 문제가 된다. 인간이 차지하는 지역이 넓어지면서 야생동물의 서식지가 점차 축소되었고, 야생동물과 인간의 접촉이 늘어나고 있다. 야생동물끼리만 감염되던 바이러스가 인간에게 감염을 일으키는 신종 바이러스 인수공통감염병 발생 가능성도 높아졌다.

더구나 야생동물의 개체 수가 감소하면서 야생동물을 숙주로 삼아 기생하던 바이러스가 인간으로 숙주를 바꿀 경우도 고려해야 한다. 이때도 인간의 입장에서는 신종 바이러스 감염병이 등장한 셈이 된다. 신종 코로나바이러스 감염증이 대표적인 경우다. 실제로 여러 종류의 코로나바이러스가 오랫동안 야생동물과 가축 그리고 인간을 숙주로 삼아 기생하거나 감염을 일으켰다. 야생 박쥐를 숙주로 기생하던 코로나바이러스 가운데 한 종이 기후변화와 인간의 거주지 확대에 의해 숙주 수가 감소하자 변종(SARS-CoV-2, 사스코로나바이러스-2)이 되었다. 이 변종이 인간의 호흡기 세포에 다량 존재하는 안지오텐신전환효소2(ACE2)를 수용체 삼아 인간으로 숙주를 바꾸는 과정에서 코로나19 팬데믹이 일어났다는 학설이 우세하다. 참고로 박쥐에는 약 3200종의 서로 다른 코로나바이러스가 잠복해 있다. 기후변화와 인구 증가에 따른 야생동물 서식지 축소가 계속된다면, 이런 신종 바이러스 감염증(바이러스X 감염병)이 점점 자주 찾아오면서 팬데믹을 일으킬 것이다.

## 새로운 감염병

미국 조지타운대학 콜린 칼슨 교수팀은 2022년 국제 학술지《네이처》에 "기후변화로 2070년까지 동물에서 인간으로 전염되는 바이러스가 수천 종에 이를 것"이라는 모델링 연구 결과를 발표했다. 신종 바이러스 감염병이 이전보다 미래에 더 많이 생길 거라는 섬뜩한 내용을 담고 있다. 이 논문에서 연구팀은 향후 50년간 지구 평균기온이 산업화 시대 이전 대비 섭씨 2도 이내로 상승하는 환경을 가정했다. 여기에 인구 증가와 함께 농업 및 도시 개발을 위한 열대우림의 파괴로 포유동물 3870종의 서식지가 변화할 것이라고 예상했다.

연구팀은 이런 변화를 통해 이종 동물 사이에서 최소 1만 5000건 이상의 바이러스 교차 감염이 일어날 것이라 추정했다. 또한 야생 포유동물과 인간의 접촉 및 상호작용이 늘면서 인수공통감염 바이러스의 교차 감염이 매우 증가할 것이라고 평가했다. 그리고 먼 거리 이동이 가능한 박쥐는 인수공통 바이러스 감염병을 확산하는 데 가장 큰 매개자 역할을 할 수 있다고 지적했다. 기후변화에 따른 동물-사람 간 바이러스 교차 감염 확산 위험이 큰 지역은 열대우림을 비롯해, 야생동물이 많은 아프리카와 아시아의 고지대가 포함될 것으로 나타났다.

"이런 현상이 이미 실제로 일어나고 있으며, 최상의 기후변화 시나리오 아래서도 예방이 불가능하다"고 연구팀은 경고했다. 이 내용은 모델링이기 때문에 향후 50년 동안 그대로 진행될지는 누구도 장담할 수 없다.

하지만 기후변화의 영향으로 코로나19 팬데믹 같은 신종 바이러스 감염병이 전보다 빈번히 발생하리라는 사실은 확실하다.

우리가 기후변화 완화에 최선을 다하거나 열대우림을 보존하면 신종 바이러스 감염병 발생 빈도를 줄일 수 있을까? 그 밖에 다른 고려 사항이 있을까? 이에 대한 결론을 내기 위해서는 보다 많은 관심과 경험, 연구가 필요하다.

# 한탄바이러스와 서울바이러스

## 한탄바이러스

1950년 6월 25일 한국전쟁이 시작되고 1년 후인 1951년 봄, 중부전선에서 중공군과 전투 중이던 UN군의 미군 병사에게서 괴질(원인을 알 수 없는 이상한 질병)이 발생했다. 당시 한국군은 동부전선에서 북한군과 싸우고 있었고 중부전선과 서부전선에서는 UN군과 중공군이 전투를 하는 중이었다. 그중 중부전선의 철원, 연천, 김화 지역에서 괴질에 걸려 사망하는 미군 병사가 계속 발생했다. 미 군의관들은 처음 보는 이 병을 한국형출혈열이라 명명했다.

1953년 휴전협정이 체결될 때까지 3200여 명의 한국형출혈열 환자가 발생했고, 사망률은 10%를 넘었다. 당시 미국은 이 괴질이 러시아와 중공군의 세균전일지도 모른다는 의심을 했다. 이에 미국은 200여 명의 우수한 의사과학자로 이루어진 한국형출혈열 연구팀을 만들었다. 연구를 지원하기 위해 4년 동안 400만 달러를 투자했지만 실패했고, 1956년 한국형출혈열 연구팀은 결국 철수했다.

그리고 1953년 여름, 한국전쟁이 휴전에 들어간 뒤에는 철원, 연천, 김화 지역뿐 아니라 휴전선 이남의 군인과 농민이 이 괴질에 걸려 사망하면서 한국 최대의 전염병으로 부상했다. 2000년 이후에도 매년 300~600명의 출혈열 환자가 한국에서 발생하고 있다.

한국형출혈열(유행성출혈열)에 대한 문헌은 1913년 러시아 블라디보스토크의 한 병원 기록이 처음이다. 한국전쟁뿐 아니라 제2차 세계 대전 중 만주 지역에 주둔한 일본군에서도 1만여 명의 환자가 생겼으며, 극동 지역의 러시아군에서도 수백 명의 환자가 발생했다. 러시아와 일본은 질병

**표 4-1** 2000년 이후 발생한 한국의 출혈열 환자 및 사망자 수.

| 연도 | 환자 수 | 사망자 수 | 치사율(%) | 연도 | 환자 수 | 사망자 수 | 치사율(%) |
|---|---|---|---|---|---|---|---|
| 2001 | 323 | 4 | 1.2 | 2013 | 527 | 7 | 1.3 |
| 2002 | 336 | 1 | 0.3 | 2014 | 344 | 3 | 0.9 |
| 2003 | 392 | 1 | 0.3 | 2015 | 384 | 7 | 1.8 |
| 2004 | 427 | 5 | 1.2 | 2016 | 575 | 3 | 0.5 |
| 2005 | 421 | 5 | 1.2 | 2017 | 531 | 0 | 0 |
| 2006 | 422 | 3 | 0.7 | 2018 | 433 | 0 | 0 |
| 2007 | 450 | 5 | 1.1 | 2019 | 399 | 2 | 0.5 |
| 2008 | 375 | 5 | 1.3 | 2020 | 270 | 2 | 0.7 |
| 2009 | 334 | 4 | 1.2 | 2021 | 310 | 2 | 0.6 |
| 2010 | 473 | 7 | 1.5 | 2022 | 302 | 3 | 1.0 |
| 2011 | 370 | 3 | 0.8 | 총합 | 8762 | 80 | 0.9 |
| 2012 | 364 | 8 | 2.2 | | | | |

의 원인을 밝히기 위해 1930년대 말부터 1940년대 중반까지 각각 연구팀을 꾸려 임상 증상과 역학적 양상을 조사했다. 양국의 조사팀은 환자의 초기 혈액과 소변을 정맥 또는 근육 내로 주사해 유행성출혈열을 일으키는 데 성공했지만 가장 중요한 병원체 분리는 실패했다. 강국이었던 미국과 러시아, 일본에서 연구에 실패하자 도대체 이 병의 원인은 무엇인지, 언제, 누가 발견할지 큰 관심이 모였다.

그로부터 10여 년이 지난 1969년, 바이러스 조직 배양 연구로 우수한 논문을 2편이나 발표해 주목받던 한국의 이호왕 박사가 한국형출혈열 연구에 뛰어들었다. 그는 일본에 위치한 미국육군의학연구사령부 극동 지부로부터 한국형출혈열을 주제로 연구비를 지원받아 일에 착수했다. 당시 한국형출혈열은 러시아와 중국, 한국 각지에서 유행하고 있었다. 한국에서는 특히 휴전선 근처 주민들이 이 병에 노출되는 일이 많았는데 출혈열 환자의 주요 발생 지역은 의정부시 근교, 동두천, 연천, 김화 등 서울에서 자동차로 한두 시간 걸리는 거리에 있었다.

이호왕 박사는 1970년부터 1976년까지 6년간 연구를 진행한 끝에 마침내 세계 최초로 한국형출혈열의 병원체를 발견했다. 이 병원체는 1975년 동두천시 송내동에서 채집한 등줄쥐의 폐와 신장에서 발견했는데, 출혈열 환자의 혈청에 존재하는 항체와 특이적으로 반응했다(그림 4-1). 이호왕 박사는 이 병원체 바이러스를 처음 발견한 순간을 그의 저서《한탄강의 기적》에 다음과 같이 묘사했다(그림 4-2).

1975년 10월에 들쥐의 폐장 샘플에 환자의 항체가 있는 혈청을 반응시키고 현미경을 들여다봤더니 밤하늘의 은하수 같은 노란빛이 나타났어요. 새로운 별을 찾아낸 거죠. 흥분을 누르고 6개월 동안 침착하게 수십 번을 반복

**그림 4-1**
한국형출혈열의 숙주 동물 등줄쥐와 최초 발견지인 경기도 동두천시 송내동 전경(2017년 5월).

해 확인했는데 그때마다 현미경 안 별이 반짝였습니다.

1975년 처음 발견 당시에는 이 새로운 항원(Korea 항원)이 죽은 미생물인지 살아 있는 바이러스인지 알 수 없었다. 이호왕 박사는 1976년 6월부터 Korea 항원이 무엇인지 밝히기 위한 실험을 시작했다. 먼저 감염된 등줄쥐의 폐장과 신장이 10% 포함된 조직분쇄액(조직을 생리적 식염수에 넣고 분쇄기로 간 뒤 원심분리기를 이용해 상층액과 나머지 조직을 분리시킨다. 이때 분리된 상층액을 조직부유액이라고 한다. 조직에 포함된 항원, 항체들이 상층액으로 추출되어 나오기 때문에 이를 이용해 생물학적 성분 분석을 할 수 있다)을 만들고, 각종 실험동물에 접종해 항원의 증식 여부를 조사했으나 실패했다. 실험동물을 이용한 실험에 실패하자 서울시 근처 야산에서 등줄쥐와 다양한 종류의 쥐를 채집해 동일한 조직분쇄액을 채집한 쥐의 피하, 근육, 뇌에 접종했다. 이틀 간격으로 쥐를 해부해 확인했는데 접종한 날로부터 일주일 전후의 등줄쥐 폐장에서 다량의 Korea 항원을 발견했다. 비로소 실험에 성공한 것이다. 이렇게 Korea 항원이 바이러스라는 사실은 1976년 11월, 처음으로 밝혀졌다.

1976년 서울에서 세계 최초로 한국형출혈열의 병원체를 발견했다고 발표한 후 이호왕 박사는 이 병원체의 이름을 생각하기 시작했다. 쉽게 결정할 수 없는 문제였기에 고민을 거듭하던 시기에, 노벨생리의학상 수상자인 대니얼 가이듀섹(Daniel Carleton Gajdusek) 박사가 고려대학교 연구소를 방문했다. 미국 국립보건원(National Institutes of Health, NIH) 신경병연구소장이었던 가이듀섹 박사는 한국전쟁 당시 미국 육군 대위로 한국에 소집되어 의정부에 있는 한국형출혈열 연구센터에서 1년 이상 연구를 진행한 경험이 있었다. 그래서 특히 이호왕 교수에게 관심이 많았는데, 병원체가 발견되었다는 발표를 보고 급히 찾아온 것이다.

이호왕 박사는 가이듀섹 박사에게 출혈열 병원체의 이름을 무엇으로 하면 좋을지 물었다. 가이듀섹 박사는 한강을 추천했지만, 이호왕 박사는 찬성하지 않았다. 당시 급성장한 한국의 경제를 '한강의 기적'이라 불렀고 한강은 서울의 중심에서 흐를 뿐 출혈열과는 아무런 관련이 없었기 때문

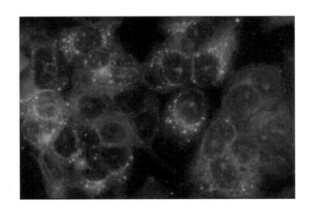

**그림 4-2**

한탄바이러스 형광 현미경 사진. 특정 항원이나 항체를 형광으로 염색해 형광현미경으로 보면 항원–항체가 결합한 것을 확인할 수 있다.

이다. 재차 고민하던 이호왕 박사에게 주위 사람들은 발견자의 이름을 붙여 '호왕바이러스'가 어떻겠느냐고 추천했다. 그러나 그는 한국의 지명을 사용하고자 했다. 누구나 바이러스 이름만 보고도 한국에서 한국인이 발견한 것을 알 수 있게 하고, 한국의 의학 연구 수준이 높다는 것을 세계에 전하고 싶었기 때문이다.

고민 끝에 바이러스를 발견한 등줄쥐를 잡은 지역, 동두천시 송내동 근처에 흐르는 한탄강의 이름을 따서 '한탄바이러스'로 결정했다. 그리고 자신의 아호를 '한탄(漢灘)'이라 지었으며, 외국인도 정확히 발음할 수 있도록 'Hantan'에 'a'를 2개 넣어 영문 표기를 'Hantaan virus'라고 했다. 한국형출혈열의 원인이 밝혀지기까지 소요된 50여 년간 이 병은 나라마다 다르게 불리고 있었다. 아시아에서는 '출혈성신우신장염' '유행성출혈열' '한국형출혈열', 유럽에서는 '유행성신염' 또는 '유행성출혈열'이라 했다.

이호왕 박사의 연구실에서는 1976년 한국에서 한탄바이러스를 발견한 후 러시아의 출혈열, 중국의 출혈열, 유럽의 유행성신염 등이 한탄바이러스 또는 그와 유사한 바이러스에 의해 발생한다는 사실을 혈청학적 연구(혈액 내에 존재하는 바이러스의 특이한 항원에 상응하는 항체 반응을 통해 바이러스 감염 양성 또는 음성을 결정한다)를 통해 속속들이 증명했고, 병의 이름을 '신증후군출혈열'이라 부르게 되었다. 세계 각국에서 출혈열 의심 환자의 혈청이 이호왕 교수가 설립한 고려대학교 바이러스병연구소에 쇄도했다.

## 서울바이러스

1979년 11월 24일, 서울시 종로구에 있는 한 내과 병원에 입원한 환자의 가족이 다음 날 아침 고려대학교 바이러스병연구소로 찾아왔다. 시험관에 담긴 약 10mL의 환자 혈액을 가지고 와서 출혈열 검사를 해달라는 것이었다. 환자는 54세 남성으로 서울시 서대문구에 거주하는 아파트 경비원이었는데, 검사 결과 한탄바이러스 양성이었다. 그동안 출혈열 환자는 주로 부대나 시골에서 발생했는데 처음으로 서울 시내 거주자에서 환자가 발생한 것이다.

이호왕 박사가 병원장에게 전화로 확인했을 때 그는 입원한 환자가 계속 이상한 말을 한다고 했다. 환자가 아파트에서 쥐를 잡다가 이 병에 걸렸다고 주장한다는 것이다. 환자에 따르면 1979년 11월 16일, 겨울이 오기 전 아파트 1층 입구에 있는 경비실에 무연탄 난로를 설치하고 있었는데 갑자기 쥐 한 마리가 나타났다. 우왕좌왕하다가 무의식적으로 출입문을 닫고 쥐를 잡기 시작했다. 자신이 휘두른 쇠꼬챙이에 쥐가 맞아 피를 흘리며 죽자, 사체를 신문지에 싸서 밖에 있는 쓰레기통에 버리고 경비실 바닥에 묻은 쥐의 배설물과 피를 청소했으며 저녁까지 근무했다.

그 뒤 오한과 섭씨 39.4도에 이르는 고열로 집 근처의 병원에 입원했다. 그런데 얼굴과 겨드랑이에 출혈성 반점이 나타나고 소변이 잘 나오지 않자 겁을 먹은 그는 자신이 때려잡은 집쥐의 사체 때문에 병에 걸렸다고 하소연하게 된 것이다. 게다가 지난 일주일 동안 집과 근무지 아파트 외에는 아무 데도 간 곳이 없으니 아파트의 쥐를 잡아서 꼭 조사해보라고 이야기했다. 다행히 이 환자는 3주 후에 회복되어 퇴원했다.

그렇게 서울에서 처음 발생한 환자를 시작으로 연구를 진행한 이호왕 박사는 서대문구 아파트 지하상가에서 잡은 집쥐(시궁쥐)에서 한탄바이러스와 다른, 새로운 바이러스를 1981년 봄에 발견했다. 그는 새로운 바이러스의 이름을 서울시에서 따와 '서울바이러스'라 했다. 이 연구를 통해 등줄쥐 같은 들쥐 외에도 집쥐가 한탄바이러스 유사 바이러스의 자연계 숙주인 것을 밝혀냈다.

인구 밀도가 높은 도시에서도 신증후군출혈열이 발생할 수 있다는 발견에 세계의 이목이 집중되었다. 집쥐에 의해 전염되는 도시형 신증후군출혈열은 한탄바이러스에 의한 신증후군출혈열보다 증상이 심각하지는 않았다. 하지만 기차, 자동차, 선박 등을 통해 전 세계로 쉽게 운반될 수 있고, 반려동물이나 실험용 흰쥐에 바이러스가 전파되어 많은 사람에게 병을 일으킬 잠재적인 위협이 된다.

집쥐는 전 세계에 분포해 언제 어디서 출혈열 환자가 발생할지 예측하기가 매우 어렵다. 그 후에 중국에서 많은 환자가 서울바이러스에 감염되었다는 사실이 확인되었고 1980년대 일본의 많은 대학 동물실험실과 실험동물 사육장에서 서울바이러스에 의한 신증후군출혈열 환자가 발생했다. 심지어 일본에서 발생한 20여 명의 신증후군출혈열 환자 중 1명이 사망했다. 서울 시내 여러 대학의 동물실험실 종사자 중에서도 환자가 나타났다. 세계 각국의 동물실험실에서 서울바이러스 감염 환자가 언제든지 발생할 수 있다는 사실을 확인했고, 동물실험실 종사자는 항상 이 점을 주의해야 한다는 경각심을 가지게 되었다.

아시아 외에도 영국에서 2013년 반려 쥐를 키우고 사육하는 시설에서 발생한 출혈열 환자를 역학조사한 결과 서울바이러스 감염에 의한 것으로 밝혀졌다. 이후 스코틀랜드, 프랑스, 스웨덴을 포함한 유럽 각국에서 서울바이러스에 의한 신증후군출혈열 환자가 나타났다. 2017년 초 미국에서는 집 안에서 기르던 집쥐 때문에 서울바이러스 감염에 의한 출혈열 환자가 17명 발생해 그 가족으로부터 전염되는 등 서울바이러스 집단 발생(outbreak)이 보고되기도 했다.

한탄바이러스에 대한 이야기를 할 때면 이호왕 박사(1928~2022)를 빼놓을 수 없다. 이 박사에 의해 출혈열의 병원체인 한탄바이러스와 서울바이러스가 발견되었고 진단법이 확립되었으며 백신까지 개발되었기 때문이다. 그의 연구 업적은 전 세계적으로 인정받았고 한국, 미국, 일본 3개국 학술원 회원으로 추대된 유일한 한국인 과학자로 이름을 남겼다. 현재 고려대학교 의과대학 교정에 이호왕 박사의 흉상이 있으며 경기도 동두천시 소요산 입구에 있는 자유수호 평화박물관 내에 '한탄 이호왕 박사 기념관'을 마련해 연구 업적과 실제 쓰였던 실험 기기 등을 전시하는 등 연구팀의 업적을 기리고 있다.

# 한타비리데과 바이러스

## 신놈브레바이러스

1993년 5월, 미국 남서부의 포코너스(Four Corners, 유타, 콜로라도, 애리조나, 뉴멕시코 4개 주가 만나는 곳) 지역에서 폐에 물이 차고 급성호흡부전 증상을 보이는 환자가 집단적으로 발생했다. 이 환자들은 높은 사망률을 보였지만 정확한 원인을 몰랐다. 환자의 혈청에서는 푸말라, 프로스펙트힐 및 서울바이러스에 교차반응하는 면역글로불린 M(IgM)과 IgG 항체를 발견했고, 환자의 조직에서는 역전사-중합효소연쇄반응법(Reverse Transcription-Polymerase Chain Reaction, RT-PCR)을 이용해 새로운 한타바이러스(한탄바이러스와 서울바이러스 등이 속한 상위 분류군)를 찾아냈다. 새롭게 발견한 이 바이러스는 이후 포코너스바이러스, 무에르토캐니언(Muerto Canyon)바이러스, 콘빅트크리크(Convict Creek)바이러스로 바뀌어 불리다가 최종적으로는 신놈브레바이러스(라틴어로 이름 없는 바이러스라는 뜻)로 명명되었다.

신놈브레바이러스의 주된 자연 숙주는 북아메리카 지역에 넓게 서식하는 사슴쥐이며, 신놈브레바이러스에 의해 발생하는 한타바이러스 폐 증후군(Hantavirus Pulmonary Syndrome, HPS)의 치사율은 무려 35~50%로 매우 높다. 신놈브레바이러스가 언제부터 북아메리카 대륙에 존재했는지 역추적해보았다.

그 결과, 1983년 8월 캘리포니아에서 채집된 사슴쥐의 폐 조직 및 1993년 포코너스 지역에서 발생한 한타바이러스 폐 증후군 환자에게서 발견된 바이러스와 아미노산 서열이 약간(2% 정도) 다를 뿐 거의 동일한 바이러스가 발견되었다. 임상 증상과 신놈브레바이러스에 대한 IgG 항체가 증가한 사실 등에 근거해 최초의 환자는 1959년 유타주에서 발병한 38세의 남자임을 밝혔다.

한타바이러스가 야기하는 질병은 과거부터 북아메리카 대륙에 존재하고 있었다. 신종 감염병은 사람들이 새로운 거주 지역으로 이주하거나 생태계의 변화로 새로운 병원체에 노출될 기회가 증가해 발생한다. 미국에서 한타바이러스 폐 증후군이 출현한 것은 엘니뇨 현상과 연관이 있다. 6년 동안 지속되었던 가뭄 이후 1993년 겨울과 봄에 걸쳐 많은 양의 비가 미국 남서부에 내렸다. 이 시기에 한타바이러스의 숙주인 사슴쥐의 개체 수가 10배가량 증가했다. 이로 인해 설치류 사이의 바이러스 전파 확률이 높아졌고 쥐가 음식을 구하기 위해 주택 내로 침입해 사람과 접촉할 기회가 많아졌다. 그 과정에서 쥐의 배설물을 통해 노출된 바이러스가 호흡기를 거쳐 사람에게 전파되어 감염된 것으로 추정된다.

# 뉴욕바이러스

1994년 1월, 미국 동부의 로드아일랜드주 한 병원 응급실에서 22세의 젊은 남성이 돌연 사망했다. 사망 전 그는 발열과 함께 숨 쉬기가 불편하다는 증상을 호소했다. 환자의 혈액에서 한타바이러스에 대한 항체가 발견되었고, 중합효소연쇄반응법(PCR)으로 확인 결과 한타바이러스 염기서열이 환자의 폐를 비롯한 각종 장기에서 검출되어 한타바이러스가 사망 원인으로 추정되었다. 역학조사에서 그는 사망 전 2개월간 미 동북부 지역을 벗어나지 않았던 것으로 나타났다. 집과 별장이 있던 뉴욕주의 퀸스와 셸터아일랜드, 두 지역이 그가 한타바이러스에 노출된 유력한 장소로 의심되었다. 하지만 환자가 사망 전에 머물렀던 동부 해안 지역은 신놈브레바이러스를 운반하는 사슴쥐가 서식하지 않는 곳이었다. 새로운 한타바이러스가 병원체일 가능성이 높았다.

고려대학교 의과대학 송진원 교수 등은 1994년 12월 뉴욕주 셸터아일랜드에서 채집된 미국흰발붉은쥐로부터 로드아일랜드-한타바이러스 폐증후군 환자의 폐 조직에서 증폭된 한타바이러스(NY/RI-1)주와 S 및 M 분절(RNA 바이러스의 유전물질은 기능에 따라 여러 개의 분절로 나뉜다. S는 바이러스의 핵산과 그것을 둘러싼 껍질을, M은 바이러스 당 단백질을 만든다)이 99% 이상 동일한 한타바이러스를 분리할 수 있었다. 이 바이러스에는 셸터아일랜드-1(Shelter Island-I) 바이러스라는 이름이 붙었지만, 지역 주민의 항의 때문에 뉴욕바이러스(New York-1 virus)로 바뀌었다.

이로서 대서양 연안을 따라 미 동부 지역에 폭넓게 서식하는 흰발붉은쥐가 한타바이러스 폐 증후군의 또 다른 숙주 동물임이 드러났다. NY-1주와 환자의 RI-1주 한타바이러스 간 염기서열이 거의 동일하기 때문에, 뉴욕바이러스가 미국 동부 해안가 지역에서 한타바이러스 폐 증후군을 일으키는 새로운 병원체임이 밝혀졌다. 미국 질병통제예방센터(CDC)에 따르면 2021년까지 미국에서 850명의 한타바이러스 폐 증후군 환자가 발생했으며, 62%는 남성이었고 38%는 여성이었다. 74%는 백인이었고, 17%는 아메리칸인디언, 1%는 흑인, 1%는 아시아인이었으며 치사율은 35%에 육박했다.

이후 남아메리카의 브라질, 아르헨티나 및 파라과이 등에서도 치사율이 매우 높은 한타바이러스 폐 증후군 환자가 발생했으며 안데스바이러스 등 여러 신종 한타바이러스가 발견되었다.

## 임진바이러스와 제주바이러스

1964년, 인도 남부에 서식하는 식충목 사향뒤쥐에서 일본뇌염을 연구하던 학자들은 우연히 처음 보는 바이러스(Thottapalayam virus, 토타팔라얌바이러스)를 발견했다. 하지만 당시에는 정확히 어떤 바이러스인지 알 수 없었다. 1980년대 후반에 들어 전자현미경으로 관찰한 결과 한타바이러스 중 하나일 가능성이 보고되었다.

송진원 교수가 1993년에 미국 국립보건원에서 한타바이러스를 연구할 당시만 하더라도 토타팔라얌바이러스는 아주 짧은 일부 염기서열만 밝혀진 상태였다. 당시 동물실험을 통해 토타팔라얌바이러스의 추가적인 염기서열을 밝혀내고자 했으나 규명하지 못했다. 그 후 2005년, 송진원 교수를 비롯한 연구자들이 토타팔라얌바이러스 전장유전체 염기서열을 얻는 데 성공했다. 이를 동물실험과 같이 분석한 결과 토타팔라얌바이러스가 식충목 동물인 땃쥐 매개 한타바이러스의 표준형임을 보고했다. 이는 국내에 서식하는 식충목 동물에서 새로운 임진바이러스와 제주바이러스를 발견하는 계기가 되었다.

과학자들은 신종 한타바이러스를 찾기 위해 국내에 서식하는 땃쥐에 많은 관심을 가지고 연구했다. 비무장지대(DMZ) 근처 임진강변에서 채집한 우수리땃쥐로부터 신종 한타바이러스를 발견했으며 채집 지역인 임진강의 이름을 따서 임진바이러스라 명명했다. 혈청학적인 검사를 통해서도 임진바이러스는 기존에 발견된 설치류 매개 한탄바이러스, 푸말라바이러스 및 뉴욕바이러스와 거의 교차반응을 보이지 않았고, 토타팔라얌바이러스와도 높지 않은 교차반응을 보였다. 이에 따라 임진바이러스는 기존의 한타바이러스와 다른, 새로운 종의 바이러스임을 증명할 수 있었다.

임진바이러스의 발견은 국내에 서식하는 땃쥐 한타바이러스 연구를 이어가게 해주었다. 2012년 송진원 교수는 그동안 한타바이러스가 보고된 적이 없던 청정 지역 제주도에서 채집된 작은땃쥐로부터 신종 한타바이러스를 발견해 제주바이러스라고 명명했다. 제주바이러스는 2009년에

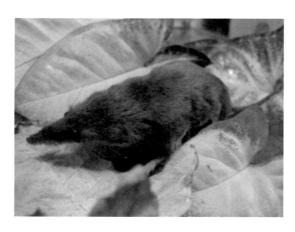

**그림 4-3**
임진바이러스의 자연계 숙주 동물인 우수리땃쥐.

**표 4-2** 한국의 한타바이러스 종.

| 바이러스 종 | 발견 연도 | 질병 | 자연계 숙주 동물 | 주 발생 지역 |
|---|---|---|---|---|
| 한탄바이러스 | 1976년 | 신증후군출혈열 | 등줄쥐 | 아시아, 유럽 |
| 서울바이러스 | 1982년 | 신증후군출혈열 | 시궁쥐, 실험실 쥐 | 전 세계 |
| 임진바이러스 | 2009년 | –* | 우수리땃쥐(식충목) | 한국, 중국 |
| 제주바이러스 | 2012년 | –* | 작은땃쥐(식충목) | 한국, 중국 |

\* 현재까지 인체병원성 여부가 밝혀지지 않음

임진강변에서 발견된 임진바이러스와는 전혀 다른 신종 한타바이러스로 밝혀졌는데 현재까지도 세포배양 분리를 시도하고 있다. 2020년 송진원 교수의 연구팀은 제주바이러스를 한반도 내륙 지역에서도 발견했다. 앞으로 제주바이러스의 분포와 진화에 대해 지속적이고 폭넓은 연구가 필요함을 말해준다.

1976년 고려대학교 의과대학 이호왕 박사가 발견한 한탄바이러스에 이어 현재까지 국내에서 총 4종의 한타바이러스가 발견되었다. 한탄바이러스, 서울바이러스(1982년), 임진바이러스(2009년), 제주바이러스(2012년)가 바로 그것이다. 이 가운데 한탄바이러스와 서울바이러스는 사람에게 병을 일으키는 병원성 바이러스다(표 4-2).

## 새로운 과

이호왕 박사는 1976년 유행성출혈열의 병원체를 세계 최초로 발견하고 한탄바이러스라 명명했으며 1982년에는 서울바이러스를 발견했다. 이

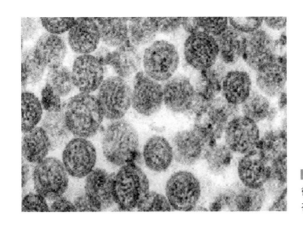

한타바이러스의 전자현미경 사진(둥근 구형).

호왕 박사의 한탄바이러스 발견은 세계의 이목을 집중시켰고 여러 나라의 과학자가 한탄바이러스에 대한 지속적인 연구를 진행하는 계기가 되었다.

1976년 한탄바이러스가 처음 발견된 이후, 국내뿐 아니라 전 세계 각지에서 한탄바이러스와 유사한 바이러스가 들쥐, 식충목 동물, 파충류, 어류 등 다양한 숙주에서 발견되었다. 국제바이러스명명위원회(International Committee on Taxonomy of Viruses, ICTV)에서는 한탄바이러스를 포함한 현재까지 보고된 모든 바이러스의 전자현미경 사진, 생화학적 성분 및 유전자 염기서열을 비교 검토한 뒤 2017년부터 바이러스를 재분류하기 시작했다.

2019년 2월, 새로 명명된 바이러스를 모두 포함시킨 바이러스 분류표가 나왔다. 새로운 방식으로 작성된 이 표에는 한탄바이러스의 이름을 딴 '한타비리데과'가 생겼다. 한타비리데과 신설 과정은 다음과 같다.

1976년 한탄바이러스, Hantaan virus (종의 이름, Species)

1986년 한타바이러스, Hantavirus (새로운 속의 이름, Genus)

2019년 한타비리데, Hantaviridae (새로운 과의 이름, Family)

　1976년에 한탄바이러스가 발견되고 10년 후, 8개의 유사한 바이러스가 발견되어 새로운 속이 생겼으며 이후 53종의 한타바이러스가 다양한 숙주에서 발견되어 2019년 2월, 새로운 과가 탄생하게 되었다.

　한국인 학자가 새로운 바이러스를 발견하고 한국의 아름다운 강(한탄강) 이름을 따서 한탄바이러스(종)라고 명명했으며 이와 유사한 바이러스들이 발견되어 한타바이러스속이 생겼다. 이후 53종의 유사 바이러스가 여러 나라에서 발견되며 한타비리데라는 새로운 과가 생겼는데 이 이름이 한탄강을 나타내고 있으니 자랑스러운 일이다. 한국에서 한국 과학자가 세계 최초로 미국 학자, 일본 학자, 러시아 학자, 중국 학자, 유럽 학자 들이 하지 못한 일을 해냈다. 이는 세계 바이러스학 역사에도 큰 영향을 미쳤으며 영원히 의학 서적에 남아 있을 것이다.

# 원숭이두창

유럽과 북아메리카에서 유행하고 있는 원숭이두창(monkeypox)의 국내 첫 환자가 2022년 6월 22일에 발생했다. 원숭이두창은 중앙아프리카 및 서아프리카 지역의 풍토병으로 그동안 이들 국가 사이에서 주로 유행했다. 하지만 세계 첫 환자가 2022년 5월 영국에서 발생한 이후 유럽과 북아메리카, 남아메리카, 아시아 등 52개국에서 5700여 명의 환자가 발생하며 급속히 퍼졌다(미국 질병통제예방센터 2022년 7월 1일 집계 기준). WHO는 이 해 5월 29일 원숭이두창에 대한 전 세계 보건 위험 단계를 2단계 '보통'으로 격상했고, 6월 15일에는 긴급 회의를 재소집해 공중 보건 비상사태 선포를 논의했다. 대한민국 질병관리청 또한 국내 원숭이두창 감염자가 발생함에 따라 감염병 위기 경보 단계를 '주의'로 격상하고 2급 감염병으로 지정해 관리하고 있다.

전 세계를 큰 혼란에 빠뜨렸던 신종 코로나바이러스 감염증 확진자 수가 감소하며 일상 회복이 시작된 상황에서 갑작스럽게 새로운 감염병이 유행하자 또 다른 혼란이 시작될까 걱정하는 목소리가 컸다. 그럼 원숭이두창이 어떤 감염병이고 우리는 어떻게 대응해야 할지 알아보자.

## 아프리카 풍토병

원숭이두창은 원숭이두창바이러스(Monkeypox virus, MPXV)가 일으키는 인수공통감염병이다. 원숭이를 비롯해 설치류 등에 감염된다. 1958년 덴마크 코펜하겐 국립혈청연구소에서 처음 발견되었다. 연구를 위해 사육하는 원숭이들 사이에서 수두와 비슷한 질병이 집단으로 발생해 원숭이두창이라는 이름이 붙었다. 1970년 콩고민주공화국에서 인간 감염이 보고되었고, 1970년에서 1980년 사이에 발생한 59건을 분석한 결과, 모든 사례가 서부 및 중부 아프리카의 열대우림에서 원숭이두창에 감염된 동물에 노출된 결과로 확인되었다. 2022년 확산 이전까지는 아프리카의 일부 국가에서만 유행하는 풍토병이었으며 특정 국가에서는 엔데믹화되어 있었다. 그러나 이제 더 이상 풍토병이라고 부를 수 없을 만큼 확산되었다.

원숭이두창을 일으키는 원숭이두창바이러스는 폭스바이러스과(Poxviridae)의 오르토폭스바이러스속(Orthopoxvirus)에 속한다. 같은 분류군으로는 천연두(두창), 우두를 일으키는 바이러스가 있다. 원숭이두창바이러스는 이들과 친척이다. 원숭이두창바이러스는 크게 중앙아프리카변이(또는 콩고분지변이)와 서아프리카변이로 나뉜다. 이 가운데 증상과 치명율이 더 심각한 것은 중앙아프리카변이로, WHO에 따르면 중앙아프리카변이의 치명률은 10.6%, 서아프리카변이의 치명률은 3.6%다. 그나마 다행인 점은 최근 유럽에서 발견된 원숭이두창은 서아프리카변이라는 사실이다.

원숭이두창바이러스는 유전물질이 DNA로 구성된 DNA 바이러스다. DNA는 매우 안정된 구조를 지닌 유전물질로, 변이가 잘 일어나지 않는다. DNA 바이러스 역시 변이 바이러스가 생길 가능성이 낮다. 반면 RNA는 불안정하고 변이가 잘 일어난다. 코로나19를 일으키는 사스코로나바이러스-2는 대표적인 RNA 바이러스로, 불안정성 때문에 상대적으로 변이를 잘 일으킨다.

원숭이두창바이러스가 속한 폭스바이러스과의 바이러스는 거대한 크기가 특징이다. 원숭이두창바이러스 역시 200~250nm로 거대해 광학현미경으로도 관찰이 가능할 정도다. 유전물질 또한 190kb(킬로염기쌍. 1kb는 염기쌍이 1000개 늘어선 길이라는 뜻으로, 190kb는 염기쌍이 19만 개 늘어선 크기)로 커서 30kb인 사스코로나바이러스-2보다 6배 이상 크며 구조도 훨씬 복잡하다(그림 4-5). 바이러스의 DNA가 담긴 코어(core), 외피(outer membrane)로 구성되어 있으며 지질단백으로 된 봉투단백질(envelope protein)이 가장 바깥 부분을 감싼다 .

원숭이두창바이러스가 감염 환자 피부 수포로부터 비감염 환자의 피부 상피세포로 옮겨 오면, 바이러스는 상피세포막에 붙은 뒤 세포막과 융

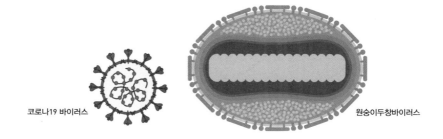

코로나19 바이러스　　　　　　　　　　　　　　　원숭이두창바이러스

**그림 4-5**

코로나19 바이러스와 원숭이두창바이러스의 비교.

합된다. 외피가 융합되면서 바이러스의 코어가 세포의 세포질로 들어가고, 코어 속 단백질과 효소들이 바이러스의 DNA로부터 초기 mRNA를 만든다. 코어에서 만들어진 mRNA는 세포질에서 초기 단백질로 번역된다. 초기 단백질은 코어의 외피를 벗기고 바이러스의 DNA를 복제한다. 새롭게 복제된 DNA와 바이러스 단백질들이 모여 완성형 바이러스로 생합성되는 과정을 지속하면서, 바이러스는 감염된 세포 내에서 한계에 이를 때까지 증식한다. 이렇게 증식한 바이러스들은 감염된 세포에서 방출되어 주변 세포들을 감염시키는 방식으로 전신에 퍼진다. 이 복잡한 과정의 단계 중 하나라도 선택적으로 억제할 수 있다면 항바이러스제로 작용할 수 있다(그림 4-6).

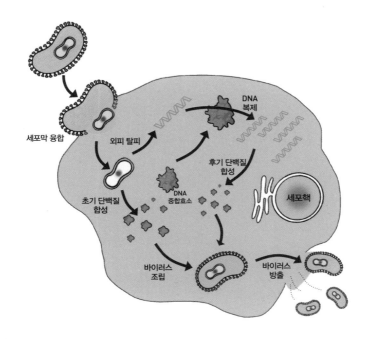

**그림 4-6**

바이러스가 세포를 감염시키는 방식.

## 증상과 감염

원숭이두창의 전파 경로는 크게 동물과 사람, 사람과 사람으로 나누어 생각할 수 있다. 가장 흔한 것은 원숭이두창에 감염된 동물로부터 전파되는 경우다. 감염된 설치류나 영장류 등에 직접 물리거나 이들의 피, 체액과 접촉하면 감염될 수 있다. 사람 간 전파도 감염된 사람의 체액 또는 혈액에 접촉한 경우 가능하다. 역학조사 결과를 살펴보면 감염 환자와 성적 접촉 후 성기와 항문 부위에서부터 수포가 생기는 것을 알 수 있다. 감염 환자의 수포에서 바이러스가 피부 접촉을 통해 전달되는 것으로 여겨진다. 특히 환자의 수포에 바이러스가 많기 때문에 수포에서 나온 체액과의 접촉을 조심해야 한다. 그 외에 비말을 통한 감염 또한 가능은 하나 매우 드문 것으로 추정된다.

원숭이두창에 감염되면 1~2주의 잠복기를 지나(잠복기는 최대 21일에 이르기도 한다) 발열, 두통, 근육통, 피로감 등 감기나 독감과 비슷한 증상을 보인다. 특히 림프절 부종이 주요 증상으로 나타나는데 주로 목, 겨드랑이, 서혜부의 림프절이 커지고 누르면 통증이 느껴진다. 림프절 증상은 다른 피부 질환(수두, 대상포진, 단순 포진, 홍역)에서 볼 수 없는 원숭이두창 특유의 증상이다. 이후 1~5일이 지나면 얼굴을 중심으로 수포를 동반한 발진 증상이 나타나며, 손발까지 확산한다. 증상은 2~4주 지속되며 대부분 자연히 회복된다.

원숭이두창의 증상과 바이러스의 감염 과정을 같이 살펴보자. 감염 초기에 바이러스는 감염이 시작된 부위에서만 발견되며 강력한 염증 반응을 가져온다. 이후 증식된 바이러스는 림프관과 혈관을 따라 1차 바이러스혈증(viremia)을 일으키고 비장, 간, 골수 등의 장기로 이동해 증식한다. 이 과정에서 근육통, 피로감 같은 전신 증상과 발열, 두통, 림프절 비대증이 나타난다. 이후 2차 바이러스혈증이 일어나는데 주로 피부로 이동해 물집과 같은 증상을 일으킨다. 초기에 전신 및 림프절 증상이 나타나고 1~5일 뒤 피부 증상이 별도로 생기는 이유다. 진단은 원숭이두창에 특이적인 증상을 확인하고, 유전자증폭검사(PCR)를 통해 환자의 혈액, 피부 병변의 조직 및 액 등에서 바이러스 유전자를 검출하는 방식으로 이루어진다.

원숭이두창은 코로나19와 달리 치료제가 이미 개발되어 있다. 대부분의 환자는 경증에 그치기에 특별한 치료가 필요하지 않다. 그러나 중증으로 진행할 위험이 있는 면역 저하 환자, 8세 미만의 소아, 임신 또는 수유 중인 산모, 기타 감염에 취약한 환자는 항바이러스제를 사용할 수 있다. 현재 치료제로 권장되는 항바이러스제는 테코비리마트(Tecovirimat)와 시도포비르(Cidofovir) 두 가지다. 테코비리마트는 바이러스가 세포 안에서 증식할 때 바이러스 입자를 형성하는 데 필요한 봉투단백질의 기능을 저해한다. 시도포비르는 바이러스의 복제에 중요한 바이러스성 DNA 중합효소를 선택적으로 방해한다. 이들 모두 바이러스의 증식을 억제하는 항바이러스제로 작동한다. 1차적으로는 테코비리마트를 치료에 중점적으로 사용하는데 국내에는 2022년 7월에 도입되었다.

## 천연두 백신

백신의 원리는 병에 걸리는 대신 약화시킨 병원체나 병원체의 조각을 우리 몸에 투여해 질병에 대한 면역을 형성하는 것이다. 그런데 천연두, 우두, 원숭이두창 바이러스는 서로 구조와 특징이 유사하다. 모두 오르토폭스바이러스속에 속하는 친척이기 때문이다. 이 점에 착안해, 하나의 바이러스에 면역이 생기면 다른 바이러스에 대한 면역이 같이 형성될 수 있다는 아이디어가 생겼다.

1773년 영국의 에드워드 제너(Edward Jenner)는 의학을 공부한 뒤 고향마을로 돌아가 의사로 활동했는데, 우유를 짜는 여성들이 우두에 걸리고 나면 천연두에 걸리지 않는다는 사실을 발견했다. 우두는 소와 사람이 걸리는 천연두와 비슷한 질병인데 천연두에 비해 증상이 매우 가볍고 자연히 회복되었다. 제너는 관찰 결과를 응용하여 우두바이러스를 접종해 천연두를 예방하는 최초의 예방 백신을 1796년에 개발했다. 이는 인류가 천연두를 정복하는 시발점이 되었다.

제너가 종두법을 통해 천연두 예방에 성공한 지 200년이 채 지나지 않은 1980년, 인류는 천연두를 지구상에서 박멸했다. 현재 허가 받은 천연두 백신은 ACAM2000과 JYNNEOS 2가지가 있다. ACAM2000은 2세대 천연두 백신이다. 약독화된 살아 있는 우두바이러스를 인체에 감염시켜 천연두에 대한 면역을 형성시킨다.

ACAM2000은 접종 방식이 다른 백신들에 비해 특별하다. 분지법(scarification)이라는 방법으로, 끝이 갈라진 특수한 바늘에 백신 용액을 묻힌 후 피부의 5mm 되는 부위에 15번 반복해 찌른다. 약 일주일이 지나면 접종 부위에 수포가 생기는데 이를 통해 백신이 효과적으로 작동했는지 확인할 수 있다. 만약 수포가 제대로 형성되지 않았다면 재접종이 필요하다. 과거, 경제적으로 어려운 시기에는 접종용 바늘을 불에 달구어 소독 후 재사용하다 보니 '불주사'라는 별칭이 붙기도 했다. 이 방식은 대규모 접종에 불리한 측면이 있다. 무엇보다 살아 있는 바이러스를 사용하니 면역이 저하된 사람들에게는 접종하기 힘들다.

이런 단점을 개선하기 위해 나온 백신이 덴마크 기업 바바리안 노르딕이 만든 3세대 백신 'JYNNEOS'다. JYNNEOS는 살아 있지만 신체에서 증식을 못하도록 변형시킨 우두바이러스를 사용한다. ACAM2000에 비해 부작용이 적고, 무엇보다 피하주사라 접종이 편리하다는 것이 장점이다.

우두바이러스를 통해 천연두를 예방했듯, 원숭이두창 또한 천연두 백신으로 예방할 수 있다. 기존의 천연두 백신은 약 85%의 효율로 원숭이두창을 예방할 수 있다. 아프리카에서 이루어진 역학 연구에 따르면 1980년대에 천연두 백신 접종이 종료되자 원숭이두창 환자의 수가 급증하기 시작했다는 보고도 있다. 2019년 미국 식품의약국(FDA)은 JYNNEOS를 원숭이두창 백신으로도 승인했다. JYNNEOS는 바이러스에 노출된 지 4일 이내에 접종해도 예방 효과가 있으며 4일이 지나더라도 증상을 완화시키는 효과가 있다. 한국 정부는 천연두가 생물학적 테러로 사용될 잠재적 가능성에 대비해 다량의 천연두 백신을 이미 비축하고 있다. 위급한 상황이 발생할 경우 접종이 가능하다.

한 가지 궁금증이 더 생긴다. 과거 천연두 백신을 접종받은 사람은 원숭이두창에 대해 면역이 형성되어 있을까? 문제는 접종 시점이다. 1978년 영국에서 마지막 천연두 환자가 발생한 뒤 WHO는 1980년 천연두의 박멸을 선언했다. 한국은 1979년 접종을 마무리했고 전 세계적으로는 1998년, 천연두 예방접종이 사라졌다. 한국의 50대 이상 국민 대부분은 천연두 예방접종을 이미 한 것이다.

그런데 1979년에 천연두 예방접종을 했더라도 이미 40년 이상의 시간이 흘렀다. 천연두 백신은 꽤 오래 예방 효과를 유지하지만, 10년 뒤부터는 천천히 감소한다. 다만 전문가들은 접종자가 천연두 예방접종을 아예 하지 않은 연령대보다는 원숭이두창에 대한 저항성이 있을 것이라고 추정한다. 장기 면역 연구가 필요한 시점이다.

## 팬데믹

코로나19의 뚜렷한 감소세가 보이는 시점에서 풍토병으로 여겨졌던 원숭이두창이 갑작스럽게 전 세계로 확산되려는 조짐을 보였다. 우리는 코로나19 때와 같은 고통스러운 시간을 다시 보내게 될까? 결론부터 말하자면, 그렇지 않을 것이다. 코로나19 상황과는 네 가지 측면이 다르다.

첫째, 전파 방식이 다르다. 코로나19는 비말을 통해 호흡기로 퍼졌으며 매우 높은 전파력을 보였다. 오미크론 변이의 경우 한 사람의 환자가 전파하는 환자 수를 의미하는 기초감염재생산지수가 무려 10에 이른다. 그렇지만 원숭이두창은 호흡기 전파가 거의 일어나지 않으며 기초감염재생산지수 또한 코로나19에 비해 매우 낮은 것으로 추정된다.

둘째, 변이의 발생이 적다. 사스코로나바이러스-2는 유전물질이 RNA이기 때문에 변이율이 매우 높다. 이와 달리 원숭이두창바이러스는 유전물질이 DNA여서 변이 발생 확률이 상대적으로 낮다. 2022년 유행이 아직 새로운 변이에 의한 것인지는 알 수 없지만, 지속적으로 새로운 변이에 대응해야 하는 코로나19와는 상황이 매우 다를 가능성이 높다.

셋째, 원숭이두창의 치명율이 과거 추정보다 낮을 가능성이 있다. 기존에 아프리카에서 이루어진 연구에 따르면 원숭이두창의 치명률은 1~10%로 매우 높다. 그러나 2022년의 경우 약 5700명의 환자가 나왔지만 사망자는 나이지리아에서 발생한 1명에 불과하다. 이는 기존에 보고된 높은 치명률이 아프리카의 열악한 의료 환경 때문일 가능성이 있다는 뜻이다.

**표 4-3** 원숭이두창바이러스와 코로나19 바이러스의 비교.

| 구분 | 코로나19 바이러스 | 원숭이두창바이러스 |
|---|---|---|
| 전파 방식 | 호흡기 전파 | 피부 접촉을 통한 전파 |
| 변이 | RNA 바이러스, 변이 많음 | DNA 바이러스, 변이 적음 |
| 치명률 | 0.5~2% | 최근 발병 환자군에서 낮음 |
| 치료제, 백신 | 발병 초기에 없었음 | 있음 |

의료 자원을 적절히 배분한다면 질병의 치명률을 충분히 낮출 수 있을 것이다.

마지막으로, 이미 개발된 치료제와 백신이 있다. 원숭이두창 감염은 표 4-3과 같이 아무것도 없이, 아무것도 모르고 시작한 코로나19보다는 훨씬 앞서 시작했다. 무엇보다 인류는 원숭이두창보다 훨씬 높은 감염력과 치사율을 보인 천연두를 박멸한 경험을 가졌다. 아직 원숭이두창의 팬데믹을 말하기에는 이르다.

원숭이두창의 확산과 관련해 특이한 점이 있다. 그동안 원숭이두창은 지역적으로 아프리카 일부에서 제한되어 발생했다. 2022년과 같이 환자가 급속도로 늘어난 적은 없었다. 기존의 원숭이두창과 무엇이 달라진 것일까?

과거 아프리카 이외 지역에서 유행한 사례를 살펴보자. 2003년 가나에서 수입된 프레리도그(설치류의 한 종류)에 의해 미국 내에서 47명의 환자가 발생한 적이 있다. 프레리도그 사육 시설에서 발생한 감염은 프레리도그를 데려간 가정, 동물 병원 등을 거쳐 다양한 사람에게 퍼졌다. 그러나 원숭이두창이 큰 규모의 2차 확산으로 이어지지 않았으며 지역사회 감염으로 이어지지도 않았다.

증상 또한 과거와는 일부 다른 양상을 보이고 있다. 영국에서 확인된 54명의 환자를 대상으로 한 역학조사 결과가 발표되었다. 감염된 환자 대부분에서 증상이 나타난다는 과거의 보고와는 달리 약 18%의 환자는 어떠한 증상도 나타나지 않았다. 과거에는 환자 거의 전원에서 열이 보고되었지만, 이번에는 약 54%의 환자만 열이 있었다. 피부 증상 또한 얼굴, 목, 사지에서 주로 관찰된 것과 달리 94%의 환자는 항문과 생식기 주변에서도 발진과 수포가 발생했으며 특히 31%의 환자는 오직 항문과 생식기 주변에서만 피부 병변이 나타났다. 유사한 피부 증상을 보이는 질환 또는 다른 성병으로 진단하지 않도록 조심해야 한다. 알려진 증상과 다르다는 점에서 진단을 위한 새로운 임상 기준을 수립하고 교육이 필요할 것으로 생각된다.

일부 학자들은 과거와 다른 증상, 감염 패턴을 보인다는 점에서 바이러스 변이 가능성을 제시한다. 최근 보고된 원숭이두창 환자의 치명률은 아프리카에서 기존에 알려진 치명률보다 낮은데, 이는 바이러스가 전염력은 높아지고 치명률은 낮아지도록 변이했기 때문이라는 것이다. 현재 환자들의 바이러스 게놈을 분석하는 연구가 진행되고 있다. 2022년 6월 포르투갈 리스본 국립의료원(INSA) 연구팀이 발표한 논문에 따르면 기존 바이러스와 다른 새로운 변이일 가능성이 있다. 연구팀은 2018년, 2019년의 원숭이두창바이러스 샘플과 이번 유행의 바이러스 샘플을 비교했다. 그 결과 불과 2~3년 사이에 50여 개의 염기서열이 변화했음을 확인했다. 오르토폭스바이러스속의 바이러스들이 1년에 1~2개의 염기서열 변화를 보인다는 점을 생각하면 평소보다 6~12배 빠르게 변화함을 알 수 있다. 과거와 달리 유전체의 변화를 가속시키는 요인들이 존재하는 것으로 추정된다.

단순히 염기서열의 변화가 관찰되었다는 사실만으로 바이러스의 전염력이나 치명률에 변화가 있다고 단정하기는 이르다. 염기서열의 변화와 기능의 변화가 항상 일치하는 것은 아니기 때문이다. 원숭이두창바이러스의 유전체(유전물질들의 총체)가 코로나19 바이러스의 6배 이상으로 거대하기 때문에 연구와 분석을 위한 시간이 더 필요할 것으로 보인다.

두 번째 의문은 최근 발생한 원숭이두창 환자 가운데 남성의 비율이 압도적으로 높다는 점이다. 성소수자 그룹 역시 높은 비율을 차지하고 있다. 일각에서는 남성 사이의 성적 접촉과 관련이 있을 가능성을 제기하기도 한다. 그러나 이런 특이성은 우연일 가능성이 높다. 초기 감염자 그룹에서 특정 집단이 바이러스에 많이 노출되는 현상이 생기면 초기 통계에서 해당 그룹의 비율이 유독 높게 나타날 수 있기 때문이다. 1988년 아프리카에서 이루어진 연구에 따르면 원숭이두창 환자의 성별은 남성 58%와 여성 42%로 차이가 크지 않았다. 또 어린이와 임산부에서도 감염이 곧잘 일어나는 것을 보면 특정 성별과 관련이 있을 확률은 낮다. 추가적인 환자 발생 추이를 관찰해야 할 것이다.

감염병은 언제든 예고 없이 찾아올 수 있다. 코로나19의 경험을 바탕으로 새로운 감염병에 계속 대응해나가야 한다. 코로나19는 우리에게 몇 가지 교훈을 주었다. 첫째, 과학에 기반한 정확한 정보 전달이 중요하다는 사실이다. 부족한 정보는 시민을 두려움에 떨게 만들며 가짜뉴스가 퍼지도록 한다. 관련 전문인, 과학자, 의료인, 보건 당국, 정부는 일반 대중과 지속적으로 소통해야 하며 가장 정확한 최신 정보를 전달해야 한다. 불신과 의심이 사람들의 마음속에 자리 잡으면 이를 되돌리는 것은 힘들다.

둘째, 환자들에게 낙인을 찍으면 안 된다. 최근 원숭이두창이 특정 인구 집단의 그룹에서 유행했다고 해서 이들 사이에 인과 관계가 있다는 근거는 전혀 없다. 더구나 감염성 질환은 환자의 적극적인 신고가 중요하다. 환자가 사회적으로 불이익을 받는다고 느낀다면 진단이나 치료받기를 꺼릴 것이며 숨어 들어가 지역사회 감염을 일으킬 수 있다. 정확한 정보 전달을 통해 대중의 인식을 개선하고 포용하는 분위기를 만들어야 한다.

마지막으로 새로운 감염성 질환에 대한 감시체계를 구축해야 한다. WHO에서는 열대 풍토성 소외질환(neglected tropical diseases, NTD) 20가지의 목록을 발표하고 지속적인 관심을 촉구하고 있다. 그렇지만 개발도상국에서 주로 환자가 발생하고 시장 규모가 작아 경제성이 낮다는 이유로 이 질환들은 소외받는다. 공공의 영역에서 담당할 필요가 있다. 더구나 새로운 감염병에 대한 감시체계를 구축하고 대비하는 데는 많은 비용과 노력이 필요하다. 하나의 국가가 할 수 있는 일은 아니다. 이들을 고려해 다음에 다가올 감염병에 대비할 필요가 있다.

미국과 중국의 경제 전쟁과 러시아의 우크라이나 침공은 더 이상 오늘날의 세계가 과거와 같지 않다는 것을 의미한다. 어떤 이는 세계화의 종말과 다극화된 세상이 뉴노멀(새로운 표준)이라고 말하기도 한다. 코로나19 대응 과정에서 파편화된 대응과 국가 간 불신이 얼마나 많은 비용을 초래했는지 우리는 알고 있다. 일례로 백신의 분배 과정에서 나타난 전 세계적인 혼란은 역설적으로 국제사회의 신뢰와 협력이 얼마나 필요한지 느끼게 했다. 보건은 인류의 보편 가치다. 감염병에는 국경이 없다. 경계가 허물어진 세계에서 살아가는 법을 배워야 한다.

# A형 간염바이러스

2000년대 중반 이후, 20여 년에 걸쳐 한국에서 환자가 늘고 있는 바이러스가 있다. 바로 A형 간염바이러스(hepatitis A virus, HAV)다. 질병관리청 보고에 따르면, 최근 5~6년간 A형 간염에 걸린 환자 수가 한 해 평균 5000명에 달한다. 특히 2009년과 2019년에는 각각 한 해에 1만 5000명이 넘는 환자가 발생하기도 했다(그림 4-7).

A형 간염바이러스는 어떤 것일까? 우리가 잘 아는 코로나바이러스와 비교해서 생각해보자. 둘 다 RNA 바이러스이지만, 구조에서부터 큰 차이가 있다(그림 4-8). 코로나바이러스는 전자현미경으로 보면 입자 표면에 둥근 돌기가 관찰되며 이 모습이 마치 왕관과 비슷하다. 바이러스 명칭도 왕관을 의미하는 라틴어 코로나(corona)에서 유래되었다. 그리고 지름 80~125nm의 구형으로, 바깥을 지질 이중층 막이 둘러싸고 있다.

A형 간염바이러스는 피코르나바이러스(picornavirus)의 일종으로 이름 자체가 바이러스의 성질을 설명한다. 매우 작다는 뜻의 '피코(pico)'와 RNA 바이러스라는 뜻의 '르나(rna)'가 합쳐진 것인데, 실제로 크기는

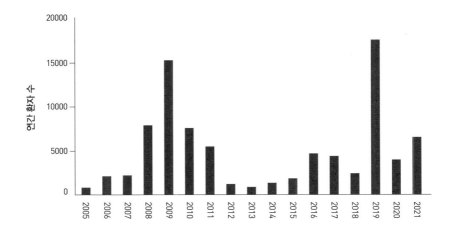

**그림 4-7**

2005~2021년 국내 A형 간염 환자 발생 현황. 2000년대 중반 이후, 무시할 수 없는 수의 환자가 발생하고 있다.

27nm로 바이러스 가운데 작은 축에 속한다. 단백질로 이루어진 정이십면체 모양을 띠며 겉으로 보기에도 독특하다. 소아마비바이러스라고도 불리는 폴리오바이러스 역시 피코르나바이러스의 일종이다. 우리에게 친숙한 B형, C형 간염바이러스는 이름은 비슷하지만, 분류학적으로는 전혀 다른 바이러스과다.

## 질병의 양상

코로나바이러스와 비교해 A형 간염바이러스가 질병을 일으키는 양상이 어떻게 다른지 살펴보자. 코로나바이러스는 호흡기를 통해 전파되고, 중증 환자의 경우 폐에 치명적 손상이 일어나 생명에도 위협을 끼친다. 이

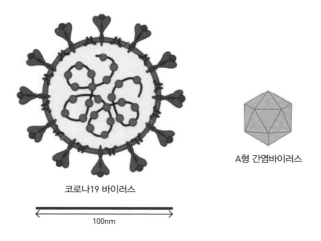

코로나19 바이러스

A형 간염바이러스

100nm

**그림 4-8**

코로나19 바이러스와 A형 간염바이러스. 두 바이러스는 크기와 모습 모두 크게 다르다.

와 달리 A형 간염바이러스는 환자의 대변을 통해 배출된 바이러스가 음식물을 오염시켜 다른 사람에게 전파된다. 이를 '분변-구강 경로'로 전파되는 바이러스라고 한다. 간세포에 친화성이 있어 감염된 환자의 간에 염증과 손상을 일으키는 '간염' 바이러스 중 하나이기도 하다.

흥미롭게도 A형 간염바이러스에 감염되었을 때의 증상은 감염된 사람의 나이에 따라 차이가 크다. 유소아 시기에 감염되면 대부분 특별한 증상 없이 지나간다. A형 간염을 앓은 기억이 없는 성인에게 A형 간염 항체 검사를 해보면 양성으로 나오는 경우가 흔한데, 이는 유소아 시기의 무증상 감염으로 설명될 수 있다. 그러나 유소아 시기에 A형 간염바이러스에 감염된 적이 없었던 사람이 성인 시기에 감염되면 증상이 심한 급성 A형 간염을 앓게 된다. 대개는 A형 간염바이러스에 오염된 물이나 음식을 통해 감염되는데, 감염된 성인에서는 15~45일의 잠복기를 거친 후 열, 구토, 황

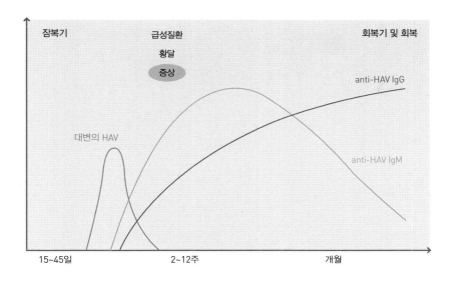

잠복기　　　　　　　　　급성질환　　　　　　　　　회복기 및 회복

황달

증상

anti-HAV IgG

대변의 HAV

anti-HAV IgM

15~45일　　　　　　　　2~12주　　　　　　　　　개월

**그림 4-9**

A형 간염바이러스의 감염 이후 경과. 잠복기 이후 초기에 대변 속 A형 간염바이러스 농도는 급속히 늘었다 줄어든다. 이후 항체가 수 주~수개월 동안 생성된다. 초기 면역을 담당하는 항체인 IgM(anti-HAV IgM)의 농도가 먼저 늘었다 줄어들고, 이후 항체인 IgG(anti-HAV IgG)가 지속적으로 면역을 담당한다.

달 등의 증상이 나타난다(그림 4-9).

　　이 시기에 검사를 해보면 간에만 존재하는 효소인 ALT(alanine aminotransferase)와 담즙에 들어 있는 빌리루빈(billirubin)이 혈중에서 증가한다. A형 간염바이러스의 증식을 막는 항바이러스제는 개발되어 있지 않기 때문에, 급성 A형 간염에 걸리면 증상을 완화시키는 보존적 치료에 의존하게 된다. 대부분의 환자는 3~5주 내에 자연적으로 완전히 회복된다. B형이나 C형 간염처럼 만성 간 질환으로 진행되지 않는다는 점이 그나마 다행이라고 할 수 있다.

　　일단 A형 간염에서 자연 회복되면 바이러스에 대한 항체가 생성되고 일생 동안 지속되면서 다시는 A형 간염바이러스에 감염되지 않는다. 하지만 모든 환자가 자연 회복되는 것은 아니고, 1% 미만의 환자는 간 기능이 급속히 악화되어 이식이 필요해지거나 사망에 이르는 경우도 있다. 절대로 만만한 감염병이 아니다.


## 면역 반응

왜 유독 성인만 중증의 증상을 나타낼까? 원인의 하나로 '방관자 T세포(bystander T cells)의 활성화'를 생각할 수 있다. 방관자 T세포는 인체가 어떤 바이러스에 감염되었을 때, 이 바이러스의 퇴치와 관련 없는데도 활성화되는 엉뚱한 면역 세포들을 말한다. 실제로 KAIST 의과학대학원은 2018년에 A형 간염 환자들에게서 간세포가 심하게 파괴되는 원인으로 방관자 T세포 활성화 현상을 발견해 결과를 국제 학술지에 보고했다.

급성 A형 간염 환자들의 면역 세포를 분석한 결과, A형 간염바이러스에 특이적인 T세포 외에도 A형 간염바이러스와는 관련이 없는 방관자 T세포들까지 비특이적으로 활성화되는 현상을 발견했다. A형 간염바이러스에 감염되면 인체 조직에서 과다하게 생성되는 사이토카인(주로 면역 세포가 생산하는 신호 단백질) '인터루킨(IL)-15'이 방관자 T세포를 활성화시킨다. 이후 활성화된 방관자 T세포는 엉뚱하게 세포독성 단백질을 분비하고 결국 간세포 손상을 야기하는 것이다.

방관자 T세포의 활성화는 복잡한 감염 이력을 가진 사람의 면역 반응을 더 정교하게 이해하기 위해 반드시 고려해야 하는 현상이다. 성인의 경우 유소아보다 상대적으로 다양한 감염 이력을 가지게 되는데, 이전에 경험했던 여러 바이러스 감염에 의해 생성된 기억 T세포들이 A형 간염바이러스 감염 때 방관자 T세포로서 활성화되고, 이 때문에 성인이 A형 간염바이러스에 감염되면 더 심각한 간 손상이 나타나는 것으로 여겨진다.

A형 간염바이러스 감염 상황에서 T세포를 조금 더 자세히 들여다보자. T세포들 중에는 오히려 과도한 면역 반응 및 염증 반응을 억제하는 조절 T세포(regulatory T cells)라는 것이 있다. 그런데 연구 결과에 따르면, 급성 A형 간염 환자에서는 조절 T세포들이 정상적으로 작동하지 않는다. 일단 그 수가 현저히 감소해 있다.

게다가 과도한 면역 반응 및 염증 반응을 억제해야 할 조절 T세포가 오히려 염증을 유발하는 사이토카인 물질을 생성해서 분비한다는 것을 알아냈다. 앞에서 설명한 방관자 T세포의 활성화와 더불어 조절 T세포의 비정상적 작동으로 급성 A형 간염 성인 환자에서 일어나는 중증 간 손상을 설명할 수 있는 것이다.

이렇게 A형 간염 환자에서 조절 T세포가 비정상적으로 작동하는 것이 간 손상과 관련 있다는 사실은 한 환자의 사례 연구에서도 확인되었다. 최근 국내에서 A형 간염바이러스에 감염되었다가 자연 회복된 68세 여성 환자에게 자가면역성 간염이 발생했다. 특이하게도 이 환자는 바이러스가 사라진 후에도 조절 T세포가 염증 유발 사이토카인을 비정상적으로 분비하고 있었다. A형 간염바이러스 감염에 의해 유발된 비정상적 면역 조절이 자가면역성 간염까지 이어진 사례로, 바이러스 감염 시 정상적 면역 조절이 얼마나 중요한지 보여주었다.

## 개선된 위생의 역설

A형 간염바이러스는 어떻게 감염 환자로부터 배출되어 다른 사람을 감염시킬까? 이 바이러스에 감염된 사람의 간세포에서 A형 간염바이러스가 증식하면, 바이러스는 담즙을 통해 분비되어 소장과 대장으로 이동하고 결국은 대변으로 배출된다. 환자에게 증상이 나타나기 이전에 이미 대변을 통해 상당히 많은 바이러스가 나와 물이나 음식을 오염시키고, 다시 다른 사람들을 감염시키게 된다.

이처럼 A형 간염바이러스는 분변-구강 경로를 통해 쉽게 전염되기 때문에 선진국과 개발도상국 사이에 매우 다른 역학 양상을 보인다. 위생이 열악한 국가에서는 대부분 유소아 때 A형 간염바이러스에 감염되어 증상이 없거나 가볍게 앓고 지나가는 경우가 많다. 이렇게 되면 그 사회의 성인 대부분이 이미 A형 간염바이러스에 대한 항체를 가지게 되어 이후 바이러스에 다시 노출되더라도 재감염되지 않는 것이다.

이와 달리 위생이 좋은 선진국에서는 유소아 시기에 A형 간염바이러스를 경험하지 않고 성인이 된 사람이 많아, 그 사회에는 A형 간염바이러스에 대한 항체를 지니지 않은 성인 또한 많다. 이런 상황에서 어떤 이유로 A형 간염바이러스에 노출되면 다수의 성인이 증상이 심한 급성 A형 간염을 앓게 된다. 한국은 경제가 꾸준히 발전해 이제는 선진국 대열에 합류했고 이와 함께 위생 수준도 향상되었다. 그런데 대체 무슨 이유로 2000년대 중반 이후에 A형 간염 환자가 늘고 있는 것일까?

과거에는 위생이 열악했기 때문에 1970~1980년대 이전에 출생한 많은 성인은 유소아 시기에 이미 A형 간염바이러스의 무증상감염을 겪었고 이에 대한 항체를 가지고 있다. 따라서 성인이 된 이후에는 A형 간염바이러스에 노출되더라도 다시는 감염되지 않게 되었다. 하지만 위생이 개선된 1970~1980년대 이후에 출생한 성인들은 유소아 시기에 A형 간염바이러스에 감염된 경우가 적어 항체 보유율이 매우 낮다.

그런데 이들이 성인이 된 이후 A형 간염바이러스에 노출되면서 급성 A형 간염이 급증하게 된 것이다. 실제로 국내에서는 2010년 전후로 급성 A형 간염 발생이 갑자기 증가했는데, 이때의 환자 연령층이 20~40대로 1970~1980년대 이후 출생한 성인이었다.

A형 간염바이러스의 사례는 역학적으로 매우 흥미롭다. A형 간염바이러스 자체는 예전이나 지금이나 같은 태도를 취하고 있으나, 숙주가 되는 우리의 변화가 A형 간염 증가를 가져왔다. 'A형 간염바이러스의 역습'이라 부를 만한 상황이다. 다행히 우리에게는 A형 간염바이러스의 역습에 대처할 방법이 있다. 예방 백신이 성공적으로 개발되어 있는 것이다. 백신을 접종하면 A형 간염바이러스 감염을 막는 항체를 생성시킬 수 있다. A형 간염 백신은 2015년 국가 필수 예방접종 항목이 되어 2012년 이후 출생자는 무료로 접종을 받는다. 따라서 현재 어린이, 10대는 대부분 A형 간염에 대한 항체를 보유하고 있다.

이와 달리 1980년에서 2000년도 사이에 출생한 사람들은 A형 간염 백신을 맞지 않았고 유소아 시기에 감염된 경우도 적기 때문에 감염에 취약하며 급성 A형 간염이 발생할 가능성이 높다. 따라서 A형 간염바이러스 감염 이력이 없거나 예방접종을 하지 않은 성인의 경우 백신 접종으로 대비할 수 있다.

하지만 더욱 중요한 사실이 있다. 손 씻기, 물 끓여 마시기, 음식 익혀 먹기 등과 같은 지극히 기본적인 개인 위생 관리만으로도 A형 간염바이러스로부터 우리를 지켜낼 수 있다. 일례로 2019년 A형 간염 집단 발생의 경우, 80%가 조개젓갈 즉 날것의 어패류를 섭취한 것이 원인으로 확인되었다. 날것을 먹기보다는 조리식을 섭취하는 식생활 습관도 A형 간염바이러스의 역공을 차단할 수 있다.

특히 A형 간염바이러스처럼 분변-구강 경로를 통해 전파되는 바이러스를 막는 가장 중요한 예방법은 손 씻기다. 환자의 분변으로 배출된 A형 간염바이러스는 대개 사람의 손을 거쳐 입을 통해 소화기로 들어가기 때문이다. 과학기술이 급속히 발달한 현대에도 우리는 A형 간염바이러스를 비롯한 다양한 바이러스의 위협을 받으며 살아간다. 하지만 여전히 가장 쉬운 해결책은 손 씻기처럼 가장 기본적인 개인 위생을 지키는 일이다. 이러한 실천이 신종 바이러스 시대를 살아가는 우리 모두를 위한 최선의 수비이자 공격이다. 지나치기 쉬운 작은 일들이 사실 개개인의 건강은 물론, 인류의 생존을 위한 필수 기본기라고 한다면, 과언일까.

# 쯔쯔가무시병

사람이 활동하기 좋은 날이 인간에게만 좋은 것은 아니다. 한국 가을철의 선선한 날씨는 각종 진드기가 움직이기에 최적이다. 더운 여름 동안은 시원한 땅속에서 알을 낳고, 그 알들이 유충이 되어 땅 밖으로 나오는 계절이 바로 가을이다. 많은 사람이 야외로 나갈 것이고, 진드기들도 땅속을 벗어나 땅 밖으로 나온다. 그리고 진드기 생활사에서 유충이 다음 단계로 넘어가기 위해서는 반드시 동물의 체액이 필요하다. 대부분은 집 주위에 서식

**그림 4-10**

국내에서 쯔쯔가무시병을 매개하는 두 주요 털진드기의 전자현미경 사진이다. A는 활순털진드기이고 B는 대잎털진드기다.

80세 남자가 발열, 두통, 메슥거림 증상으로 병원을 방문했다. 대도시에 살고 있었고, 병원 방문 10일 전에 들깨 수확 작업을 위해 시골 지역에 갔다. 들깨 수확 작업 후, 밭 주위에 있는 밤나무 근처에서 밤을 주웠다고 했다. 머리가 깨지는 듯한 두통이 지속되었다. 임상 증상은 병원 방문 5일 전부터 발생했다.

응급실에서 보니, 피부 발진이 온몸에 있었고 엉덩이 부분에서 질환 초기의 피부 병변(원발 병변)이 괴사해 생긴 딱지인 가피가 발견되었다(그림 4-11).

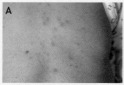 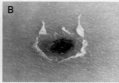 

**그림 4-11**

피부 발진 및 가피. A는 다양한 크기의 경계가 비교적 잘 구분되는 피부 발진이고, B는 일반적인 가피의 모습이다. C는 피부확대경(dermoscopy)으로 확대한 가피다.

혈액검사상 백혈구 수치는 μL(마이크로리터)당 5790개, 혈소판 수치는 μL당 9만 1000개로 경도의 혈소판 감소 소견이 관찰되었다. 간 효소 수치인 아스파테이트아미노전이효소(AST), 알라닌아미노전이효소(ALT)는 각각 68, 59IU/L로 약간 상승해 있었다(AST, ALT의 정상 범위는 40IU/L 이하). 메슥거리는 증상이 지속되어 상부 위장 내시경을 시행했으며, 위궤양 및 미란성 위염 병변이 다수 관찰되었다. 그리고 두통이 지속되어 실시한 뇌 전산화단층촬영(CT) 영상에서는 특이 병변은 관찰되지 않았다.

양전자방출단층촬영(PET) CT 영상에서는 전신 림프절, 간, 비장 및 위 전정부에 대사 증가된 병변이 관찰되었다. 엉덩이 부위(가피)에서도 2.3cm 크기의 대사 증가된 병변이 보였다. 간접면역형광법으로 항체를 검출하여 쯔쯔가무시병으로 진단되었다. 치료제로 독시사이클린 투여를 시작했고, 투여 후 2일째부터 증상이 현격하게 호전되었으며, 입원 5일째 퇴원했다.

하는 들쥐 등 다양한 동물이 대상이 된다. 그러나 야외로 나온 사람도 우연히 진드기 유충과 만날 수 있다(그림 4-10).

진드기와 사람의 접촉을 통해 여러 리케차(Rickettsia, 리케차속 세균을 통칭하는 말로 바이러스와 세균의 중간 특성을 지니고 있다)나 바이러스 감염이 발생한다. 이 가운데 국내에서 발병하는 대표적인 리케차 감염증은 쯔쯔가무시병으로 가을철 급성 발열 질환의 대부분을 차지한다.

## 털진드기 유충

쯔쯔가무시라는 이름에서 '쯔쯔가'는 질병(또는 위험)이라는 뜻의 일본어고, '무시'는 곤충을 뜻한다. 쯔쯔가무시병은 오리엔티아 쯔쯔가무시(*Orientia tsutsugamushi*)라는 리케차가 털진드기의 매개로 인체에 감염되어 전신적 혈관염을 일으키는 급성 발열 질환이다. 발열과 가피, 반점상 발진, 림프절 종대(임파선 비대)가 특징이며, 경증부터 치명적인 경우까지 다양한 경과를 나타낸다. 원인 균인 오리엔티아 쯔쯔가무시는 그람 음성 간 구균 모양(coccobacillus, 둥글고 짧은 막대 모양)이다. 오리엔티아 쯔쯔가무시는 유전적 변이가 많아, 하나의 종이지만 혈청형(특정한 항원이나 항체에 독특하게 반응하는 성질)이 다양하다. 카프(Karp), 카토(Kato), 길리암(Gilliam)과 같은 혈청형 외에도 유행하는 국가에 따라 30종 이상의 혈청형이 존재한다. 국내에는 보령(Boryong)형이 전국적으로 분포한다.

쯔쯔가무시병의 감염 경로를 알려면 매개체인 털진드기의 생활사를 알아야 한다. 털진드기는 알, 유충, 약충, 성충의 발생 단계를 거치는데, 유충이 약충으로 탈바꿈하는 단계에서 반드시 포유동물의 조직액이 필요하다. 털진드기 유충은 한국의 가을과 봄철처럼 기온이 선선할 때 덤불이 우거진 지역에서 집중적으로 발견된다. 오리엔티아 쯔쯔가무시는 털진드기 내에서 알을 통해 대를 이어 감염되며, 이 세균을 체내 보유한 털진드기의 유충이 약충으로 탈바꿈하는 단계에서 사람을 만나게 된다.

피부에 부착하게 된 유충은 사람의 조직액을 흡입한다. 이때 털진드기 유충의 침샘에 있던 오리엔티아 쯔쯔가무시가 피부 안으로 들어가 증식하면서 병을 일으킨다. 국내에 39종의 털진드기가 보고되어 있지만, 쯔쯔가무시 세균을 매개하는 것은 렙토트롬비디움 팔리둠(*Leptotrombidium pallidum*), L. 스쿠텔라레(*L. scutellare*), L. 팔팔레(*L. palpale*) 등 일부다.

쯔쯔가무시병은 한국을 포함한 동아시아와 동남아시아 그리고 인도를 포함한 남부아시아에서 주로 발생한다. 국내에서는 전국적으로 발생하지만, 주로 서부 지역에 집중적으로 발생하는 특징이 있다. 2020년 제3급 감염병으로 지정되었으며, 매년 4000~5000명에서 최고 1만 명까지 환자가 발생한다(그림 4-12).

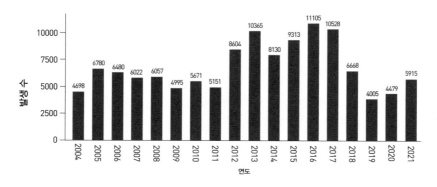

**그림 4-12**

2004~2021년 국내 쯔쯔가무시병 발생 현황.

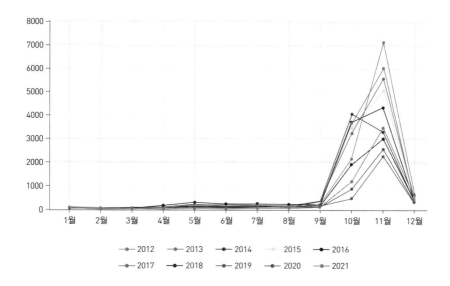

8000
7000
6000
5000
4000
3000
2000
1000
0

1월  2월  3월  4월  5월  6월  7월  8월  9월  10월  11월  12월

●— 2012  ●— 2013  ●— 2014  ● 2015  ●— 2016
●— 2017  ●— 2018  ●— 2019  ●— 2020  ●— 2021

**그림 4-13**

최근 10년간 국내에서 발생한 쯔쯔가무시 환자 7만 9312명의 월별 발생 현황.

쯔쯔가무시병은 매년 유행 변화 양상이 계절 변화와 뚜렷하게 연관된다. 국내에서는 9월부터 환자가 증가하기 시작해 11월 절정을 이루다가 12월부터는 급격하게 감소한다(그림 4-13). 이는 한국에서 쯔쯔가무시병을 매개하는 털진드기 유충이 주로 9월에 나타나기 시작해 10~11월에 수가 정점에 달하는 것과 관련 있다. 전국에서 발생하지만 전북, 충남 및 전남이 가장 많다. 농업 종사자에서 많이 나타나고, 최근에는 비농업 종사자의 발병 비율이 지속적으로 증가하고 있다. 특정 직업군보다는 야외 활동이 있는 다양한 대상자에게 감염이 확산되는 것으로 생각된다.

## 증상

쯔쯔가무시병의 잠복기는 보통 5~10일이며, 갑자기 시작되는 오한, 발열, 두통이 초기 증상이다. 이어서 근육통, 발진, 가피, 림프절 종대가 나타난다. 특징적인 병변으로는 발병 3~7일에 주로 몸통에서 시작해 팔, 다리로 퍼지며 긁고 싶은 충동(소양감)이 동반되지 않은 반구진 발진(편평한 발진과 작게 솟은 발진이 섞임)이 있다. 크기는 다양하며, 지름은 3~5mm다. 각 반점은 경계가 비교적 명확한데, 병이 진행되어도 발진이 합쳐지는 경향은 없다. 손가락으로 누르면 약간 단단하게 만져진다.

진드기 유충이 문 자리에는 지름 5~20mm의 가피가 생긴다. 쯔쯔가무시병을 진단하는 가장 대표적인 특징적 병변이다(그림 4-11). 초기에는 구진(작게 솟은 발진)에서 수포, 농포를 형성하다가 검은색 가피로 변한다. 가피 주위는 붉은색의 홍반으로 둘러싸여 있으며 이 병변에 가까운 림프절이 커진다. 가피는 시간이 지나면서 선명한 검은색 딱지를 형성하고, 주위에 각질(인설)이 생기며 딱지가 한 달 정도 유지되다가 떨어져 나간다.

가피가 흔하게 발생하는 부위는 국가별로 약간의 차이가 있다. 다만 남녀 공통적으로 배꼽 주위 벨트라인을 중심으로 가장 많이 발견되며, 여성의 경우는 흉부에서도 많이 보인다. 그다음으로 자주 발견되는 부위는 팔과 다리다. 남녀 간 차이가 나타나는 이유는 여성의 경우 유방 하방 및 주위를 진드기에 물려서다. 브래지어나 속옷 등의 착용이 차이를 형성하는 것으로 생각된다.

가피는 통증이나 가려움증이 없어 환자들이 존재조차 잘 모르는 경우가 많다. 가피 발현율은 나라마다 다른데 한국, 일본, 중국은 가피가 80% 이상에서 발견된다. 그러나 동남아시아 지역은 약 40%, 그리고 인도를 포함한 남부아시아는 약 30%로, 남쪽으로 갈수록 발현율은 떨어진다.

메슥거림(오심), 구토, 설사 등의 소화기계 증상이 발생하고, 상부 위장관 내시경 검사상 위궤양과 점막 손상(미란), 급성 출혈성 궤양 등이 흔히 동반된다. 호흡기 증상으로 35%에서 기침 증상이 나타나며 간질성 폐렴 및 급성 호흡 기능 상실 증후군이 나타날 수 있고 상대적 서맥, 심근염, 맥박 증가 등의 심장 부작용이 생기기도 한다. 중추신경계 혈관이 침범될 경우 뇌수막염, 뇌염 등이 발생한다. 일부의 환자에게는 난청이나 이명이 동반되는데 난청이나 이명은 대개 증상 발생 후 2주경에 주로 보인다. 그 외 관절통, 결막충혈, 가슴 답답함, 전신 경련 등이 나타날 수 있다. 치료를 하지 않더라도 서서히 회복되지만 적절히 치료받지 않았을 때 일부 환자에서 패혈성 쇼크, 호흡 기능 상실, 신부전, 의식 저하 등의 합병증이 생겨 사망하는 경우도 나타난다.

검사실 소견으로 내원 시 혈액검사상 혈소판 수치가 10만~15만/μL로 약간 감소하는 경우가 많고(정상 범위는 15만~45만/μL), 백혈구 수가 정상인 경우가 많지만 상승하거나 감소하기도 한다. 쯔쯔가무시병 환자에서 가장 특징적인 혈액검사상 특징은 환자의 90% 이상에서 간 침범을 나타내는 AST, ALT가 50~200IU/L로 상승하는 것이다. 그 외에 간 관련 지표인 젖산탈수소효소(LDH), 알칼리인산분해효소(ALP) 상승과 저알부민 혈증 등의 이상 소견이 관찰되며, 염증 지표인 C-반응단백(CRP)은 대부분에서 증가되어 있다.

## 진단과 치료

앞서 언급했듯 국내에서는 대부분의 환자가 가을철에 발생하며, 일부 봄철에도 발생한다. 야외 활동력과 함께 가피나 발진 등의 특징적인 소견을 보면 임상적으로 진단할 수 있다. 그러나 발진이나 가피가 동반되지 않은 경우도 종종 있으므로 임상 증상만으로 쯔쯔가무시병을 진단하는 것은 적절하지 않다. 간접면역형광항체검사법(Immunofluorescent Assay, IFA)으로 오리엔티아 쯔쯔가무시 항체를 검출하는 진단법이 표준이다. IFA는 민감도와 특이도가 높은 검사로, 급성기와 회복기 혈청에서 항체가가 4배 이상 상승한 경우 쯔쯔가무시병으로 진단할 수 있다.

이와 달리 유전자 중합효소연쇄반응(PCR)은 발병 초기에 오리엔티아 쯔쯔가무시 특이 유전자를 확인함으로써 진단에 도움을 주는 검사 기법으로 최근 많이 시도된다. 특히 이중중합효소연쇄반응법(Nested PCR) 검사는 PCR의 최종 산물에 한 번 더 PCR을 시행하는 검사로, 전통적인 PCR에 비해 민감도가 100배 이상 높다. 진단의 민감도를 높이는 데 도움을 줄 수 있다.

환자의 혈액이나 가피에 존재하는 오리엔티아 쯔쯔가무시균을 세포배양하거나 쥐의 복강 내 접종해 균을 동정하는 방법도 있지만, 시간이 많이 걸리고 민감도가 낮아 임상에서 잘 사용하지는 않는다. 진단보다는 연구 목적으로 균을 분리하기 위해 주로 쓴다.

쯔쯔가무시병의 선택 치료 약제로 테트라사이클린 계열 항생제가 사용된다. 이 가운데 독시사이클린은 반감기가 길고 음식과 같이 복용할 수 있으며 부작용이 적어 흔히 쓰인다. 100mg을 하루 두 번, 총 200mg 투여할 수 있다. 치료 기간이 짧을 경우 재발이나 치료에 실패하기도 하여, 중증이 아닐 때는 5~7일 치료한다.

　독시사이클린은 미국 식품의약국에서 분류한 태아 위험 약품(Fetal Risk Summary) D군 약물로, 투여 시 주의가 필요하다. 아지트로마이신 등의 마크롤라이드계 약물을 대상으로 한 실험에서 오리엔티아 쯔쯔가무시 감수성(항원이 침입했을 때 숙주가 감염을 막을 능력이 없어 병에 걸릴 우려가 있는 성질)이 보였고, 독시사이클린과 비교 연구에서 경·중증도의 쯔쯔가무시병 환자를 대상으로 효과가 같다는 사실이 확인되어 치료 약제로 사용한다. 특히 아지트로마이신 투여 후 임산부 및 신생아 모두 건강하게 출산한 사례가 보고되어, 임산부 대상으로 투여가 권장된다.

　현재 쯔쯔가무시병에 효과적인 백신은 없다. 예방을 위해서는 진드기에 물리지 않는 것이 최선의 방법이다. 진드기와 접촉을 피하기 위해 풀밭에 앉거나 눕지 말고, 빨래 등을 잔디에 널지 않아야 한다. 봄이나 가을에 관목숲이나 유행 지역에 가지 않는 것이 좋다. 노출을 피할 수 없다면 야외 활동 시 긴소매 옷을 착용하며, 진드기의 접근을 막는 기피제가 도움이 될 수 있다.

# 중증열성혈소판감소증후군

10여 년 전 우리나라에 처음 들어온 이후 도무지 우리 곁에서 떠날 줄을 모르는, 매년 찾아오는 불청객이 있다. 이 손님의 이름은 중증열성혈소판감소증후군(Severe Fever with Thrombocytopenia Syndrome, SFTS)이다. 이름부터 거창하다. 중국에서 최초 발견된 이후 이제는 동북아시아는 물론이고 동남아시아에서도 찾아볼 수 있다.

국내에서는 2012년 강원도 춘천시에 거주하던 사람이 발열과 백혈구 및 혈소판 감소증을 보이다 다발성 장기 부전으로 사망한 사례가 처음이다. 이 환자는 사후에 SFTS로 진단되었는데, 이를 통해 미루어볼 때 실제로 바이러스가 언제 국내에 숨어 들어왔는지는 불분명하다. 통계만으로는 알기 어려운 실제 피해자가 더 있을지도 모른다는 뜻이다.

SFTS는 치료제도 없고 치명률도 높다. 되도록 마주치지 않고 피하는 것이 상책이다. 하지만 적을 알지 못하면 피하기도 쉽지 않은 법이다. 이 불청객에 대해 자세히 알 필요가 있다.

### • A 환자

73세 남자로, 5일 전부터 발열과 근육통에 시달리다 다른 병원을 거쳐 전원
되었다. 시골에 거주하며 농업에 종사하고 있고, 내원 10일 전 밭일을 하다
진드기에 물린 듯하다고 진술했다. 응급실 진료 시에 양측 정강이에 가피가
관찰되었다.

내원 당시 혈액검사상 백혈구 950/μL, 혈소판 4만 2000/μL로 심한 백혈
구 및 혈소판 저하 소견이 관찰되었다(정상치는 백혈구 4000~1만/μL, 혈소판
15만~40만/μL). 간 효소 수치인 아스파테이트아미노전이효소(AST), 알라
닌아미노전이효소(ALT)는 각각 333, 86IU/L로 상승해 있었으며(정상치는
AST, ALT 5~40IU/L), 신장 기능 수치인 크레아티닌 역시 1.33으로 상승해
있었다(정상치는 크레아티닌 1 미만). 이외에 페리틴 9828ng/mL, C-반응단
백 37.64mg/L로 상승 소견이 확인되었다(정상치는 페리틴 3~400ng/mL, C-
반응단백 5mg/L 이하).

흉복부 CT상 좌측 쇄골 상부 및 좌측 서혜부 등의 2차적 림프절 종대 외에
다른 특이 소견은 관찰되지 않았다. 직업력 및 임상 소견을 고려해 보건환
경연구원을 통해 시행한 SFTS 검사에서 양성이 확인되었다. 중환자실 입
실 후 적극적인 치료에도 불구하고 간부전 및 신부전이 급격히 진행하며 내
원 4일 만에 사망했다.

### • B 환자

65세 남자로, 일주일 전 발열이 시작되었는데 2시간 전부터 이치에 맞지 않
는 발언을 하기 시작해 응급실에 왔다. 과거 뇌경색으로 치료받은 적이 있
지만, 응급실 진료상 뇌경색 재발을 의심할 만한 소견은 관찰되지 않았다.
평소 등산을 자주 다녔고, 진드기 접촉력이나 가피 등의 소견은 확인되
지 않았다. 하지만 혈액검사에서 백혈구 1500/μL, 혈소판 3만 9000/μL
로 심한 백혈구 및 혈소판 저하 소견이 관찰되었다. AST, ALT는 각각 751,

283IU/L로 상승해 있었으며 크레아티닌 역시 1.29로 상승한 상태였다. 페리틴도 1만 4069.6ng/mL로 크게 상승했다. 다만 C-반응단백은 8.19mg/L로 약간 상승한 정도였다. 흉복부 CT상 특이 소견은 관찰되지 않았다. 등산을 자주 다니는 점 및 임상 소견을 고려해 보건환경연구원을 통해 시행한 SFTS 검사에서 양성이 확인되었으며, 치료 후 점차 호전되어 퇴원했다.

## 높은 치명률

SFTS는 SFTS바이러스에 감염되어 발생하는 감염성 질환이다. 이 바이러스는 지름이 80~100nm인 구형이다. 코로나바이러스처럼 단일 가닥 RNA를 유전체로 지닌다. 야외 활동을 하던 사람이 체내에 바이러스를 보유한 진드기에 물려 감염된다. 지금도 언론에서 심심치 않게 찾아볼 수 있는 '살인 진드기'라는 표현은 여기서 시작되었다. 야외에서 만나는 모든 진드기가 SFTS바이러스를 가진 것은 아니지만, 눈으로만 봐서는 어느 진드기가 바이러스를 보유했는지 알 길이 없으니 진드기에 노출되는 일을 가능하면 피하는 것이 좋다.

여러 진드기가 SFTS바이러스의 매개체로 알려져 있으나 그 가운데 작은소피참진드기(*Haemaphysalis longicornis*)가 주요 매개종이다(그림 4-14). 사람을 포함한 대부분의 포유류와 조류, 파충류 등에 기생해 흡혈을 하는데, 이 과정에서 워낙 단단히 달라붙기 때문에 참진드기에 물린 환자들은 몸에서 진드기를 제거하기 위해 상당히 고생한 경우가 많다.

신체 어느 부위에서나 흡혈이 가능하지만 진드기 자체가 등, 사타구니, 겨드랑이, 두피 등 눈에 잘 띄지 않는 부위를 좋아하는 특성이 있고, 흡혈

**그림 4-14**
작은소피참진드기.

을 위해 침을 찌르는 과정에서 국소마취 효과가 있는 물질을 분비해 통증
을 무디게 만들기 때문에 물린 후 바로 알아채기는 어렵다. 짧게는 수 시
간, 길게는 수일 뒤에 발견해 제거하는 경우도 있다.

　앞서 언급했듯 SFTS는 2009년 중국에서 최초로 확인된 이래 한국을
포함한 아시아 지역에서 유행하고 있다. 외국에서는 중국 중부 및 동북부,
일본 남부 등지에서 주로 보고되며, 최근에는 베트남, 대만, 미얀마, 태국
등 동남아시아에서도 발생한다. 국내에서는 2012년 사망한 환자의 혈액
에서 바이러스가 최초로 분리되어 2013년에 보고되었으며 이후 2017년
까지 지속적으로 환자 수가 증가하는 양상을 보였다. 현재도 적지 않은 수
의 환자가 매년 나타난다(그림 4-15).

　국내 환자는 주로 50대 이상이며 4~11월에 보고된다. 사망률은 20%
정도로 알려져 있으나 최근 15% 정도로 유지되고 있다(그림 4-15). 매개체
는 전국에 분포되어 있어 도서 지역을 제외한 전국에서 나타나고 특히 강
원도 및 경상도 산간 지역, 제주도 등지에서 발생 빈도가 높다(그림 4-15).
특히 9~10월에는 흔히 가을철 열성 질환으로 알려진 쯔쯔가무시병, 신증

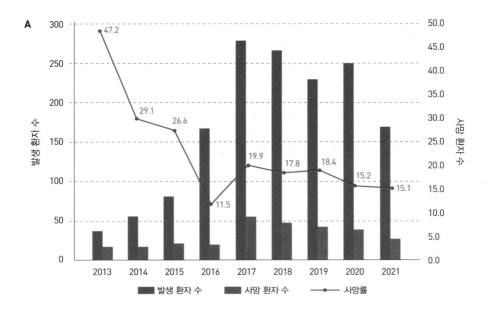

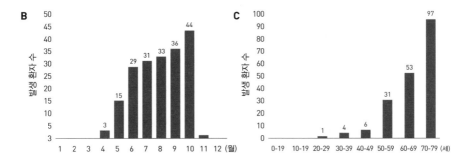

**그림 4-15**
A는 SFTS의 국내 연도별 발생 수, 사망자 수, 사망률. B와 C는 2022년 월별, 연령별 발생 수다.

후군출혈열 등도 발생할 수 있으며 이들 질환과 SFTS의 동시 감염도 가능하기 때문에 주의가 필요하다.

일단 SFTS바이러스에 노출되면 4~15일의 잠복기가 경과한 후 고열,

피로감, 두통, 근육통, 복통, 구토, 설사, 기침 등의 증상이 나타난다. 이는 다른 감염병에서도 흔히 볼 수 있는 비특이적 증상이다. SFTS의 특징적인 소견으로 혈소판 감소증, 백혈구 감소증 등이 있으나 확인을 위해서는 혈액검사가 필요하다. 유행 기간에 야외 활동 1~2주 뒤 이런 증상이 지속된다면 한번쯤 의심해보는 게 좋다. 확진을 위해 바이러스 배양 검사, 유전자 및 항체 검출 검사 등을 질병관리청, 시도 보건환경연구원에서 시행한다.

발병 후에는 ① 발열기 ② 다장기 부전기 ③ 회복기를 거친다. 초기 발열기에 체내 바이러스가 높은 편인데, 다수의 환자는 발열기를 거친 후 다장기 부전기에서 체내 바이러스 농도가 감소하며 회복기로 접어들게 되지만, 일부 환자는 오히려 바이러스 농도가 지속적으로 상승하며 심한 다발성 장기 부전으로 진행되어 사망한다. 사람 간 전파는 발생하지 않는 것으로 알려져 있으나, 중증 환자의 혈액에 바이러스의 농도가 매우 높기 때문에 환자의 혈액 및 체액 노출에 의한 전파 가능성도 존재한다. 중증 환자를 진료하는 의료진은 각별한 주의가 필요하다.

문제는 여러 가지 치료법을 연구하고 있음에도 생존률 개선에 명확히 효과가 증명된 항바이러스제, 약물요법 등이 없는 것이다. 이러한 이유로 현재까지 가장 중요한 대책은 예방 조치다. 주로 풀숲이나 덤불 등 진드기 서식지로 알려진 장소에 들어갈 때 긴소매, 긴바지, 목이 긴 양말 착용 후 양말 안에 바짓단을 넣고 발을 완전히 덮는 신발을 신는 등 진드기의 침투 가능성을 최소화하는 예방법을 권고한다. 야외 활동 후 샤워를 할 때 몸 구석구석을 살펴보면서 진드기가 몸에 붙어 있는지 살펴보는 과정 또한 중요하다. 몸에 달라붙은 진드기가 보이면 손으로 떼어내는 경우가 있으나 이차감염 위험이 있어 권장하지 않으며, 가급적 구부러진 핀셋으로 잡아당겨서 제거하고 물린 부위를 소독하는 것이 좋다.

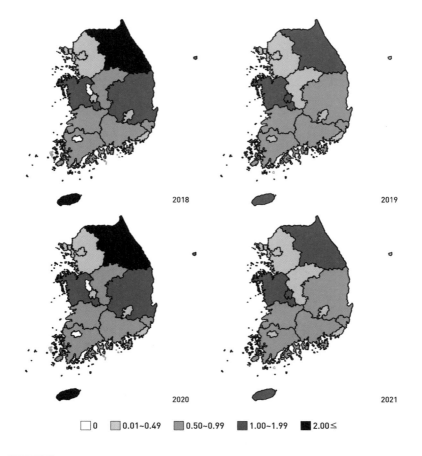

| □ 0 | 0.01~0.49 | 0.50~0.99 | 1.00~1.99 | 2.00≤ |

**그림 4-16**

국내 SFTS의 지역별 10만 명당 발생 빈도.

특히 농촌 지역에 거주하며 농업, 임업 등에 종사하는 고령층에서 빈도
가 높기 때문에 주의가 필요하다. 등산, 캠핑 등을 취미로 하거나 봉사활동
등 일시적으로 농업 관련 업무에 참여하는 경우에도 우연한 노출의 위험
이 있으니 항상 예방법을 숙지할 필요가 있다. 아직 SFTS바이러스를 예방
하는 백신은 개발되지 않았다.

# 럼피스킨

생소한 소 감염병 럼피스킨이 국내에 상륙했다. 2023년 10월 19일, 충남 서산의 어느 한우 농가에서 국내 최초의 럼피스킨 발생 의심 신고가 접수되었다. 전형적인 럼피스킨 증상인 전신성 피부 결절, 발열 및 식욕부진을 가진 4두의 소가 시작이었다. 이후 충남 당진, 태안, 홍성, 논산, 아산, 충북

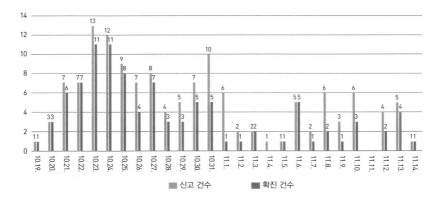

**그림 4-17**

럼피스킨 국내 발생 현황(2023년 11월 15일 기준).

음성, 인천 강화, 경기 평택, 김포, 화성, 수원, 파주, 시흥, 포천, 연천, 강원 양구, 횡성, 철원, 고성, 전북 부안, 고창, 전남 무안, 신안, 경남 창원 등 서해안과 접경 지역 및 내륙을 중심으로 퍼져 나갔다. 2023년 11월 15일 기준으로 9개 시·도, 31개 시·군에서 발생했으며, 발생 농장 수는 98건이다. 확진이 가장 많았던 날은 10월 23~24일로, 각각 12, 13건의 신고가 동시다발적으로 들어왔고 이 가운데 각각 11건이 확진되었다(그림 4-17).

럼피스킨은 가축전염병예방법상 1종 전염병으로, 발생 시 세계동물보건기구(World Organization for Animal Health, WOAH)에 통지해야 한다. 소 및 물소의 바이러스성 악성 전염병으로, 폭스바이러스과 카프리폭스바이러스(Capripoxvirus)속의 럼피스킨바이러스(Lumpy Skin Disease Virus, LSDV) 감염으로 발생한다. 감염된 소는 발열 후 1~2일 내에 피부 또는 점막에 결절이 생기고(그림 4-18) 식욕부진, 쇠약, 유량 감소, 유산 등의 증상을 보인다. 수소의 경우 일시적 또는 영구적 불임을 유발한다. 막대한 경제적 손실을 가져오는 악성 전염병이다.

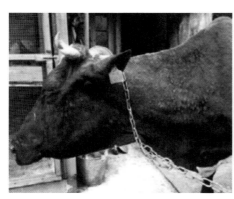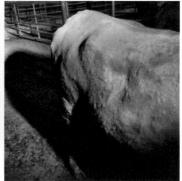

**그림 4-18**
럼피스킨 임상 증상. UN 식량농업기구(FAO), 2017년(좌). 전라북도, 2023년(우).

럼피스킨은 오랫동안 아프리카에서만 발생했다. 하지만 1989년 최초로 아프리카를 벗어나 이스라엘에서 나타났고, 이후 레바논, 요르단, 이라크, 팔레스타인 등 중동 지역에서 지속적으로 발생하다 2013년 튀르키예로 전파되었다. 2015년 처음으로 유럽연합 국가인 그리스로 확산했다. 이후 2016년 불가리아 및 알바니아, 몬테네그로, 북마케도니아, 세르비아, 아르메니아, 조지아 등 발칸반도 및 주변 국가로 크게 퍼졌다. 럼피스킨은 지속해서 동쪽으로 번져 러시아(2015년), 카자흐스탄(2016년), 방글라데시 및 인도(2019년)에서도 나타났다. 2019년 중국에서 최초로 발생했다는 보고가 나왔고, 이후 대만, 미얀마, 베트남, 홍콩(2020년), 라오스, 말레이시아, 몽골, 캄보디아, 태국(2021년), 인도네시아, 싱가포르(2022년) 등 아시아 여러 국가에 급속하게 확산했다.

LSDV는 같은 카프리폭스바이러스속에 속하는 양두 및 산양두바이러스와 높은 상동성(97%)을 보인다. 혈청형은 하나로, LSDV와 양두 및 산양두바이러스는 구분이 되지 않는다. 2017년 이전 발생한 LSDV 야외주(wild type, 원래의 바이러스가 야외주고, 이에 대비되는 것이 변이주다)는 2개의 계통군(Clade)으로 구분되는데, Clade 1.1(남아공 유행주)은 잠비아에서 처음 발생한 뒤 아프리카 대륙 남단 남아프리카공화국에서 유행했고, Clade 1.2는 아프리카를 벗어나 중동, 중앙아시아, 남아시아에서 유행한 유전형이다.

정상적인 경우라면 Clade 1.2 바이러스가 아시아 대륙을 횡단해 국내로 유입되기까지 시간이 더 걸려야 했다. 하지만 카자흐스탄에서 일어난 '백신 유래 재조합 야외주'가 확산하며 단축되었다. 2017년 럼피스킨이 발생하자, 카자흐스탄은 백신을 긴급히 도입해 방역을 추진했다. 하지만 도입한 케냐산 럼피스킨 백신이 제조 과정에서 오염된 럼피스킨 백신주(LSDV 백신주, LSDV 야외주, 산양두바이러스 야외주가 재조합)로 확인되었다.

이들이 바로 백신 유래 재조합 야외주로, 새로운 계통군인 Clade 2.1~ 2.5를 형성해 주변국으로 확산했다. 특히 Clade 2.5는 러시아, 중국, 동남아시아로 퍼졌다. 국내에서 확인된 럼피스킨바이러스의 유전형도 일부 유전자 염기서열을 분석한 결과 Clade 2.5로 확인되었다. 현재 전장유전체 분석 등을 통해 자세한 유전적 특징을 확인 중이다.

럼피스킨이 발생한 나라는 대부분 긴급히 백신을 접종했다. 럼피스킨을 안정적으로 통제한 모든 국가는 백신 접종 정책을 이행했다. 세계동물보건기구, 유럽식품안전청(EFSA) 및 여러 럼피스킨 전문가가 방역에 가장 효과적인 방안으로 효능과 안전성이 확인된 백신을 확보해 신속하게 감수성 동물에 접종하는 방안을 언급해왔다.

국내도 마찬가지였다. 럼피스킨 발생이 확인된 뒤 농림축산식품부는 가축방역심의회를 구성해 2022년 12월 말에 도입한 럼피스킨 백신 54만 두를 긴급 접종했다. 또 374만 두의 백신을 남아프리카공화국 및 튀르키예에서 추가로 수입해 2023년 11월 10일까지 전국 일제 접종을 했다. 이를 기점으로 의심 신고 및 확진은 점점 줄어들고 있다(그림 4-17).


## 백신의 효과

2015~2016년 남동부 유럽에서 럼피스킨이 확산했을 때에도, EU에서는 신속하게 백신을 공급해 발칸 국가 대부분이 전국적으로 백신을 접종했다. 발생국은 물론 발생하지 않은 나라도 예방적으로 접종했고, 발생이 더 이상 없는 2017년 이후에도 지속적으로 접종을 실시했다. 특히 발칸 국가 가운데 EU 회원국인 그리스와 불가리아는 2022년까지도 지속적으로

백신을 접종했다. 발생이 없어도 최소 5년 이상 접종한 것이다. 주변국 상황에 따라 언제든 유입될 수 있다는 판단에서다.

발생 국가에서 발병률과 폐사율을 정확하게 평가하는 것은 쉽지 않다. 발칸 국가에서 발표된 자료를 참고하면, 알바니아(2016년 12%, 2017년 4.8%)를 제외하면 대개 폐사율이 낮았다(2016년 0~2.1%, 2017년 0.6~2.6%). 알바니아에서 폐사율이 높았던 이유는 백신 공급 문제로 전국의 소가 모두 접종을 하는 데 시간이 오래 걸렸기 때문이다. 알바니아는 2016년 6월 28일 처음 임상적으로 럼피스킨이 진단되었고, 한 달여 뒤인 같은 해 7월 26일 첫 백신 접종을 시작했다. 하지만 접종율이 56%에 불과해 질병 확산을 막지 못했다.

이런 사유로, 질병이 퍼진 상태에서 백신 접종을 해 접종 뒤 3~4주까지도 임상 증상을 나타내는 개체가 보고되었다. 물론 다른 유럽 발생국은 백신 접종 외에 EU 및 자국에서 명시한 방역 정책을 즉각적으로 이행했다. 백신 접종이 매우 강력한 방역 수단임을 알 수 있다.

백신 접종 후 효과가 나타나기까지는 3주가 걸린다. 발칸 국가의 경우, 당시 백신을 접종한 시점에 이미 대부분의 국가에서 럼피스킨이 확산하고 있었기에 접종받은 동물에 발견된 임상 증상이 백신주에 의한 것인지, 야외주에 의한 것인지 또는 둘 다에 의한 것인지 확인하기 어려웠다. EU 국가는 유럽연합 지침에 따라 임상 증상 관찰 시 백신주와 야외주를 구분하지 않고 조치를 시행했다.

그리스의 경우 양성 확진된 농가의 31%가 백신을 접종했고, 실험실 검사 결과 총 발생 농가의 1.3%(3개 농장)에서 백신주만 검출됐다. 크로아티아와 보스니아는 발생이 없는 상태에서 예방적 백신 접종을 실시해 백신의 부작용을 잘 알 수 있었다. 접종된 농장의 0.19%, 접종된 동물의 0.09%

에서 발열, 유량 감소 및 주사 부위 접종 반응 등이 관찰되었으며, 0.02%는 폐사했다.

## 살처분 정책

EU 규정(Council Directive 92/119/EEC)에 따르면, 발생 농장에서는 즉시 전 두수 살처분을 시행해야 한다. EU 회원국인 그리스와 불가리아는 발생 농장 전 두수 살처분을 실시했다. 실험실 검사로 확진하며, 이미 발생이 진행된 지역에서는 임상 증상 확인 또는 역학적 연관성으로도 살처분이 이루어졌다.

세르비아, 몬테네그로의 경우 전 두수 살처분 정책은 백신 접종이 실시되기 이전에만 시행되었고, 접종이 이루어진 이후에는 부분적 살처분, 즉 임상 증상을 보이거나 유전자 검사법에서 양성인 개체만 살처분했다. 대규모 농장의 경우 많은 수의 동물을 살처분하고 매몰하기가 쉽지 않았기 때문에 남동유럽 국가들이 백신 접종에 더욱더 중점을 두고 방역을 시행했다. 이런 정책은 효과가 있었다. 세르비아와 몬테네그로는 그리스, 불가리아와 비슷한 시기에 질병이 종식되어 2017년부터 더 이상 럼피스킨이 발생하지 않고 있다.

농장 전체 살처분과 부분 살처분 정책이 질병 전파 확산과 지속에 미치는 영향을 평가하기 위해 농장 간 럼피스킨 전파에 대한 수학 모델이 개발되고 다양한 시나리오가 연구되었다. 연구 모델에 따르면, 백신 접종은 어떤 살처분 정책보다 확산을 줄이는 데 큰 영향을 미쳤다. 바이러스가 유입된 뒤 15~65일 사이에 백신이 균일하게 적용되어 95% 이상의 농장이 접종을 완료하고, 75%의 개체가 효과적으로 바이러스를 방어할 경우, 전체 살처분과 부분 살처분은 질병 근절에 비슷한 효과를 가져오는 것으로 나타났다. 그러나 백신을 접종하지 않거나 백신의 효과가 40% 미만일 때 전체 살처분이 방역에 더 효과적인 것으로 나타났다.

유럽 발칸 지역의 럼피스킨 방역을 성공시킨 주요 요인은 품질이 인정된 럼피스킨 백신 뱅크를 유지하고, 발생 즉시 신속하게 백신을 수급해 발칸 지역 내 소에 성공적으로 면역을 형성시켰다는 점이다. 백신 접종율이 높은 지역에서는 설령 럼피스킨이 유입되더라도 산발적으로 발생했다. 결론적으로, 유럽의 성공적인 럼피스킨 통제 및 근절 정책은 신속한 대규모 백신 접종에 기반했다.

EU 식품안전처는 수학 모델링 방법을 이용해 다양한 백신 효력 및 접종율 시나리오를 기반으로 질병 확산 예측 시뮬레이션을 발표했다. 이에 따르면, 백신 접종율이 90% 이상일 경우 최소 2~3년 이상 접종해야 발칸 지역에서 럼피스킨을 제거할 수 있었다(주변 국가에서 추가 유입이 없고, 바이러스가 환경에서 수년간 생존할 가능성이 낮을 경우라는 조건이 있었다). 이런 사례를 고려할 때, 국내에서 럼피스킨을 신속히 근절하려면 효과가 입증된 백신을 미리 확보해 매년 전국 일제 접종을 2년 이상 실시해야 할 것이다.

한국은 전국 모든 소를 대상으로 백신 접종을 완료했다. 다만 전국적으로 충분히 면역이 형성될 때까지는 발생 위험이 지속적으로 존재하는 상황이다. 어느 정도 안정 상태에 이르러도, 재순환 및 재유입의 가능성을 염두에 두고 축주, 수의사, 정부 등 모든 축산 관계자가 럼피스킨 감시에 노력을 기울여야 할 것이다. 유럽과 같이 럼피스킨병 비발생 상태를 다시 맞이할 수 있을 것이라 기대해본다.

# 왜 지금 다시 코로나19 팬데믹을 말하는가

윤신영

## '느린 재난' 시대를 살아가는 우리에게

코로나19가 처음 등장했던 때를 기억합니다. 당시 일간지 과학 담당을 맡고 있던 터라 시시각각 변화하는 양상에 온 신경을 쓸 수밖에 없었습니다. 처음에는 정체불명의 폐렴이 중국 우한 지역에서 발생했다는 뉴스가 나왔습니다. 과장된 소식이나 일시적인 유행이 침소봉대된 것은 아닐까 생각했지만, 오래가지 않았습니다. 곧바로 도시 봉쇄, 해외 전파, 막강한 감염력을 지닌 감염병 소식이 전 세계 뉴스를 뒤덮었습니다. 전 세계가 긴밀하게 연결된 네트워크 시대에 감염병의 전파 속도는 상상 이상으로 빨랐고, 치명률도 높았습니다. 팬데믹(감염병 범유행)이 시작되었습니다. 정보가 없기에 마땅한 대응 방법을 찾기까지 시간이 걸렸습니다. 각국은 낯선 감염병을 막기 위해 제각기 방역 정책을 도입했습니다. 공항과 국경이 폐쇄되고, 도시가 봉쇄되었습니다. 개인의 자유와 프라이버시, 학습권이 침해받았다는 비판이 나왔고, 사회경제적 취약 계층에 피해가 더욱 집중될 수밖에 없는 문제도 제기되었습니다. 미국의 코로나19 유병률이 인종에 따라 차이가 나며, 유색인종의 유병률이 백인에 비해 월등히 높음을 미국 전 지역 데이터를 이용해 밝힌《뉴욕타임스》보도는 이듬해에 퓰리처상을 수상했습니다.

과학 분야에서도 보도가 잇따랐습니다. 처음에는 정체도 모르던 감염원이 새로운 형태의 코로나바이러스로 밝혀지고, 빠르게 게놈 해독 결과까지 공개되었습니다. 바이러스의 특성을 파악하기 위한 연구가 진행되기 시작했습니다. 전파 경로가 호흡을 통해서인지, 그렇다면 침방울(비말)이 주요 인자인지, 에어로졸이 주요 인자인지, 접촉에 의한 감염 가능성은 없는지 등이 논의되었습니다. 동시에 바이러스 구조와 생애사가 밝혀지며 치료 표적이 연구되고 후보 물질이 제안되기 시작했습니다. 전혀 새로운 방식의 백신을 포함해 코로나19를 예방하기 위한 백신이 전 세계에서 연구되었습니다. 언론은 시시각각 밝혀지는 코로나바이러스와 코로나19의 특성, 백신과 치료제 개발 현황을 연일 보도했습니다.

이 모든 일이 불과 몇 달 만에 일어났습니다. 이후 전 세계가 팬데믹 이전의 일상으로 완전히 돌아가는 데는 약 3년이 걸렸습니다. 코로나19의 치명률은 발생 초기였던 2000년 초 10%대에서 1%로 낮아졌습니다. 여전히 매우 높지만, 초기만큼 위협적인 상황은 아닙니다. 감염률도 낮아졌고, 특히 역사상 유례없이 짧은 시간 안에 효과 좋은 백신을 여럿 개발한 덕분에 추가 피해를 빠르게 줄일 수 있었습니다.

코로나19 팬데믹은 예고 없이 등장해 급속히 전 세계를 공포 속에 몰아넣었으며, 2024년 3월 말까지 공식 보고된 누적 사망자 수만 700만 명을 넘긴 대참사였습니다. 재난이었지요. 그런데 되돌아보면, 이 사건이 과연 갑작스러운 것이었는지 되묻게 됩니다.

## 시간과 공간을 벗어난 재난

재난을 연구하는 사람들은 재난에도 여러 가지가 있다고 말합니다. 그 중 대표적인 게 빠른 재난과 느린 재난입니다. 빠른 재난은, 예를 들면 화학 공장의 화학물질 누출이나 후쿠시마 원전 사고와 같이 빠르고 폭발적으로 일어나는, 개별적이고 원자화된 재난입니다. 반면 느린 재난은 공기 오염과 같이 느리게 전개되는, 오랜 시간과 공간에 걸쳐 연결된 재난입니다.

인류의 기억에 대단히 빠르게, 폭발적으로 발생한 것 같은 코로나19는, 실은 느린 재난의 일종입니다(킴 포춘, 전치형 역, 〈빠른 재난과 느린 재난, 어떤 거버넌스가 필요한가〉, 《에피》 16호, 2021년 6월 1일). 느린 재난은 "느리게 찾아오고, 구조적으로 형성되며, 일상적으로 우리 삶 속에 있는" 재난으로, "근본적으로 역사/사회학적인 현상"입니다(전준, 〈재난을 넘어, 혁신을 넘어: 미래를 위한 혁신 정책의 대전환〉, 《국가미래전략 Insight》 24호, 국회미래연구원, 2021년 8월 5일).

감염병을 느린 재난으로 본다는 것은, 과거부터 어떤 구조화된 이유가 있었다는 뜻이기도 합니다. 감염병 발생에 취약할 수밖에 없던 사회구조, 의료 보건 정책, 과학 연구의 미비 등이 쌓이고 쌓여 일어난 재난이란 거지요. 이 말은 구조적 취약점을 해결하지 않는 한, 같은 재난이 미래에 또다시 일어날 수 있다는 뜻이기도 합니다.

이 같은 미래 재난에 대비하려면, "과거와 현재를 거쳐 조직화되고 구조화되고 있는 일상적인 재난의 전조들을 포착(전준, 2021)"해야 합니다. 당연히, 이를 극복하고 대비하기 위한 혁신은 과학기술과 사회 분야에서 함께 일어나야 하겠지요.

코로나19의 전개 양상과 속성 그리고 방역과 예방, 치료를 위한 지식까지, 지금 이 시점에 다시 돌아봐야 할 이유는 바로 이것입니다. 다 지나간 일이라고 덮어놓지 말고, 그 재난의 토대가 된 구조를 파악하고 바꾸는 지난한 일에 관심을 가져야 합니다. 감염병을 일으킨 구조 중에는 여전히 진행 중인 기후변화도 있습니다. 기후변화 역시, 매우 긴 시간에 걸쳐 진행 중인 전형적인 느린 재난입니다.

이미 우리는 느린 재난이 도처에서 일어날 수 있는 환경에 포위되었는지 모릅니다. 재난을 촉발한 구조를 파악하고 그것이 불러올지 모를 미래의 재난에 대처할 지혜를 모아야 할 때입니다. 다 지나간 것만 같은 감염병에 대해, 다시금 전문가의 진단이 필요한 이유입니다.

# 5부

# 감염병

# 코로나19, 3년의 회고

신종 코로나바이러스 감염증(코로나19) 팬데믹이 사실상 끝나가고 있다. 2019년 12월 중국 우한에서 시작되어 2020년 초부터 전 세계를 휩쓴 이후 3년여 만이다. 세계보건기구는 2020년 1월 30일에 선포했던 국제공중보건위기상황을 3년 4개월 만에 해제한다고 2023년 5월 5일 발표했다. 한국 정부도 2023년 6월 1일 자로 코로나19 위기 경보 단계를 '심각'에서 '경계'로 하향 조정했다. 확진자에 대한 격리 의무, 동네 의원과 약국에서의 마스크 착용 의무도 사라졌다.

3년이 넘는 시간 동안 우리는 무슨 일을 겪은 것일까? 이제 코로나19 팬데믹은 완전히 종식된 것일까? 또 다른 신종 바이러스가 출현할 가능성은 있을까? 그리고 새로운 바이러스가 출현하면 우리는 어떤 일을 겪을까? 그동안의 경험을 회고하며 질문의 답을 구해보자.

## 2020년: 팬데믹의 시작과 K-방역

국내 첫 코로나19 확진자는 우한에서 입국한 중국 여성으로, 2020년 1월 20일 확진되었다. 그 후 2월 중순에는 대구 신천지 집단 감염이 발생하는 등 확진자 수가 가파르게 늘기 시작했다. 이는 한국만의 문제가 아니었다. 코로나19는 전 세계적으로 빠르게 확산되었고, 2020년 3월 11일에 세계보건기구는 코로나19 팬데믹을 선언하기에 이르렀다.

이렇게 신종 바이러스가 빠르게 확산될 때 각국 정부가 할 수 있는 일은 무엇이었을까? 당시 예방 백신도 없었고 효과가 좋은 항바이러스 치료제도 없는 상황이었기 때문에 할 수 있는 것은 방역뿐이었다. 각국 정부는 자국의 상황에 따른 대응을 했는데, 한국은 'K-방역'으로 상징되는 매우 엄격한 수준의 방역 대응을 했다. 이와 달리 스웨덴은 '집단 면역'으로 표방되는 매우 느슨한 방역 대응을 했다.

엄격한 방역을 한다고 해서 이미 세계에 퍼질 대로 퍼진 코로나19 바이러스를 지구상에서 없앨 수는 없다. 다만 좋은 예방 백신이나 치료제가 없는 상황에서 환자 발생을 최소화하고 전파 속도를 느리게 해 시간을 벌 수는 있다. 이렇게 함으로써 급격한 환자 증가를 피해 의료 붕괴를 막고, 중증 환자를 감당할 수준 이내에서 관리하려는 것이다. K-방역 같은 정책은 코로나19 문제의 궁극적인 해결책이 아니라 언젠가는 출구를 찾아야 하는 방안이다.

새롭게 인류에게 출현한 신종 바이러스의 경우, 이미 세계적으로 널리 퍼진 후라면 출구는 하나다. 많은 사람이 '신종 바이러스를 경험'해 이에 대한 면역을 가지게 하는 것이다. 신종 바이러스를 경험해 면역을 가지는 방법에는 두 가지가 있다.

첫째는 직접 감염을 겪어 면역을 획득하는 것이다. 그러나 이는 수많은 희생을 감수해야 하는 방법이다. 게다가 한국의 경우 만약 이런 정책을 한다면 하루에 1만 명이 감염되더라도 온 국민이 감염되려면 약 5000일 즉 13년이 넘게 걸린다는 비현실적인 계산이 나온다(하루에 1000명이 감염되면 130년 이상이 걸린다). 둘째는 백신을 맞아 면역을 가지는 것이다. 백신만 있다면 이것이 정답일 테지만 당시에는 백신이 존재하지 않았다.

이 모든 상황을 고려한다면, 한국이 시행한 K-방역 같은 경우 다음의 목표를 가지고 수행해야 한다.

백신이 개발되면 국민이 신속히 접종받도록 한다. 그때까지는 엄격한 방역으로 확진자 수를 최소화하며 시간을 번다.

엄격한 방역으로 감염자가 적게 발생하더라도 이는 궁극적인 해결책이 아니며 언젠가는 출구를 찾아야 한다는 사실을 망각한 사례가 중국의 '제로코로나' 정책이었다고 할 수 있다.


## 2021년: 백신과 변이주

코로나19 팬데믹은 백신 개발의 역사에서 인류가 새로운 경험을 하게 했다. 그 어떤 때보다 백신이 매우 신속하게 개발되어 사람들에게 접종했기 때문이다. 실제로 여러 제조사의 코로나19 백신은 2020년 12월부터 접종되기 시작했다.

이렇게 코로나19 백신이 재빨리 개발된 것은 이전에 쓰이던 방법이 아닌, 유전자를 이용한 방식으로 개발했기 때문이다. 전통적으로 백신은 바이러스를 불활성화시키거나 약독화해 만들었다. 1980년대 생명공학 기술이 발달한 이후로는 재조합 단백질이나 바이러스 유사 입자 같은 방법으로 백신을 만들었다. 이는 모두 백신이 바이러스의 항원 단백질 자체를 포함하는 공통점이 있다.

하지만 코로나19 백신에 이용된 mRNA 방식(화이자 및 모더나)이나 바이러스 벡터 방식(아스트라제네카 및 얀센)의 백신에는 바이러스의 항원 단백질 그 자체가 들어 있지 않다. 대신 바이러스 항원 단백질(코로나19의 경우 스파이크 단백질)의 코딩 정보를 지닌 유전자가 함유되어 있다. 여기서 중요한 것은, 단백질을 제조하는 것보다 단백질을 코딩하는 유전자를 제조하는 것이 훨씬 더 빠르고 용이하다는 점이다. 실제로 모더나의 경우, 코로나19 바이러스 유전자 염기서열이 알려진 시점으로부터 채 1개월이 되기 전에 임상 시험용 백신을 제조할 수 있었다고 한다.

그럼, 이렇게 재빠르게 개발된 코로나19 백신은 과연 효능이 좋은 것일까? 이 질문에 대한 과학자들의 대답은 "그렇다"이다. 혹자는 "접종을 하고도 코로나19에 걸린 사람이 많았으므로 좋은 백신이 아니다"라고 말할 것이다. 하지만 그것은 나중에 변이주가 계속 출현했기 때문에 초래된 결과적인 이야기이고, 개발 직후의 시점에서 본다면 오리지널 우한주 바이러스에 대해서는 매우 우수한 예방 효능을 나타낸 훌륭한 백신이었다. 실제로 한 수학 모델 연구에 따르면, 백신이 출시된 뒤 첫 1년간 세계적으로 1980만 명이 신속히 개발된 코로나19 백신 덕분에 목숨을 구한 것으로 추산된다.

만약 변이주들이 출현하지 않았다면, 코로나19 백신 덕분에 팬데믹은 더욱 빠르게 종식되었을 것이다. 하지만 현실은 그렇지 않았다. 알파, 베타, 감마, 델타 등 코로나19 백신의 예방 효능을 약화시키는 변이주가 지속적으로 출현했다.

변이주의 출현은 예견할 수 없었을까? 팬데믹 초기에, 바이러스 학자들은 변이주 문제를 크게 걱정하지 않았다. 다른 RNA 바이러스들과는 달리 코로나바이러스는 유전자 복제 시의 오류를 교정하는 효소 기작을 가지고 있어 돌연변이율이 상대적으로 낮기 때문이다. 하지만 아무리 돌연변이율이 낮더라도 워낙 전 세계적으로 많은 사람이 감염되다 보니 면역을 회피하며 인간에 더 잘 적응한 돌연변이가 생성되었고, 이것이 새로운 변이주로 정착했다.

백신을 맞아도 돌파 감염이 되는 변이주의 딜레마 때문에 각 나라가 가장 어려웠던 시기는 2021년 가을이었다. 한국도 비슷했다. 많은 사람이 백신을 맞았지만, 델타 변이주가 유행하기 시작하면서 감염이 계속 생겨났다. 그렇다고 언제까지나 엄격한 방역만을 고집할 수 없었던 정부는 '위드 코로나' 정책을 시작하며 방역을 완화하기 시작했다.

큰 방향에서 틀린 정책은 아니었지만, 정부가 한 가지 대비하지 못한 것이 있었다. 방역을 완화하며 위드코로나 정책을 쓴다는 것은, 감염자 수가 증가할 수밖에 없다는 뜻이다. 감염자가 증가하면 중증 환자 수도 함께 늘 수밖에 없다. 하지만 정부는 중증 환자 병상을 충분히 준비하지 않은 상태에서 위드코로나 정책을 시작했다. 결과적으로 감염자가 증가하고 중증 환자도 증가했지만, 중증 환자 병상이 부족해서 제대로 치료받지 못하는 경우가 생겼고 정부는 당황해서 다시 방역을 강화하는 등 우왕좌왕하는 상황이 벌어졌다. 이때 등장한 구원투수가 있었다. 바로 11월 말에 처음 보고된 오미크론 변이주였다.

## 2022년: 오미크론 대유행

3년여 동안 지속된 코로나19 팬데믹을 이 정도 선에서 끝나게 한 일등 공신은 자연 발생적으로 출현한 오미크론 변이주였다. 이 변이주는 이전에 출현했던 어떤 변이주들보다 전파력은 강했지만 감염자가 경증 질환을 겪고 회복되는 경향이 강했기 때문이다.

오미크론 감염이 중증으로 진행되지 않고 경증 질환만을 유발하는 성질이 강했던 것은 두 가지 이유로 설명된다. 첫째, 오미크론 변이주 바이러스는 폐와 같은 하부 호흡기보다 코와 같은 상부 호흡기에서 더 잘 증식한다. 따라서 감염자로부터 배출이 잘되어 전파는 쉽게 되지만 폐렴은 잘 유발하지 않는다. 둘째, 오미크론이 출현한 시점에는 이미 많은 사람이 감염 경험이 있거나 백신 접종을 받았기 때문에 중증으로 잘 진행하지 않았다. 이전 감염이나 백신 접종으로 유발된 중화항체는 오미크론이 쉽게 회피해 감염을 유발할 수 있는 반면, 기억 T세포 반응은 회피하지 못하기 때문이다. 기억 T세포를 가지고 있으면, 설사 감염이 되더라도 기억 T세포가 바이러스에 감염된 세포를 선택적으로 제거해주므로 숙주는 중증으로 진행되지 않고 빠르게 감염으로부터 회복할 수 있다.

오미크론 변이주 출현 이후 세계적으로 오미크론 대유행이 있었다. 한국은 2022년 2~4월 사이에 매우 큰 유행이 있었고 여름에도 유행했다. 지금까지 한국의 공식적인 코로나19 누적 확진자 수는 3200만 명에 육박하는데, 이들 가운데 대다수가 2022년에 확진되었다(무증상감염자나 미보고 감염 사례를 합하면 한국의 실제 감염자 수는 훨씬 많을 것으로 추정된다). 워낙 확진자가 급증하다 보니 사망자 수도 증가했지만, 확진자 대비 사망자 수로 보면 치명률은 이전보다 훨씬 더 낮았다. 결과적으로 한국인 중 상당히 많은 사람이 코로나19 바이러스에 대해 '하이브리드 면역'을 가지게 되었다. 백신을 맞고 돌파 감염을 겪었든 감염의 경험 이후에 백신을 맞았든, 가장 강력한 형태인 하이브리드 면역을 지니게 된 것이다.

게다가 2022년 하반기부터는 오리지널 우한주 바이러스 기반 백신에 오미크론 기반 백신을 섞은 2가 백신을 접종받게 되면서, 코로나19에 대한 한국 사람들의 면역도는 상당히 높은 수준으로 형성되었다. 2023년에는 코로나19에 감염되더라도 굳이 확진받지 않는 사람도 늘어나는 등 이제는 코로나19 확진자 통계는 더 이상 의미를 가지지 못하게 되었다. 코로나19가 이제는 풍토병으로 여겨진다는 이야기다.

## 코로나19의 미래

코로나19의 미래는 새로운 변이주의 출현 여부에 달려 있다. 미래를 정확히 예측하기는 힘들지만, 지금까지와는 전혀 다른 종류의 강력한 변이주가 출현할 것 같지는 않다. 코로나19 팬데믹 동안에 변이주 출현의 공식이 바뀌고 있기 때문이다. 2021년 말까지 나타난 알파, 베타, 감마, 델타, 오미크론 등의 주요 변이주는 모두 '점핑(jumping)' 방식으로 나타났다. 예측을 불허하며 갑자기 툭 튀어나왔다는 이야기다. 하지만 오미크론 이후에는 점핑 방식이 아니라 점진적 방식으로 변이주가 출현하고 있다. 처음 나타난 오미크론 변이주는 BA.1이었고 그 후 BA.2, BA.5 등이 연이어 출현했지만, 모두 다 오미크론이라는 큰 범주 안에서 변이가 점진적으로 일어났다.

그렇다면 점진적인 변이주 출현의 새 공식은 어떤 결과를 초래할까? 보고된 논문에 따르면, 어떤 한 종류의 오미크론 변이주 감염을 겪으면 감염 변이주에 대한 면역뿐 아니라 그다음 나타날 변이주에 대한 면역도 함께 증가한다. BA.2 감염 경험 후에는 BA.5에 대한 면역도 함께 올라가는 식이다. 이는 점진적인 변이주 출현으로 사람들의 면역도 점차 적응해, 가까운 미래에 나타날 변이주까지 방어하는 면역력을 획득할 수 있다는 의미다. 이런 과정으로 코로나19는 점점 더 경증 풍토병으로 진화하게 될 것이다. 물론 변이가 진행되면 새로운 변이주를 표적으로 하는 2가나 3가 백신을 또다시 개발할 필요는 있을 것이다. 마치 오미크론 이후에 원래 백신을 변경해 2가 백신을 개발한 것처럼 말이다.

그럼 이제는 코로나19에 대한 걱정은 전혀 하지 않아도 될까? 코로나19 팬데믹 상황에서도 그랬지만, 대답은 사람들의 연령에 따라 달라질 것이다. 아마도 코로나19는 대다수 유소아나 청년에게는 그다지 걱정할 필요가 없는 경증 질환이겠지만, 노인이나 기저 질환자들에게는 마치 독감처럼 치명률이 상당히 높은 질병으로 남아 있을 것이다. 국내에서 발표된 한 논문에 따르면, 지난 10여 년 간 독감의 사망률은 환자의 나이에 따라 현저한 차이를 보였다. 특히 고령자 안에서도 차이가 컸는데 60~69세, 70~79세, 80세 이상의 연령대별로 각각 0.1~0.2%, 0.4~0.6%, 1.9~2.9%의 사망률을 나타냈다. 유사한 일이 코로나19에서도 나타나게 될 것이다. 이런 점을 고려한다면 향후 코로나19에 대한 대책도 고령자와 기저 질환자를 위한 내용을 중심으로 새롭게 정립할 필요가 있을 것이다.


## 다음 팬데믹

가까운 미래에 새로운 바이러스 팬데믹이 다시 올까? 누구도 이를 바라지는 않겠지만, 내일은 알 수 없다. 다소 비현실적이기도 했던 이 팬데믹을 경험한 이후, 이런 일이 다시 생기지 않을 것이라고 아무도 장담할 수 없게 되었다.

가까운 과거만 봐도 2003년의 중증급성호흡기증후군(사스), 2009년의 신종플루, 2012년 중동에서 출현해 2015년 한국에서 유행을 일으켰던 중동호흡기증후군(메르스), 2016년의 지카바이러스 등 신변종 바이러스 문제는 끊이지 않는다. 신종 바이러스의 출현이 잦아진 것은 기후변화나 환경 파괴와 관련이 있다는 설명이 많다. 한 연구 결과에 따르면 중국 남부, 미얀마, 라오스 지역의 관목 지대였던 곳이 지구온난화로 박쥐가 서식하기 좋은 초원 지대와 낙엽수림으로 변화했다. 그 결과, 박쥐의 종과 개체 수가 늘었고 박쥐가 가지고 있는 코로나바이러스도 늘어났다.

기후변화로 생태계가 달라지고, 이로 인해 인간에게 질병을 일으킬 수 있는 신종 바이러스의 출현 가능성도 더 높아졌다. 무분별한 자연 개발과 벌채도 야생동물의 서식지를 파괴해 야생동물과 인간의 접점을 늘린다. 그뿐 아니라 항공의 발달로 신종 바이러스의 전파도 가속화되고 있다. 새로운 바이러스가 출현하면 하루 이내에 전 세계로 퍼져 나갈 수 있는 것이다.

그럼 우리는 신종 바이러스의 출현을 두려워해야만 할까? 아마 출현 자체를 근원적으로 막기는 힘들 것이다. 하지만 우리는 코로나19 팬데믹을 통해 많은 경험을 했다. 팬데믹 상황이 또다시 발생한다면 방역의 목적은 무엇이 되어야 할지, 방역을 어떻게 해야 할지, 백신은 어떤 방식으로 빠르게 개발할 수 있을지(아마 미래 팬데믹에서도 mRNA 백신이 주된 역할을 할 것 같다), 위드코로나 시기처럼 방역을 느슨하게 할 때 무엇을 준비해야 할지 등 중요한 질문에 대해 답을 구했다. 예비 훈련을 한 셈이라고 할까.

먼 훗날, 역사 교과서에 이런 내용이 실릴 듯하다. '20XX년, 전파력도 높고 치명율도 높은 신종 바이러스가 출현했지만, 세계 각국은 코로나19 팬데믹 때의 경험을 잘 살려 합리적이고 과학적으로 대처할 수 있었다. 그 결과, 큰 피해 없이 해결할 수 있었다.' 코로나19 팬데믹을 통해 인류 사회는 백신을 맞은 셈이다. 다음 팬데믹에 현명하게 대처하도록 준비하게 해 준 유용한 백신을.

# 러시안 플루

1889년부터 1894년에 걸쳐 발생한 러시안 플루 팬데믹의 첫 감염 사례는 1889년 5월 투르키스탄에서 발생했다. 1889년 10월 중순, 이 인플루엔자는 러시아제국까지 번졌으며 1889년 12월 이후 수 주 이내에 유럽 전역을 휩쓸었다. 인플루엔자 유행은 곧 대서양을 건넜다. 1889년 12월 18일 미국에서 첫 사례가 발생했으며, 1890년 봄에는 아프리카와 아시아까지 널리 퍼졌다.

1889년부터 1894년까지 적어도 4번의 유행파(wave)가 있었고 중증도는 다양했다. 영국에서는 인구 100만 명당 사망자 수가 1890년에 157명, 1891년에 574명, 1892년에 534명으로 첫 번째 유행파보다 두 번째와 세 번째 유행파의 사망률이 더 높았다. 사망률은 50세 이상 연령대에서 가장 높았고, 결과적으로 전 세계에서 약 100만 명의 사망자가 발생했다. 1889년 11월부터 1890년 2월까지 유럽 도시 33곳에서 수집된 자료를 바탕으로 추정된 기초감염재생산지수(Basic reproduction number, R0)는 2.15였다. 러시안 플루는 고령자와 기저 질환이 있는 환자에서 중증도가 높았고 성인과 비교해 어린이에서는 발생 빈도가 낮았다.

　그런데 러시안 플루의 원인이 인플루엔자바이러스인지는 확실치 않다. 사람에게서 인플루엔자바이러스를 처음 분리한 것은 1933년이었다. 1918년 스페인 플루 팬데믹의 원인도 후세에 과학자들이 알래스카 동토에 묻혀 있던 당시 사망자의 폐 조직에서 바이러스의 유전자를 직접 검출해내면서 A/H1N1 인플루엔자바이러스로 밝혀졌다. 1889년 러시안 플루의 경우, 일부 혈청학적 및 역학적 데이터를 바탕으로 A/H3 인플루엔자바이러스가 원인이었다고 간접적으로 추정할 뿐이다. 그런데 일각에서는 다음과 같은 이유로 러시안 플루를 일으킨 원인 병원체가 실은 코로나바이러스였을 가능성을 제기한다.

## 원인 병원체

　벨기에 연구진이 사람 코로나바이러스 중 하나인 코로나바이러스 OC43의 유전자 서열을 분석한 결과, 소 코로나바이러스(bovine coronavirus)의 유전자 서열과 매우 유사함을 밝혔다. 바이러스 표면의 돌기 단백질인 스파이크 유전자의 염기서열은 93.5%, 껍질을 형성하는 외피 단백질 유전자는 98% 동일한 것으로 나타났다. 코로나바이러스의 동물-사람 종간 전파가 일어났을 가능성을 시사하는 결과였다.

　특히 바이러스 유전자의 돌연변이 발생 빈도를 이용해 분자시계(molecular clock, 유전자의 변이 축적이 시간에 비례한다는 가정을 바탕으로 계통의 진화를 역추적하는 기술) 기법으로 추정한 결과, 사람 코로나바이러스 OC43과 소 코로나바이러스의 마지막 공통 조상은 1890년경 존재했던 것으로 추정되었다.

기록에 따르면 러시안 플루의 임상 양상으로 호흡기, 위장관, 신경계 등 여러 장기의 침범과 미각 및 후각 소실, 혈전증이 관찰되었다. 감염에서 회복된 후에도 신체적 또는 정신적인 무기력, 어지럼증 등을 호소하는 사례가 있었다. 그 외에 잠복기에 있는 환자도 병을 전파시킬 수 있었고, 어린이들은 감염되더라도 성인에 비해 중증도가 낮았다. 러시안 플루에 대한 기록은 어딘가 코로나19의 역학적, 임상적 특징과 닮아 있다.

그러나 이 역시 직접적인 근거가 아니라 추정일 뿐이기 때문에, 러시안 플루가 코로나바이러스에 의해 발생했는지는 여전히 명확하지 않으며 신중한 접근이 필요하다. 다만 만약 러시안 플루의 원인 병원체가 코로나바이러스였다고 가정해본다면, 러시안 플루의 전개와 그 이후 상황이 코로나19 팬데믹의 미래를 상상하는 데 작은 암시를 줄 수도 있다. 물론 지금은 보건 의료의 발전과 더불어 코로나19 항바이러스제와 백신 등 코로나19에 대응할 수단이 있기 때문에 130여 년 전과 현재의 상황을 동일시할 수는 없지만 말이다.

러시안 플루 팬데믹은 1889년부터 1894년까지 약 5년간 지속되었고, 잉글랜드와 웨일스에서 인플루엔자 연관 사망자 수는 1894년 6625명이었다. 그런데 이 사망자 수가 1895년에 1만 2880명으로 다시 증가한 후 이듬해에는 3753명으로 다시 떨어졌다가 그다음 해에는 다시 6088명으로 증가했다. 이어서 1898년부터 1900년까지 3년에 걸쳐 인플루엔자 연관 사망자 수는 각각 1만 405명, 1만 2417명, 1만 6245명으로 크게 증가했다.

1900년 인플루엔자 유행에 대한 영국의 기록에서, 학자들은 인플루엔자를 점막, 위장관, 심장, 신경계를 침범하는 네 가지 형태로 구별했다. 호흡곤란과 특히 뇌의 혈전을 언급했으며 후각 소실과 인플루엔자 후의 신경계 후유증도 거론되었다. 따라서 코로나바이러스에 의해 발생했을 수도 있는 1889년의 인플루엔자 유행이 10년 후인 1900년에 다시 도래했을 가능성을 고려해야 한다는 시각도 있다.

코로나19 팬데믹이 종식된 후에 코로나바이러스는 계절 인플루엔자와 비슷한 규모로 유행하게 될까? 다음 코로나바이러스 팬데믹이 또 발생할까? 발생한다면 그 시기는 언제일까?


## 수학 모델링

코로나19의 미래를 시뮬레이션하고 코로나19 팬데믹에서 엔데믹으로 전환하는 시기에 어떤 일이 일어날지에 대해 예측하는 작업은 팬데믹을 극복하기 위해 반드시 필요하다. 고려대학교 의과대학 노지윤 교수와 KAIST 신의철, 김재경 교수팀은 코로나19 바이러스 전파율이 달라질 경우, 향후 코로나19 팬데믹이 엔데믹으로 전환되는 과정에서 코로나19 환자 발생과 중증 환자 발생이 어떻게 달라질지 수학 모델링 연구를 했다.

바이러스의 전파율에는 바이러스 자체의 특성과 감염력, 마스크 착용 및 사회적 거리 두기 같은 중재도 영향을 미치지만, 백신 접종과 자연 감염으로 획득된 개인 또는 인구 집단의 면역 수준도 관련이 있다. 그래서 연구에서는 코로나19 바이러스에 대한 사람의 면역 반응을 중화항체 면역 반응과 T세포 면역 반응으로 구분해 수학 모델에 적용해보았다. 백신 접종이나 자연 감염으로 생긴 중화항체는 시간이 흐름에 따라 그 역가가 떨어지는 데 비해 T세포 면역은 상대적으로 오래 지속되는 특징이 있다.

모델링 결과, 백신 접종률이 높은 상황에서 바이러스의 전파율이 높아질 경우에 일시적으로는 환자 수가 증가하지만 역설적으로 위중증화율이 낮아졌고, 궁극적으로 코로나19의 토착화가 도리어 빨라지는 것으로 나타났다.

물론 이 연구에 사용한 수학 모델에서는 환자의 나이나 건강 상태에 따라 달라지는 코로나19의 중증도를 고려하지 않은 제한점이 있다. 따라서 고위험군에게 이 연구 결과를 적용하는 데에는 주의가 필요하다. 그리고 바이러스의 전파율이 높아지면서 일시적으로 코로나19 환자가 너무 많이 발생하면 의료 체계에 부담이 가중될 수 있다. 코로나19 바이러스가 토착화될 것이라는 의미는 사람에게 피해를 끼치지 않게 되거나 간과해도 된다는 뜻이 아니다. 계절 인플루엔자는 거의 매년 초겨울부터 봄까지 유행을 일으키는 대표적인 발열성 호흡기 감염증으로, 해마다 29만~65만 명의 사망자가 발생한다. 따라서 미래의 코로나19에 대비하기 위한 기초 연구, 치료제 개발, 백신 개발 및 개선과 관리 정책 수립 등의 노력을 이어가야 할 것이다.

# 변이 바이러스

동식물이나 세균을 비롯한 모든 생명체는 DNA를 유전물질로 가진다. DNA가 복제될 때는 항상 정확할 수 없어 다소 오류가 생기고, 이는 돌연변이라는 결과를 낳는다. 하지만 DNA가 복제될 때는 오류를 교정하는 기능도 함께 작동하기에 돌연변이의 발생을 최소화할 수 있다.

DNA를 유전물질로 사용하는 DNA 바이러스도 이와 비슷한 교정 기능을 갖추고 있다. 하지만 RNA를 유전물질로 사용하는 RNA 바이러스는 다르다. RNA 복제 때는 오류를 교정하는 기능이 없어 바이러스가 복제 증식을 할 때마다 수많은 돌연변이가 생성된다. 독감바이러스를 비롯해 후천성면역결핍증(Aacquired immune deficiency syndrome, AIDS)을 일으키는 인간 면역결핍바이러스 그리고 C형 간염바이러스가 이런 RNA 바이러스의 일종이다. 코로나바이러스도 여기 속한다.

코로나19 팬데믹의 초기, 어떤 바이러스 학자들은 이런 말을 하곤 했다. "코로나19 바이러스는 변이를 잘 하지 않을 것이다." "변이 바이러스 문제는 그다지 없을 것이다." 그들은 코로나바이러스도 RNA 바이러스의 일종이라는 것을 몰라서 그런 말을 했을까? 아니다. 너무 잘 알아서였다. 코로나바이러스는 RNA 바이러스이면서도 예외적으로 오류를 교정하는 기능이 있다. 그래서 위와 같은 언급을 한 것이다.

그런데 실상은 그들의 예상과 다르게 흘러갔다. 변이 바이러스들이 연이어 출현한 것이다. 아무리 코로나바이러스가 오류를 교정하는 기능이 있더라도, 전 세계적으로 워낙 감염자가 많다 보니 변이 바이러스가 나타나게 되었다. 어떤 게임에서 매우 확률이 낮은 사건이라 해도 게임을 수없이 반복하면 그 사건이 언젠가는 나타나는 것과 같은 일이 벌어지게 되었다.

바이러스에 돌연변이가 발생한다고 무조건 변이 바이러스로 정착하는 것은 아니다. 무작위로 일어나는 돌연변이는 오히려 바이러스에 불리한 것도 많다. 결국, 여러 돌연변이 중 바이러스 자체의 복제와 증식에 유리한 것이 자연선택되어 변이 바이러스로 확립된다. 돌연변이를 통해 바이러스가 획득하는 장점은 크게 두 가지로 나눌 수 있다. 감염을 더 잘 일으키는 능력과 면역을 회피하는 능력이다.

## 발생 공식

코로나19 팬데믹이 지속되는 동안 출현한 변이 바이러스는 매우 다양하다. WHO에서는 변이 바이러스 가운데 기존 감염 또는 백신에 의한 면역을 회피하거나 의학적으로 큰 의미가 있는 변이 바이러스를 '우려 변이주(variants of concern)'로 분류해 따로 관리했다. 이런 우려 변이주들은 순차적으로 나타났으며 각각 알파, 베타, 감마, 델타, 오미크론으로 불렸다. 이 가운데 알파는 2021년 상반기를 지배한 우세종이었고, 델타는 2021년 하반기의 유행을 주도했다. 그리고 오미크론은 한국을 비롯해 전 세계에서 2022년 대규모 유행의 원인이 된 변이 바이러스였다.

그런데 우한주부터 오미크론까지 변이 바이러스의 근연 관계를 살펴보면 특징이 하나 있다. 한 가지 종류의 바이러스가 유행하다가 그 바이러스와 가깝지도 않고 예상하지도 못한 종류의 바이러스주가 나타나 새로운 우세종이 되어 유행을 주도하는 방식으로 변이 바이러스가 나타났다(그림 5-1). 마치 변이 바이러스가 점핑을 하는 것과 비슷하다. 이렇게 점핑 방식으로 변이 바이러스들이 새롭게 출현하다 보니, 다음에 나타날 변이를 예측하는 것도 현실적으로 불가능했다.

이것은 우리의 면역 측면에서 매우 불리한 상황이었다. 오리지널 우한주 기반 백신으로 바이러스를 막을 중화항체를 형성했기에, 예상 못한 변

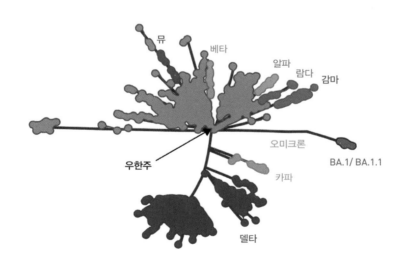

**그림 5-1**

최초의 신종 코로나바이러스 감염증 바이러스인 우한주와 이후 파생된 다양한 변이 바이러스주들의 유전자 특성을 분류한 계통도다. 알파, 베타, 델타, 오미크론 등의 주요 변이 바이러스주들은 다양한 방향으로 뻗는 제각각의 가지를 이루고 있다.

이 바이러스에 대해서는 백신의 효능이 감소하기 때문이다. 그뿐 아니라 앞선 바이러스와 새로운 변이 바이러스 사이에 유사성이 적다 보니, 앞선 바이러스 감염으로 형성된 중화항체도 새 변이 바이러스에는 잘 작동하지 못했다. 예를 들면, 델타 바이러스 감염 후 형성된 중화항체가 오미크론 바이러스에 대해서는 중화 기능을 잘 나타내지 못했다는 이야기다.

이런 이유로, 오미크론의 대유행 시기에는 백신 접종을 받았지만 감염되는 돌파 감염, 이전에 감염 후 회복했지만 또다시 감염되는 재감염 사례가 매우 많았다. 이렇게 오미크론 출현 때까지는, 변이 바이러스들이 점핑 방식으로 나타나 팬데믹에 대한 면역학적 대응이 매우 어려운 상황이었다. 하지만 오미크론 이후 상황은 달라졌다. 오미크론이 처음 나타난 이후에도 변이는 계속 일어났다. 하지만 그 양상이 변했다. 변이가 점핑하듯 나타나는 게 아니라, 꼬리에 꼬리를 무는 것과 같은 점진적 방식으로 변이 특성이 바뀐 것이다.

좀 더 자세히 알아보자. 처음 출현한 오미크론 변이 바이러스를 BA.1이라고 하는데 그다음 유행한 것은 스텔스 오미크론이라고도 불린 BA.2였다. 한국에서는 2022년 1월 말부터 3월 초까지는 BA.1이 우세종이었고, 2022년 4월부터 7월까지는 BA.2가 우세종이었다. 그리고 2022년 8월부터 11월 초까지의 시기에는 BA.5가 우세종이 되었다. 이렇게만 살피면 이전과 마찬가지로 계속 새로운 변이 바이러스가 나오면서 유행을 지배하는 우세종이 순차적으로 바뀌는 양상은 비슷해 보인다. 하지만 여기에는 큰 차이가 있다.

BA.1, BA.2, BA.5는 모두 오미크론의 일종이며 오미크론의 하위 변이주(subvariant)라고 부른다. 이들 사이에는 전처럼 점핑 방식의 큰 차이가 없고, 점진적인 차이만 존재한다(그림 5-2). 예를 들어 최초의 오미크론인

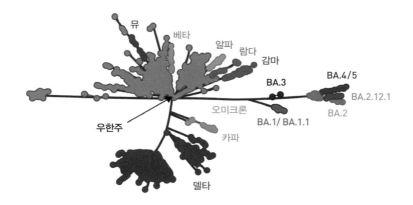

뮤
베타
알파
람다
감마
BA.4/5
BA.3
BA.2.12.1
오미크론
BA.2
우한주
BA.1/ BA.1.1
카파
델타

**그림 5-2**

오미크론 이후에 발생한 주요 변이 바이러스. 오미크론 이후의 변이는 오미크론 가지 내에서 세분화되는 양상을 보인다.

BA.1 변이주는 우한주와 비교하면 스파이크 단백질에 30개가 넘는 돌연변이가 있었다. 그리고 BA.2는 BA.1과 비교해 20여 개의 돌연변이가 있었다. 이와 달리 BA.4나 BA.5는 BA.2와 비교해 단 4개의 돌연변이가 있을 뿐이다(BA.4와 BA.5는 스파이크 단백질이 동일하기 때문에 BA.4/5로 묶여서 불리기도 한다). 그 후에 나타난 BQ.1은 BA.5 스파이크 단백질에 2개의 돌연변이가 발생한 것이고, BQ1.1은 BQ.1 스파이크 단백질에 1개의 돌연변이가 추가로 발생한 변이 바이러스다.

또 다른 특징도 있다. BA.5 유행 이전까지는, 한 종류의 우세종 변이 바이러스가 그 기간 유행을 '독점'하는 방식으로 팬데믹이 이어졌다. 델타 변이가 우세일 때는 전 세계의 거의 모든 코로나19 바이러스가 델타 변이였던 게 대표적이다. 그런데 BA.5 이후에는 한 종류의 우세종이 독점 지배를 하는 것이 아니라, 몇 가지 변이 바이러스가 분할 지배하며 유행을 일으키는 방식으로 변화한다. 변이 바이러스가 다원화되는 시대가 된 셈이다.

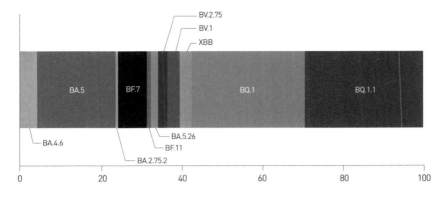

그림 5-3

2022년 11월 말, 미국 내 코로나19 신규 확진자의 바이러스 유전자를 분석해 변이 종류를 분류한 그래프다. 하나의 변이가 우세종을 형성하던 과거와 달리, 여러 변이가 공존하고 있다. 이 역시 오미크론 이후 새롭게 등장한 특성이다.

국내 상황보다 앞서서 변화하는 미국의 경우를 보자. 미국 질병통제예방센터 보고 자료에 따르면, 2022년 8월 말까지는 BA.5(84.8%)가 우세종으로 유행했으나 그 이후에는 BA.5에 2~3개의 돌연변이가 추가로 발생한 변이주의 비율이 꾸준히 증가했다. 2022년 11월 말 미국 내 신규 확진자의 감염 바이러스 변이 비율을 보면 BA.5(19.4%), BQ.1(27.9%), BQ1.1(29.4%) 등 3종의 변이 바이러스가 고른 상위 분포를 보이는 다원화 양상을 나타냈다(그림 5-3).

## 적응하는 면역

변이 바이러스 출현의 새로운 양상을 다시 한번 요약하면 이렇다. 첫째, 꼬리에 꼬리를 무는 방식으로 변이 바이러스가 점진적으로 발생한다.

둘째, 하나의 우세종이 유행을 지배하는 것이 아니라 여러 변이 바이러스가 함께 유행을 주도하는 다원화 양상이 나타난다. 그렇다면 이 변화가 우리의 면역에 미치는 영향은 무엇일까?

점진적인 변이 바이러스의 출현은 우리 면역에 의외의 유익한 효과를 준다. 특히 BA.2 유행 이후에 이런 효과들이 보고되었다. 2022년 9월 보고된 논문에 따르면 BA.2에 돌파 감염되었다가 회복되면 BA.2 감염에 의해 생성된 중화항체가 BA.5에도 방어력을 나타낸다.

기초과학연구원 한국바이러스기초연구소 바이러스면역연구센터의 T세포 연구도 유사한 결과를 보여주었다. BA.2에 돌파 감염되었다가 회복되는 과정에서 형성된, BA.2에 대항하는 기억 T세포는 BA.2뿐 아니라 BA.5에도 대항할 수 있는 활성이 증가했다. 즉, BA.2 돌파 감염을 겪음으로 인해, 감염 당시에는 세상에 존재하지 않았던 BA.5에 대한 면역까지 얻게 된 것이다. 변이가 점진적인 방식으로 출현했고 그 덕분에 BA.2와 BA.5 사이에 유사성이 높았기 때문에 가능한 일이다.

이런 연구 결과는 2가 백신에도 많은 시사점을 준다. 2022년 11월 당시 최신 2가 백신은 우한주 및 BA.4/5의 스파이크 mRNA를 반씩 섞은 것이다. 이는 우한주뿐 아니라 BA.4/5에 대한 중화항체를 생성시킬 목적으로 개발되었다. 이런 2가 백신을 접종받아 생성되는 BA.4/5 중화항체가 점진적인 방식으로 발생하는 그다음 변이 바이러스에 대해서도 방어력을 보이게 될지는 아직 예측하기 어렵다. 다만 BA.4/5와 미래의 변이 바이러스 사이에 유사성이 꽤 크다면, 가능성은 높을 것이다.

지금까지 오미크론 이후에 바뀐 변이 바이러스 출현의 새로운 양상에 대해 살펴보았다. 이제는 점핑이 아니라 점진적인 방식으로 변이 바이러스들이 출현한다. 이에 따라 이전 감염에 의해 형성된 면역이 새로운 변이 바이러스에 대한 방어력도 제공할 수 있다는 사실도 알아보았다. 이를 다르게 표현하자면, 점핑 방식으로 변이 바이러스가 출현하면 우리의 면역이 당황하지만 점진적인 방식으로 출현하면 우리의 면역이 이에 쉽게 적응해나간다고도 말할 수 있다. 다만 변이 바이러스 발생의 새 양상인 변이유행의 다원화가 우리 면역에 어떤 영향을 줄지는 아직 미지수다.

변이 바이러스의 파도가 끊임없이 밀려왔다. 파도에 맞설 게 아니라면 올라타야 한다. 지금 우리는 변이 바이러스 시대에서 파도타기를 하고 있는 게 아닐까. 앞으로 파도의 방향이, 세기가 어떻게 달라질지는 몰라도 우리는 그 파도를 두려워하지만은 않을 것이다.

# 집단면역

집단면역이란 무엇일까? 기존에 사람이 경험하지 못한 신종 병원체를 생각해보자. 이들이 몸에 침입하면 인체에는 병원체에 대해 면역이 생긴다. 완벽한 방어를 위해 그 병원체에만 반응하는 기억 T세포, B세포가 만들어지는 후천면역이 형성된다. 이 후천면역 세포들은 향후 유사한 감염에 대응해 기억된 기능을 통해 감염에 효과적으로 방어할 수 있게 해준다.

하지만 신종 병원체의 감염을 통해 후천면역을 형성하는 과정에는 증상이 수반되며 시간도 많이 소요된다. 또한 면역 염증 반응이 과도하게 활성화될 경우에는 사망에 이를 수도 있다. 이에 여러 분야의 과학기술인의 노력으로 백신 접종을 통해 면역을 인위적으로 형성하는 방법이 지난 세기 동안 꾸준히 발전했다. 백신을 접종하면 감염률을 월등히 낮출 수 있고 설사 감염되더라도 병의 중증도를 대폭 낮출 수 있다. 감염병을 방어하는 후천면역이 백신을 통해 개체 안에 이미 형성되었기 때문이다.

여기까지는 개개인에 대한 면역 방어다. 이를 전 국민이라는 인구 집단으로 확장해보자. 만약 대다수의 구성원이 어떤 신종 감염병에 직접 감염이나 백신에 의해 면역을 획득한 상태라면 해당 감염증 유행 빈도와 발병률은 줄어든다. 이것이 감염병에 대한 집단면역이다. 즉, 현재 국내 대다수 국민이 코로나19에 직접 감염과 백신을 통해 개인 면역을 갖추고 있기 때문에 집단면역이 형성되었으며 이로 인해 집단적 감염증의 빈도와 발병률이 점점 감소할 것으로 예상한다.

집단면역은 백신을 맞을 수 없거나 강력한 면역 체계 형성이 어려운 신생아 및 노인, 면역 저하자들에게 감염의 기회를 대폭 줄인다. 집단면역 형성의 여러 이점을 통해 전반적으로 신종 감염병에 대한 방어율을 높여왔기에 신종 감염병 출현 시 각 국가는 이를 비중 있게 다룬다.

그림 5-4에서와 같이 감염된 환자(빨강)가 인구 집단에 유입되었을 때, 면역을 획득하지 못한 사람(파랑)이 대부분인 인구 집단에서는 감염이 빠르게 전파된다(그림 5-4A와 B 위쪽). 그러나 면역을 획득한 사람이 많은 집단(노랑)에서는 면역 획득자가 면역을 획득하지 못한 사람에게 감염 전파를 일으키지 않는다. 이를 통해 집단 내 감염자 비율을 줄이게 된다(그림 5-4A와 B 아래쪽).

집단면역 개념은 1916년 조지 포터(George Porter)라는 수의학자가 처음 제시했다. 포터는 미국 내 소에서 유산을 일으키는 감염병이 유행하자 "큰 불(big fire)과 같이 병원체가 빠르게 유입되지 않는 한 감염된 소에 집단면역이 형성되면서 감염병이 사라질 것"이라며 "소를 몰살할 필요가 없다"고 주장했다. 이후 1923년 영국 미생물학자인 윌리엄 화이트먼 칼턴 토플리(William Whiteman Carton Topley)가 쥐를 이용한 연구에서, 그리고 1924년 병리학자 셸든 더들리(Sheldon Dudley)가 왕립해군의학교 학생들의 디프테리아 연구에서 유사한 현상을 발견하면서 사람 사이에서도 널리 퍼지게 되었다.

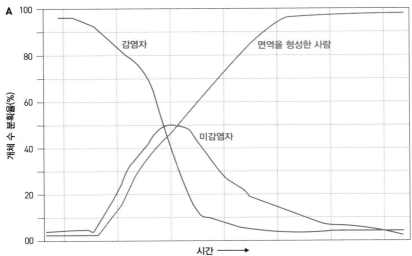

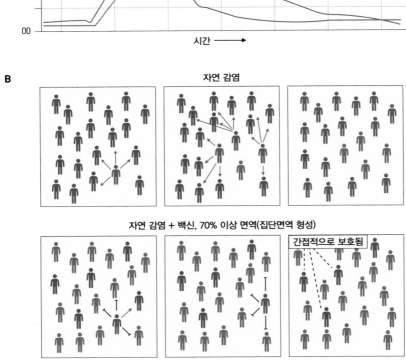

집단면역 과정. 빨간색이 감염자, 파란색이 미감염자이며 노란색은 면역을 형성한 사람을 나타낸다. 감염병이 발생해 시간이 지나면 감염에 따른 면역 형성자가 개체의 대부분을 차지하게 되면서 미감염 자에 대한 감염률을 대폭 감소시킨다(A). 즉 면역을 획득한 사람이 많으면(집단면역), 감염자 확산이 이뤄지지 않아 더 이상의 대규모 감염이 일어나지 않는다(B).

## 기초감염재생산지수

집단면역을 이해하기 위해서는 기초감염재생산지수(Basic reproduction number, R0)에 대한 이해가 필요하다.

- **정의:** 어떤 감염병에 대해 면역 획득자가 전혀 없는 인구 집단에 감염자 한 명이 유입됐을 때 2차 감염자가 평균 몇 명 발생하는지를 나타내는 수치. 이 값이 1보다 큰 경우 감염병이 집단으로 유행한다.
- **활용:** 집단면역을 형성하기 위해 필요한 면역 획득자 비율을 계산할 수 있다. 이는 감염 전파를 막기 위한 최소 접종률 목표 설정에 활용된다.
- **예:** 코로나19 바이러스에 대해 R0가 3일 경우 $\{1-(1/3)\} \times 100 = 67\%$ 즉, 67%의 사람들이 항체를 보유하고 있어야 감염의 전파가 점차 줄어들 것임을 알 수 있다.

## 형성 방식

2020년 코로나19가 전 세계로 빠르게 퍼져 나가면서 한국과 중국에서는 발빠르게 유전자 중합효소연쇄반응법(PCR)을 통한 감염 경로 파악, 확진자 격리를 통한 방역 대책을 진행했다. 이와 달리 영국, 스웨덴, 브라질에서는 자연 감염을 통한 집단면역을 주장했고, 상대적으로 가벼운 증상을 보이는 젊은 사람들의 감염을 통해 집단면역을 획득하고자 했다.

전염병 전문가 사이에서도 자연 감염을 위해 사회적 거리 두기 완화를 주장한 '그레이트 배링턴 선언문'에 찬성하는 부류와, 젊은 층의 감염이 고령 고위험군의 감염으로 전파되므로 거리 두기를 유지해야 한다는 '존 스노 서한'을 지지하는 부류가 팽팽하게 맞섰다.

결과는 어땠을까? 당시 스웨덴에서는 치명율이 전 세계 평균의 2배 수준인 10% 가까이 되었고, 영국에서도 마찬가지로 코로나 변이에 의한 재감염으로 확진자 및 사망자가 지속적으로 늘어났다. '코로나 거리 두기 완화라는 조치가 집단면역을 만들어낼 것'이라는 주장은 힘을 잃었다.

한국과 중국에서 일부 과학자들이 주장한 '거리 두기만으로 코로나19가 해결될 것'이라는 주장도 한계에 부딪혔다. 결국 감염의 전파를 줄이는 데는 적절한 방역 대책과 함께 백신 접종을 통한 집단면역 획득이 동반되어야 한다는 교훈을 얻으면서 말이다. 이처럼 집단면역이라는 과학적으로 증명된 정설과 적용성을 가지고 신종 전염병에 대처하는 것이 어렵다.

그동안 이룩해온 생명과학 기술의 발전은 코로나19에 대응해 mRNA 백신을 포함한 신속한 백신 개발로 화답했다. 백신 접종으로 코로나19 치명률이 크게 감소했고, 이제는 점차 코로나 이전과 같은 생활로 돌아가고 있다. 2023년 현재까지 전 세계 인구의 66%가 백신을 접종한 상태다.

다만 그동안의 코로나19 질병 추이를 살펴봤을 때, 백신을 통해 다른 바이러스 감염병과 같은 전통적인 집단면역 수준의 방어를 기대하기는 어려울 것으로 생각된다. 첫째, 천연두나 홍역 등은 감염원인 바이러스 자체의 변이가 높지 않았기 때문에 단일 종류의 백신 접종으로 거의 감염을 회피하는 면역 기능을 갖출 수 있었다. 하지만 코로나19의 경우 알파부터 오미크론까지 변화무쌍한 변이가 등장해 1차적으로 개발된 백신에 의해 형성된 인체의 면역을 교묘하게 피했다. 따라서 1918년 스페인 독감 이후로도 독감이 항원 변이를 통해 100년 넘게 인류 곁에 남은 것처럼, 코로나19도 왕성한 변이를 통해 계속 남아 있을 것으로 추정된다. 특히 변이는 백신 접종 이후에도 형성된 항체가 제 기능을 못하는 문제를 야기할 수 있어 계속 주의가 필요하다.

둘째, 전 세계 평균 백신 접종률이 높아지고 있으나, 여전히 저개발국이나 개발도상국에서는 접종률이 현저히 낮다. 또한 중국은 코로나19 봉쇄 정책의 여파로 집단면역 형성이 늦어질 가능성이 높은데, 이에 따라 변이도 많이 발생할 것으로 예상된다. 많은 중국인이 다시 해외여행을 시작한 상황이다. 전 세계와 교류가 다시 활발해지면서 재감염 등의 문제를 일으킬 수 있다. 국제 보건 분야 협력을 통해 향후 일어날 문제를 예의 주시해야 할 것이다.

## 백신 개량과 추적

물론 앞으로도 백신 접종은 코로나19에 의한 사망률을 감소하는 데 중요한 역할을 할 것이다. 특히 감염 이후 발생하는 후유증인 만성 코로나19 증후군(Long COVID)과 같이 커다란 사회적 비용을 야기하는 합병증을 줄이는 데도 필수적이다. 앞으로는 백신 접종을 통해 얻어진 면역의 지속성을 높이는 방법, 그리고 전 세계 백신 접종률을 높여 지속적으로 강력한 방어 체계를 유지할 방법에 관심을 기울여야 한다.

이런 관점에서, 과거 다른 코로나바이러스 감염을 통해 획득한 코로나바이러스과 공통 항원 특이 기억 T세포를 가진 사람이 코로나19 바이러스 감염으로부터 벗어날 수 있다는 연구 보고는 상당히 고무적이다. 코로나바이러스에 공통으로 작용하는 백신을 개발하는 것은 코로나19 이후 확산을 막는 일 외에 추후 발생 가능한 또 다른 코로나바이러스 팬데믹을 예방하는 데도 큰 기여를 할 수 있기 때문이다. 또한 코로나바이러스가 초기에 전신보다는 호흡기 점막 및 상피세포에 국소적으로 감염된다는 점에서 점막 면역을 촉진해 백신의 효과를 높이는 방법에 대해서도 고민해보아야 할 것이다.

집단면역을 형성하는 과정, 그에 대한 효과는 감염병의 종류, 지역사회의 대응에 따라 다양한 결과를 보인다. 특히 코로나19에 대한 집단면역의 효과는 2~3년 뒤 면밀하게 코호트 조사를 해보면 보다 더 정확한 답을 얻을 수 있을 것이다.

# 아기의 면역

'튼튼이'가 우렁찬 울음소리와 함께 세상에 태어났다. 튼튼이는 방금 전까지 따뜻한 자궁에서 엄마의 면역 체계의 보호를 받으며, 밖에서 맞닥뜨리게 될 수많은 외부 미생물과 싸울 무기인 항체(면역글로불린 G, IgG)를 탯줄을 통해 물려받으며 준비를 해왔다(그림 5-5).

아기는 폐가 활짝 펴지도록 크게 울었다. 의료진은 콧속, 입속에 머금은 양수를 흡인하고 몸에 묻은 양수와 태지를 닦았다. 아프가(APGAR, 출생 직후 신생아의 건강 상태를 평가하는 방법) 점수 체크와 간단한 신체 진찰 뒤, 튼튼이는 소독된 강보에 싸여 잠깐이지만 엄마 품에 안겼다. 엄마 냄새를 맡고 얼굴도 잠깐 본 후 이제 신생아실로 향한다.

신생아실에 도착한 튼튼이는 키와 몸무게를 재고 깨끗하게 씻겨져 보드라운 보에 싸여 유아용 침대에 들어가기 전, 통과의례를 치른다. 한쪽 허벅지에는 비타민 K를, 다른 한쪽에는 B형 간염 백신(1차)을 맞는다. 말 그대로 난생처음 맞는 주사다.

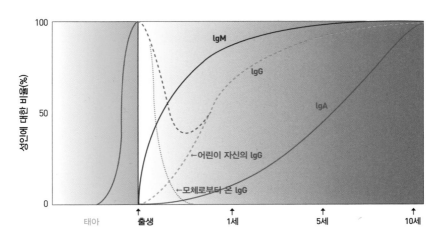

**그림 5-5**

태아와 소아의 항체 면역글로불린 수치의 변화. 엄마로부터 물려받은 항체(IgG)는 1세가 채 되기 전에 급격히 줄어든다. 이와 달리 튼튼이의 IgG, IgM(면역글로불린 5단량체), IgA(점막 면역에 관여하는 면역글로불린)는 점차 증가한다.


## 생후 1개월부터 12개월까지


튼튼이는 첫 한 달 동안 사랑을 받으면서 잘 먹고 잘 자며 쑥쑥 자란다. 생후 1개월이 되었을 때 어른들이 아기의 외출 준비를 한다. 도착한 곳은 소아청소년과다. 엄마는 예방접종 예진표를 읽어보고 튼튼이의 건강 상태에 대해 몇 가지 체크를 하고 서명한다. 소아청소년과 의사가 진찰을 마친 후 주사를 맞힌다. 하나는 허벅지(B형 간염 2차), 하나는 어깨(BCG)다.

어느새 또 한 달이 흘러 생후 2개월이 되었다. 튼튼이는 엄마가 조금 더 잘 보이고 미소도 주고받을 수 있게 되었다. 목도 좀 가누고 손도 제법 조몰락거린다. 다시 예방접종을 위해 소아청소년과에 방문했다. 디프테리아(1차), 파상풍(1차), 백일해(1차), 폴리오(1차), b형 헤모필루스 인플루엔자(1차), 폐렴구균(1차), 로타바이러스(1차)까지 여러 주사를 맞는다. 다행히 디프테리아, 파상풍, 백일해, 폴리오, b형 헤모필루스 인플루엔자는 혼합백신(DTaP-IPV/Hib)이 있어서 주사 한 번으로 끝난다. 로타바이러스 백신은 먹는 백신이다.

이제 튼튼이의 백일 잔칫날이다. 어른들은 즐겁지만 많은 사람이 모이는 것이 아기에게는 그리 달갑지 않다. 몸 안에 있던, 엄마에게 받은 항체는 벌써 절반 넘게 없어졌기 때문에 이제 여러 가지 외부 미생물에 취약한 상태다(그림 5-5).

생후 4개월, 다시 소아청소년과로 외출, 2개월 때 맞은 백신들을 다시 맞았다. DTaP-IPV/Hib 주사(2차), 폐렴구균 주사(2차), 로타바이러스 경구 백신(2차)을 접종했다.

생후 6개월, 이제 아기에게는 엄마에게 받았던 항체는 반의 반도 채 남지 않았다. 튼튼이가 가을 환절기 감기에 걸린 건 아마도 그 때문일 것이다. 감기는 나았지만 생애 최대의 시련을 앞두고 있다. DTaP-IPV/Hib(3차), 폐렴구균(3차), B형 간염(3차), 인플루엔자(1차) 백신까지, 양쪽 허벅지에 각각 2개씩 총 4번의 주사를 맞아야 한다. 여기에 로타바이러스 경구 백신(3차)까지 더해진다. 이것이 끝이 아니다. 인플루엔자에 걸리지 않고 겨울을 무사히 넘기려면 4주 후 인플루엔자 백신(2차)을 한차례 더 접종받아야 한다.


## 12개월부터 유치원에 다니기까지

이제 돌이 된 튼튼이는 엄마에게 받았던 항체는 모두 바닥났다. T세포와 B세포를 비롯한 면역 체계가 여러 가지 미생물에 대항하기 위해 훈련을 받고 열심히 항체도 만들고 있지만 아직은 갈 길이 멀다. 돌 잔치를 마친 튼튼이가 접종받아야 할 백신은 폐렴구균(4차), Hib(4차), 홍역, 볼거리, 풍진, 수두, 일본뇌염(1차), A형 간염(1차) 백신이다. 다행히 홍역, 볼거리, 풍진도 혼합백신(MMR, 1차)으로 한 번에 접종받을 수 있다. 일본뇌염은 불활성화 백신과 약독화 생백신이 있는데, 불활성화 백신을 접종받은 튼튼이는 4주 후 2차 접종을 받아야 한다.

생후 18개월, 튼튼이는 이제 혼자서도 제법 걸을 수 있게 되었다. DTaP(4차), A형 간염(2차) 백신과 겨울철 유행에 대비하기 위해 인플루엔자 백신을 접종받는데 인플루엔자 백신은 앞으로 매년 가을에 맞을 예정이다.

두 돌이 된 튼튼이는 이제 잘 뛰어다니고 계단도 혼자 올라갈 수 있게 되었다. 일본뇌염 불활성화 백신(3차)을 접종받고 나면, 인플루엔자 외의 예방접종은 잠시 쉬어갈 수 있다. 면역 기능도 조금 더 발달해 다당류만으로 구성된 항원에 대해서 면역 반응을 보인다. 하지만 어른에 비하면 전체적인 면역 능력은 아직 부족하다.

어린이집에 다니면서 감기, 모세기관지염, 폐렴 같은 여러 호흡기 감염과 장염에 걸렸던 튼튼이는 만 4세가 되어 유치원 입학을 앞두고 다시 백신 접종을 받는다. 디프테리아, 파상풍, 백일해, 폴리오 혼합백신(DTaP-IPV, DTaP 5차 및 폴리오 4차)과 MMR(2차)을 양쪽 팔에 각각 하나씩 주사 맞았고 만 6세가 되면 일본뇌염 불활성화 백신(4차)을 접종받는다. 인플루엔자 백신은 꾸준하게 매년 가을에 접종받고 있다.

초등학교에 입학한 튼튼이는 어린이집이나 유치원에 다닐 때보다는 감기에도 훨씬 덜 걸리고 웬만해서는 아프지 않게 되었다. 10세 무렵이 되어서는 아직 부족하지만 이제 어른과 어느 정도 비교할 만한 수준의 면역 기능을 갖게 된다(그림 5-5 참고). 만 11세가 되어서는 성인형 파상풍, 디프테리아, 백일해 백신(Tdap)과 인(사람)유두종바이러스 백신(1차)을 접종받

**표 5-1** 대한소아청소년과학회 정기 예방접종표(2021년).

| 백신 | 나이 | 출생 시 | 4주 이내 | 1개월 | 2개월 | 4개월 | 6개월 | 12개월 | 15개월 | 18개월 | 19~23개월 | 24~35개월 | 4세 | 6세 | 11세 | 12세 |
|---|---|---|---|---|---|---|---|---|---|---|---|---|---|---|---|---|
| B형 간염 | HepB | HepB 1차 | | HepB 2차 | | | HepB 3차 | | | | | | | | | |
| BCG | BCG | | BCG 1회 | | | | | | | | | | | | | |
| DTaP | DTaP | | | | DTaP 1차 | DTaP 2차 | DTaP 3차 | | DTaP 4차 | | | | | DTaP 5차 | | |
| 폴리오 | IPV | | | | IPV 1차 | IPV 2차 | | IPV 3차 | | | | | | IPV 4차 | | |
| Hib | Hib | | | | Hib 1차 | Hib 2차 | Hib 3차 | Hib 4차 | | | | | | | | |
| 폐구균 단백결합 | PCV | | | | PCV 1차 | PCV 2차 | PCV 3차 | PCV 4차 | | | | | | | | |
| 로타바이러스 로타릭스 | RV1 | | | | RV1 1차 | RV1 2차 | | | | | | | | | | |
| 로타텍 | RV5 | | | | RV5 1차 | RV5 2차 | RV5 3차 | | | | | | | | | |
| 인플루엔자 불활성화백신 | IIV | | | | | | | IIV 매년 | | | | | | | | |
| A형 간염 | HepA | | | | | | | HepA 1~2차 | | | | | | | | |
| MMR | MMR | | | | | | | MMR 1차 | | | | | | | | |
| 수두 | Var | | | | | | | Var 1회 | | | | | | | | |
| 일본뇌염 불활성화백신 | IJEV | | | | | | | IJEV 1~2차 | | | | IJEV 3차 | | IJEV 4차 | | IJEV 5차 |
| 생백신 | LJEV | | | | | | | LJEV 1차 | | | | LJEV 2차 | | | | |
| Tdap | Tdap | | | | | | | | | | | | | | Tdap 1회 | |
| 인유두종바이러스 | HPV | | | | | | | | | | | | | | HPV 1~2차 (1~3차) | |

*BCG: 결핵 예방 백신, DTaP: 디프테리아 · 파상풍 · 백일해 예방 혼합백신, 폴리오(IPV): 폴리오(소아마비) 예방 백신, Hib: b형 헤모필루스 인플루엔자 예방 백신, MMR: 홍역 · 볼거리 · 풍진 예방 혼합백신, Tdap: 청소년 성인용 파상풍 · 디프테리아 · 백일해 예방 혼합백신

는다. 인유두종바이러스 백신은 6개월 후 2차 접종을 한다.

만 12세가 된 튼튼이는 일본뇌염 불활성화 백신(5차)을 접종받고 소아청소년기 백신 접종 일정을 마무리한다(표 5-1). 물론 매년 가을, 인플루엔자 백신은 계속 접종받아야 한다.

## 백신을 통한 면역

'튼튼이'라는 가상의 아이가 태어나서 청소년이 될 때까지 받는 백신 접종을 대한소아청소년과학회가 추천하는 정기 예방접종 스케줄에 따라 적어보았다. 초등학교 졸업 전까지 튼튼이가 예방접종으로 받은 백신을 세어보면, 인플루엔자 백신을 포함해 주사용 백신이 40회, 경구용 백신이 3회다. 경구용 백신을 제외하더라도 무려 40번이나 아이에게 고통을 주게 된다. 2세 전까지만 해도 20번의 주사를 맞아야 한다.

이렇게 어린 나이에 여러 차례 백신을 접종받아야 하는 이유는 무엇일까? 어린 시기 또는 직후가 백신으로 예방하고자 하는 질환 또는 병원체에 취약하기 때문에 접종을 통해 면역 능력을 갖게 해주기 위해서다. 만약 백신 접종을 하지 않는다면 영유아가 이들 병원체에 노출되었을 때 쉽게 감염되고 중증으로 진행해 사망하거나 심각한 후유증을 갖고 여생을 살아갈 가능성이 매우 높다. 지금은 국내에서 자주 볼 수 없지만, 폐렴구균 백신이 국가예방접종사업으로 접종되기 전까지는 폐렴구균에 의한 중증 침습 감염을 심심치 않게 볼 수 있었다.

어릴 때 주사에 찔리는 경험, 그것도 반복적으로 찔리는 경험 때문에 어른이 되어서도 예방접종뿐 아니라 여러 의학적 처치나 검사에 두려움을 갖는 경우도 있다. 따라서 가능하다면 접종에 따르는 고통을 가능한 줄여주는 노력이 필요하다. 가장 좋은 방법은 질환을 박멸해 더 이상 백신을 접종할 필요가 없게 만드는 것이다. 이는 예방접종의 궁극적인 목표이기도 하다.

하지만 그러려면 원인 병원체가 천연두바이러스와 같이 사람만이 유일한 숙주여야 하고, 모든 숙주가 감염에 저항하고 전파를 차단하는 면역을 가져야 한다. 현재까지 예방접종을 하고 있는 감염 질환들은 그런 조건을 갖추지 못했다. 오늘날 국내에서는 디프테리아, 파상풍, 백일해, 홍역, 볼거리, 풍진, 폴리오, 일본뇌염, b형 헤모필루스 인플루엔자, B형 간염(수직감염)을 거의 볼 수 없지만, 높은 예방접종률을 유지하지 못하는 인구 집단에서는 산발적이고 소규모일지라도 유행 상황을 드물지 않게 목격할 수 있다. 따라서 예방접종은 이런 감염 질환 발생을 효과적으로 제어하는, 매우 과학적이며 효과적인 선택이다.

백신을 접종하되 고통을 최소화하는 방법을 생각해보자. 많은 연구자가 여러 병원체에 대한 백신을 경구, 설하, 비강 내 분무, 경피 등의 경로로 투여하는 방법을 고안해 시험하고 있다. 로타바이러스 백신, 경구용 폴리오 약독화 생백신, 비강용 인플루엔자 약독화 생백신 등은 실제로 개발되어 임상에서 사용된다. 이들은 투여 방식이 자연 감염 형태와 유사하고 피접종자의 고통이 상대적으로 덜하다는 장점이 있다. 하지만 면역이 저하된 피접종자에게는 실제 감염과 같거나 그 이상의 질환을 유발할 수 있는 등의 단점이 존재해 이 백신을 선호하는 사람도 있고, 배제하는 사람도 있다.

결국 아직은 많은 백신이 주사라는 방법을 통해 접종된다. 이 업무를 수행하는 의료진 입장에서는 비교적 쉽고 이미 많은 임상 시험과 역사적 경험을 통해 효과가 검증된 방법이다. 그렇다면 같은 시기에 주사하는 백신들을 하나의 주사기에 모아서 한 번에 맞으면 어떨까? 절대 그렇게 해서는 안 된다. 백신 성분이 섞였을 때 어떤 화학적 변화가 생길지, 백신 성분 사이에서 면역원성에 어떤 영향을 미치게 될지, 무엇보다 어떤 이상 반응이 나타날지 모르기 때문이다.

그래도 일부 혼합백신이 개발되어 주사 횟수가 줄어들었다. DTaP-IPV/Hib이 대표적이다. 이런 혼합백신의 상용화는 까다로운 임상 시험 절차를 거친다. 개별 백신을 접종했을 때와 비교해서 면역원성이 열등하지 않고 이상 반응이 더 많이 발생하지 않는다는 안전성이 확인되었기 때문에 상용화가 가능했다.

영유아가 주사를 맞을 때 고통을 덜어주는 데 도움을 줄 수 있는 것은 모유 수유다. 모유 수유가 어려운 상황일 때는 분유나 단맛이 나는 용액을 2mL 정도 먹이는 것도 도움이 된다. 다만 꿀물은 1세 미만 영아에게는 금기인데, 이는 보툴리즘의 위험이 있기 때문이다. 보호자나 의료진이 아이의 주의를 다른 곳으로 유도하는 것도 좋은 방법이다. 그 외에 국소마취제를 주사 부위에 30~60분 미리 약품 설명서에서 권고하는 양을 도포했다가 주사하는 것도 괜찮은 방법이다.

# 면역계와 변이주

## 항원성 원죄

변이주를 반복적으로 만들어내는 바이러스에 몸이 어떤 면역 반응을 일으키는지는 독감바이러스(인플루엔자바이러스)를 통해 널리 연구되어 있다. 독감바이러스는 20세기 초반부터 여러 번 팬데믹을 일으킨 적이 있는 데다, 독특한 기작을 통해 변이를 크게 일으키는 특성이 있어 변이주에 대한 면역 반응 연구가 일찍 시작되었다.

그런데 1960년, 미국의 의학자인 토머스 프랜시스(Thomas Francis, Jr.)가 흥미로운 현상을 발견해 '항원성 원죄(original antigenic sin)'라는 특이한 이름을 붙였다. 후속 연구를 통해 개념이 확립된 항원성 원죄 현상을 잘 이해하려면, 먼저 면역 반응의 제1법칙인 '항원 특이성'을 이해해야 한다.

우리가 A라는 바이러스에 감염되면(또는 A라는 항원에 노출되면) anti-A라는 항체가 생성되고, B라는 전혀 다른 바이러스에 감염되면(또는 B라는 항원에 노출되면) anti-B라는 항체가 생성된다. 이것이 바로 '항원 특이성'

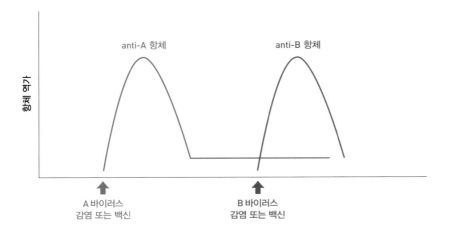

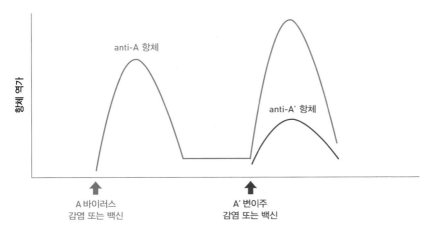

**그림 5-6**

항원 특이성의 법칙과 항원성 원죄의 개념.

의 법칙이다(그림 5-6, 위).

그런데 이 법칙이 변이 독감바이러스에서는 잘 맞지 않는다. 예를 들어, 우리가 A라는 독감바이러스에 감염되면 anti-A라는 항체가 생성된다.

그런데 이런 경험을 이미 한 사람이 A′라는 변이 독감바이러스에 감염되면 anti-A′ 항체가 생성되기보다는 이미 가지고 있던 anti-A라는 항체의 양만 더 증가하는 현상이 나타난다.

이런 현상을 '항원성 원죄'라고 한다(그림 5-6, 아래). 이는 A와 A′가 전혀 다른 이질적인 성질을 가졌다면 일어나지 않을 일인데, 변이 바이러스의 경우에는 어느 정도 유사하면서도 다르기 때문에 발생하는 현상이다.

원래 원죄는 기독교의 용어로 태초의 인간인 아담과 하와가 지은 죄 때문에 모든 인간이 태어나면서부터 가지게 된 죄를 말한다. 프랜시스는 변이 독감바이러스에 대한 항체 면역 반응이 생애 초반에 경험한 독감바이러스의 종류에 따라 달라지는 현상에 대해 비유적으로 항원성 원죄라는 이름을 붙인 것이다.

변이 바이러스에 대한 면역 반응의 이해에서 항원성 원죄의 개념은 매우 중요하다. 왜냐하면 어떤 사람이 과거에 A라는 바이러스에 감염된 적이 없이 A′라는 변이 바이러스에 감염되거나 이에 대한 백신을 맞으면 anti-A′ 항체가 잘 생성되는데, 과거에 A라는 바이러스에 감염된 뒤에 A′ 변이 바이러스에 감염되거나 이에 대한 백신을 맞으면 anti-A′ 항체가 잘 생성되지 않고 오히려 anti-A 항체만 더 늘어날 것이기 때문이다.

항원성 원죄 현상은 처음에 독감바이러스에서만 알려졌지만, 뒤이어 뎅기바이러스처럼 여러 변이주가 존재하는 바이러스에서도 보고되었다. 그렇다면 코로나바이러스에서는 어떨까? 코로나19 팬데믹 이후 다양한 변이주가 나타나기 시작하면서 이 질문에 대한 답이 중요해지게 되었다.

## 오미크론과 백신 접종

2021년 11월에 처음 출현한 오미크론 변이주는 스파이크 단백질에만 30개가 넘는 돌연변이를 가지고 있어 기존 백신에 의해 생성된 중화항체를 쉽게 회피할 것으로 예상되었다. 실제 분석 결과에서도 백신에 의해 생성된 중화항체의 활성을 20분의 1에서 30분의 1로 낮추는 것으로 나타났다.

원래의 우한주 기반으로 제조된 백신은 우한주에 특이적인 중화항체를 만들어내는데, 이렇게 만들어진 우한주 특이 중화항체는 오미크론에는 매우 약하게 결합해 중화 활성이 현저히 감소하는 것이다. 그나마 다행이었던 것은 우한주 특이 중화항체가 오미크론에 전혀 결합하지 못하는 것이 아니라 약하게라도 결합해 중화 기능을 할 수 있다는 점이었다.

이런 이유로 백신 추가 접종을 하면 우한주 특이 중화항체의 양이 대폭 증가하면서 오미크론에 대한 예방 효과도 어느 정도 증가하기 때문에 백신 추가 접종이 권고되었다. 그럼에도 백신을 접종받은 사람에서도 돌파 감염이 빈번하게 발생하며 세계적인 오미크론 대유행이 일어났다. 국내에서도 2022년 3~4월에 오미크론 변이주에 의한 코로나19 대유행을 겪었다.

오미크론 대유행의 상황 속에서 여러 가지 중요한 연구 결과가 나왔다. 그중 면역학적으로 흥미로웠던 것은 '오미크론에 감염되었다 회복하면 오미크론을 비롯한 다양한 코로나19 변이주에 대한 중화항체 역가는 어떻게 되는가'에 대한 연구 결과였다. 특히 이전에 백신을 맞고 오미크론에 감염된 사람들과 백신을 맞지 않고 감염된 사람들 사이에서 나타난 서로 다른 결과는 생각할 거리들을 던져주었다.

백신을 맞지 않고 오미크론 감염을 경험한 경우를 보면, 오미크론에 대한 중화항체는 어느 정도 생성되지만 그 외의 우한주, 알파, 베타, 감마, 델

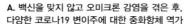
**A.** 백신을 맞지 않고 오미크론 감염을 겪은 후,
다양한 코로나19 변이주에 대한 중화항체 역가

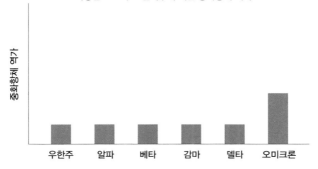

**B.** 백신을 맞고 오미크론 돌파 감염을 겪은 후,
다양한 코로나19 변이주에 대한 중화항체 역가

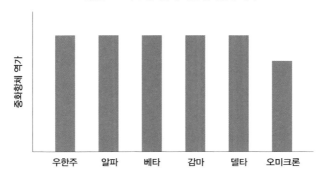

**그림 5-7**

중화항체 역가를 (A) 백신을 맞지 않고 오미크론에 감염된 경우와 (B) 백신을 맞은 뒤 오미크론 돌파 감염을 경험한 경우를 비교하면, 백신을 맞은 경우 기존 다른 변이주와 오미크론에 대한 항체 역가가 더 높다.

타에 대해서는 중화항체가 잘 생성되지 않는다(그림 5-7A). 이는 앞에서 설명한 '항원 특이성'의 관점에서 본다면 매우 당연한 결과다. 백신을 맞고 오미크론 돌파 감염을 경험한 경우는 달랐다. 오미크론에 대한 중화항체보다는 우한주, 알파, 베타, 감마, 델타와 같은 다른 변이주에 대한 중화항체 역가가 훨씬 더 높음을 볼 수 있었다(그림 5-7B). 오미크론 감염에 의한 중화항체 생성이, 백신에 의해 생성되어 있는 항체 반응을 극복하지 못한 것처럼 보인다. 즉 '항원성 원죄'와 유사한 현상이 나타났다는 의미다.

얼핏 보면 백신을 맞고 오미크론에 감염된 상황이 백신을 맞지 않고 오미크론에 감염된 것보다 오미크론 중화항체 생성 측면에서 불리한 듯 보인다. 하지만 그렇지는 않다. 그림 5-7에서와 같이 백신을 맞고 오미크론에 감염된 군에서 오미크론 중화항체 역가가 훨씬 더 높다.

결과가 복잡하기는 하지만 요약하면 다음과 같다.

백신을 맞지 않은 것에 비해, 백신을 맞고 오미크론 감염을 겪으면 오미크론에 대한 중화항체가 더 많이 올라간다. 그런데 우한주나 다른 변이주에 대한 중화항체만큼 많이 올라가지는 않는다.

이런 연구 결과는 새로운 코로나19 백신 개발에도 시사점을 준다. 모더나는 원래의 우한주 기반 백신과 오미크론 기반 백신을 반씩 섞은 2가 백신을 개발해 부스터샷(추가 접종) 사용 승인을 받았다. 화이자나 모더나는 끊임없이 출현해 새로운 우세종이 되는 오미크론 하위 변이주 기반의 백신을 지속적으로 개발 중이다.

새로운 변이주들이 출현함에 따라 이에 맞추어 새로운 백신이 계속 개발될 것으로 예상되는데, 이런 상황에서는 생애 처음으로 어떤 백신을 맞았느냐에 따라 추가 접종의 효과가 달라질 가능성이 있다. 코로나19 팬데믹을 돌아보며 항원성 원죄 연구가 더 필요한 대목이다.

## 미래의 변이주

코로나19의 미래에는 어떤 변이주들이 새로 출현할까? 여기에는 두 가지 시나리오가 제기되었다. 첫 번째 시나리오는 오미크론 및 하위 변이주의 유행 이후에 전혀 다른 종류의 변이주가 또 출현하는 것이다. 두 번째는 오미크론의 범주 내에서 하위 변이주들이 지속적으로 출현하는 것이다.

실제로 오미크론 초기형이었던 BA.1의 유행 이후 스텔스 오미크론으로도 불렸던 BA.2가 유행했고 2022년 8월에는 BA.5가 우세종으로 자리했다. 두 번째 시나리오대로라면 BA.5 이후에 또 다른 오미크론 하위 변이주인 새로운 (예를 들어) BA.6, BA.7 등이 연이어 출현하며 새로운 우세종이 될 수 있다. 먼 미래를 확실히 알 수는 없지만, 2024년 현재까지의 상황을 보면 두 번째 시나리오처럼 전개되고 있다.

그렇다면 오미크론의 하위 변이주가 끊임없이 출현할 때 인류의 면역계는 잘 적응하며 대응할 수 있을까? 이 질문에 대해 우리에게 희망을 주는 연구 결과들이 2022년 발표되었다. 화이자와 함께 mRNA 백신을 공동 개발해 유명해진 독일 바이오앤텍의 연구진은 BA.2에 돌파 감염된 뒤 회복하면 BA.5에도 중화 작용을 할 수 있는 항체 역가가 증가한다는 연구 결과를 공개했다.

기초과학연구원 한국바이러스기초연구소 바이러스면역연구센터의 연구진은 BA.2 돌파 감염 이후 회복되면 BA.5에도 대항할 수 있는 기억 T 세포 활성이 증가한다는 연구 결과를 2024년 1월에 논문으로 발표했다.

이런 결과들은 어떻게 보면 당연한 것처럼 보이지만, 우리에게 분명히 희망을 주는 내용이다. 백신을 맞은 사람이 어떤 시점에 유행하는 오미크론 하위 변이주의 돌파 감염을 겪으면 해당 하위 변이주뿐 아니라 미래에 출현할 하위 변이주도 막을 수 있는 면역 반응이 증가한다는 이야기다. '현재의 감염이 미래의 변이주를 막아준다'는 뜻이다.

역사적으로 독감바이러스 연구에서 알게 된 항원성 원죄의 개념을 살피고, 오미크론에 걸렸을 때의 중화항체 반응에 대해서도 논했다. 현재의 감염이 미래의 변이주를 막아줄 수 있다는 다소 희망적인 이야기의 근거도 들여다보았다. 바이러스 못지않게 사람의 면역계도 매우 영리한 존재다. 바이러스가 계속 변해도 우리에게는 면역이 있다. 그렇기 때문에 코로나19도 결국은 감기와 같은 경증 호흡기 질환으로 서서히 변해갈 것이다.

# 생리와 백신

코로나19 백신을 맞으면 부작용으로 생리 이상이 발생할 수 있다는 이야기가 들린다. 하지만 실제로 어떤 증상이 나타나며, 이는 건강에 얼마나 심각한 문제가 되는지, 전체 중에 문제가 되는 비율은 어느 정도인지 등 일반인의 궁금증에 시원한 답은 주는 연구 결과를 한동안 찾을 수가 없었다. 다행히 2022년부터 여러 결론이 발표되고 있어 소개한다. 한편으로는 국내의 것을 찾을 수 없다는 점이 안타깝기도 하다.

2022년 초반까지 코로나19 백신 접종 후 여성의 생리 변화와 자궁출혈이 있다는 보고가 미국과 영국에서 수만 건 접수되었다. 국내에서도 약 3500건의 신고가 있었다. 이에 코로나19 백신 접종이 여성의 생리에 영향을 미치는지 알아보는 연구가 세계 곳곳에서 진행되었다.

이는 백신 접종 전후의 생리 주기를 비교하는 방식으로 이루어졌다. 먼저 접종 전 4~5개월 생리 주기를 관찰하고, 접종 뒤 3~4개월간 다시 생리 주기를 관찰해 백신에 의한 변화를 확인하는 식이었다. 이를 통해 어떤 참가자들에게 백신 접종의 영향이 큰지, 어떤 종류의 백신이 문제가 되는지

## 전례 없던 연구의 시작

### • 실험자의 수

여성 생리 주기를 파악하기 위한 연구는 점점 규모와 다양성을 키웠다. 참여한 피실험자 수는 처음에 79명이었지만, 3959명, 9652명, 1만 9622명, 3만 9129명으로 점차 증가했다. 참가자의 다양성도 늘었다. 관찰 기간은 생리 주기 10번(10개월 이상)까지 늘어났고, 대상 백신도 초기 mRNA 백신(화이자, 모더나) 위주에서 나중에는 거의 대부분의 백신을 사용하는 방식으로 확대되었다.

### • 접종과 주기

연구 결과는 일관적이었다. 앨리슨 에델만 미국 오레건 보건과학대학 교수팀은 미국인 3959명을 대상으로 생리 주기 변화를 조사했다. 그 결과 첫 번째 백신 접종에 의해서는 주기 변화가 없고 두 번째 접종을 받은 경우 0.45일, 한 주기에 2번 접종한 경우 2.32일 길어짐을 확인했다.

미국 국립보건원은 연구비를 지원해 미국, 캐나다, 영국과 유럽으로 참가자와 연구진을 확대해, 18~45세 여성 1만 9622명을 1년간 추적 연구했다. 접종한 백신 종류는 화이자(66%), 모더나(17%), 아스트라제네카(9%), 얀센(2%) 등 다양했다. 결과는 앞선 연구와 비슷했다. 1, 2차 접종에 의해 생리 주기는 1일 이하로 증가했고, 증가한 주기도 접종 후 2번의 생리 주기 이전에 회복되었다. 백신 종류에는 생리 주기의 차이는 없었다.

### • 출혈량의 변화

조금 특이한 결과가 나온 곳은 노르웨이 공중보건연구소(NIPH)가 주도한 연구였다. 연구팀은 18~30세 여성 5688명을 대상으로 접종 전후 생리 주기 및 출혈량을 기억해 보고하도록 했다. 그 결과 백신을 맞은 경우 생리 시 출혈량이 증가했다고 보고한 사람의 비율은 13.6%로, 백신 접종 전의 7.6%에 비해 높았다. 다만 다른 연구에서는 이 같은 차이가 나타나지 않아 결론을 내려면 더 많은 데이터가 필요한 상황이다.

### • 객관화가 어려운 이유

연구 결과에 관해 '실제로 주위에서 보고 겪은 것과는 차이가 있다'며 고개를 갸웃거릴 사람도 많을 것이다. 실제로 생리 주기나 출혈량이 변했다는 경험을 들을 수 있기 때문이다. 이 주제가 많은 논란과 억측을 낳는 이유기도 하다.

하지만 기억해야 할 게 있다. 여성의 생리 주기와 출혈량은, 백신 접종과 상관없이 평소에도 개인별 차이가 커 객관화해 나타내기 어렵다는 점이다. 주관적이고, 동시에 한 개인에서도 몸의 건강 상태, 피로도, 물리적·심적 스트레스 정도에 따라 매우 달라진다.

코로나19 백신의 효과를 살펴보기 위한 연구에서도 이러한 경향을 살펴볼 수 있다. 한 연구의 웹 기반 설문 조사 결과에 따르면, 백신을 맞기 전 생리 주기 개인별 표준편차는 4.2일이었다. 접종에 따른 생리 주기 변화가 1~2일 이내로 나타난 것과 비교해 매우 크다. 표준편차는 데이터의 차이를 나타내는 통계량으로, 클수록 편차가 크다는 뜻이다. 여성의 생리 주기가 매우 민감하게 변화된다는 것을 알 수 있다.

이 연구는 여성의 생리 주기와 생리 출혈량을 객관적으로 비교하는 대규모에, 전례가 거의 없는 희귀한 것이다. 전쟁 중 피난 시기나 극도의 스트레스에 있을 때, 격한 운동을 할 때 여성이 생리를 하지 않는다는 사실은 오랜 경험으로 알려져 있었지만, 이에 대한 구체적인 통계는 없었다.

알아보는 것이 목표였다.

수십 명에서 수만 명이 참여한 연구에서 현재까지의 결론은 이렇다. 접종 직후 일부 생리 주기 변화가 관찰되지만, 그 정도는 미약하고 금세 정상으로 돌아와 큰 문제가 없는 경우가 대다수였다. 출혈량이 변화한다는 결과도 일부 있지만, 반대 결과도 많아 좀 더 많은 연구가 필요한 상황이다. 미국 국립보건원 역시 이 내용을 반영해 다음과 같이 결론 내렸다.

백신에 의한 여성 생리 주기의 변화는 적고 정상적인 범주에 들어가며, 변하더라도 일시적이어서 2번의 주기(2달) 안에 정상으로 돌아간다.

또한 백신의 종류(mRNA 백신, 아데노바이러스벡터 백신, 불활성화한 바이러스 백신)는 생리 주기 변화와 관련이 없었다.

## 주기와 출혈량

비록 영향이 작고 일시적이긴 하지만, 코로나19 백신이 생리 주기를 변화시킬 수 있음을 확인했다. 그런데 왜 이런 일이 벌어질까? 코로나19 백신은 종류에 상관없이 비슷하게 생리 주기를 변화시킨다. 그리고 과거의 다양한 연구에서도 B형 간염 백신, 인유두종바이러스 백신 등에 반응해 생리 주기가 변했다는 결과가 보고된 적이 있다. 이는 백신 투여에 의해 면역 반응이 활성화된 결과로 추정된다. 백신을 맞고 반응이 크게 나타나 열이 많이 나고 피로도가 높은 사람일수록 생리 불순도 더 컸다는 보고가 이를 뒷받침한다.

백신에 의한 면역 반응 활성화가 어떻게 생리 주기와 출혈량에 영향을 주는지 아직 명확히 밝혀지지 않았다. 하지만 추론은 가능하다. 여성은 10대 초경부터 50대 완경 때까지 생리 주기를 경험한다. 이는 생물학적으로 생식을 위한 것이다. 따라서 생체 내에서는 생리 주기에 맞추어 분비되는 호르몬이 다양하게 바뀌고, 몸과 마음의 상태가 주기적으로 반복해 변한다.

생리 주기가 28일이라고 해보자. 생리 시작일로부터 2주 동안은 난포기(난자 성숙기)라고 부른다. 이때 여성호르몬인 에스트로겐이 작용해 뇌하수체에서 배란 유도 호르몬인 난포자극호르몬(FSH)과 황체형성호르몬(LH)이 분비되고, 14일째쯤 배란이 일어난다. 이후 임신을 유지시킬 수 있도록 여성호르몬 중 프로게스테론이 증가하고 자궁내막이 두터워진다. 이를 황체기(분비기)라고 하며 2주간 이어진다. 여성의 몸에서는 성숙한 난자의 수정 여부에 따라 두 가지 다른 상태를 겪는다. 만약 수정이 되면 배아가 착상하여 임신을 유지하고, 임신이 되지 않으면 여성호르몬의 수준이 급격히 떨어지며 자궁내막이 허물어져 생리로 출혈을 하게 된다.

생리 주기 조절에는 뇌의 시상하부-뇌하수체-난소 축(HPO axis)이 중요하게 작용한다. 시상하부는 뇌 시상의 아래와 뇌줄기 위에 있는 기관으로 뇌의 신경과 뇌하수체를 연결하며, 뇌하수체는 배란을 유도하여 생리를 조절하는 난포자극호르몬과 황체형성호르몬을 분비한다. 난소에서 생성되는 여성호르몬은 뇌하수체에 영향을 주어 이 호르몬 분비를 조절해 배란을 유도한다. 즉 여성호르몬 변화 → 뇌하수체의 호르몬 분비 조절 → 배란 유도의 과정을 거친다. 그런데 뇌하수체는 스트레스에 매우 민감한 기관이다. 따라서 배란 시기 즉 생리 주기가 스트레스에 의해 영향을 많이 받게 된다.

백신을 맞아 면역 반응이 활성화되면 면역 세포의 증식이나 분화를 촉진하는 사이토카인이 형성된다. 문제는 사이토카인이 생리 주기를 조절하는 여성호르몬 생성이나 역할을 방해해 뇌하수체의 배란 유도 호르몬 생성에 영향을 주고 즉 난포기 기간이 변화하며 결과적으로 생리 주기를 변화시킬 수 있다는 점이다. 미국 하버드대학 보건대학원 애플 여성건강연

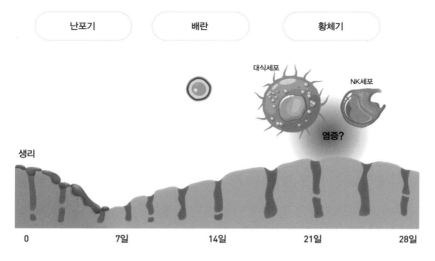

**그림 5-8**

백신에 의한 생리 주기의 변화는 난포기에 배란 유도 호르몬 분비를 조절하여 일어날 수 있고, 출혈량의 증가는 면역세포가 자궁내막을 조절하여 일어날 수 있다.

구팀의 연구 결과에 따르면, 애플 애플리케이션을 사용해 참가자 9652명의 10회 이상 생리 주기인 약 12만 5000회를 확인한 결과 백신을 난포기에 맞는 경우에만 주기가 길어지는 것으로 확인되었다. 연구팀은 백신에 의한 면역 반응이 난포기의 기간을 증가시킬 수 있다고 결론 내렸다.

또 출혈량 증가와 관련해 워싱턴대학 연구팀은 사이토카인이 면역 세포인 대식세포와 자연살해세포(natural killer cell, NK세포)에 영향을 주어 자궁내막의 생성 및 조절에 이상이 생겨 과다 출혈이 생길 수 있다고 밝혔다(그림 5-8). 그러나 이러한 가설을 증명하고 기전을 파악하려면 백신에 의해 혈액 내 호르몬의 양이 얼마나 달라지는지, 생리혈이나 자궁내막에서 면역 세포를 분리해 어떤 변화가 일어나는지 분석할 필요가 있다.

## 여성의 면역 체계

연구 결과를 종합하면, 백신이 생리 주기와 출혈량에 변화를 줄 수는 있지만 일시적이고 건강에는 크게 영향이 없다는 것이다. 그리고 백신에 의한 생리 변화의 부작용에 대해 심각하게 받아들이고 이를 확인하는 연구가 이루어진 데 큰 의미가 있다. 한편으로 백신을 투여했을 때 어떤 면역 반응이 생기는지, 여성의 생식 관련 주기를 어떤 작용 기전으로 조절하는지 등을 밝히는 것이 매우 중요한 연구 주제임을 인식하는 계기가 되었다. 이를 알게 된다면 역으로 호르몬제나 피임약 등이 여성의 면역 체계를 어떻게 조절하는지도 파악하게 될 것이다. 아직까지 연구가 되어 있지 않은 여성과 관련된 많은 문제를 풀 단서가 되지 않을까?

신약을 개발할 때, 전임상 단계인 동물실험과 임상 시험에서 약의 효능, 독성과 안정성을 확인한다. 전임상 시험에서 사용하는 쥐 등 실험동물은 모두 수컷이다. 수컷이 호르몬의 변화가 없기 때문이다. 일정 양의 약물을 투여하는 경우 반응이 일정하게 나오고 개체별 차이가 거의 없어 실험 결과가 재현성 좋게 나온다. 결과를 설명하기도 쉽다. 반면 생리 주기가 있는 여성이나 암컷 동물은 어느 생리 주기에 있는가에 따라 약물에 대한 반응이 다르고 결과에 차이가 크다. 실험을 하는 입장에서는 기피 요인이 된다.

문제는 이 때문에 새로운 약물이 여성에게는 효능이나 부작용이 다르게 나타날 수 있다는 사실이다. 이를 인식한 미국 국립보건원은 개선을 위해 여성보건연구청을 설립해 임상의약품 실험에 여성이 포함되어야 하고, 남녀 차이를 반영한 연구를 해야 한다고 발표했다. 1993년의 일이다.

백신의 경우, 접종 대상의 절반이 여성이고 일시적이지만 백신이 여성의 생리에 변화를 유도한다는 결과도 나왔다. 이를 계기로 추가 연구가 진행된다면 그동안 인류가 이해하려는 노력을 기울이지 않아 많은 부분이 공백 상태였던 여성의 생식과 생리 주기 조절에 대해 더 잘 이해하게 될 것이라 기대한다. 가능하다면 국내에서도 이런 연구를 할 수 있도록 정부가 연구비를 지원하기를 희망해본다.

# 범용 백신

인간에게 감염병을 일으키는 병원체 미생물은 크게 균이라고 부르는 박테리아와, 박테리아보다 훨씬 크기가 작은 바이러스로 나눌 수 있다. 코로나19를 포함해 최근 인간에게 재난을 일으킨 미생물은 바이러스다.

최초의 백신은 18세기에 영국의 의사 에드워드 제너가 소에서 발병하는 우두(소의 천연두)를 이용해 발명한 것이다. 이 천연두 백신이 소 유래 바이러스를 포함했기 때문에 라틴어로 소를 의미하는 '바카(vacca)'에서 백신(vaccine)이라는 말이 생겨났다.

그러나 최초의 백신 이전에 이미 중국에서 인두접종(variolation)이라는 백신과 유사한 천연두 예방법이 있었다. 인두접종은 천연두에 면역을 얻기 위해서 시행하는 접종법의 일종으로, 천연두 환자의 고름이나 딱지를 건조시킨 후에 가루로 만들어 피부에 상처를 낸 뒤 문지르거나 코로 흡입해서 면역을 획득하도록 한다. 접종 후에 약하게 천연두를 앓는 경우도 있고 기본 면역력이 약하면 사망에까지 이르지만, 이후 감염을 억제할 수 있었다.

동양에서 먼저 개발된 이 방법이 동양과 서양 사이에 있는 튀르키예의 영국 대사 부인이었던 메리 몬터규에 의해 영국에 전해졌고 에드워드 제너가 이 인두접종에서 힌트를 얻어서 백신을 발명하게 되었다는 이야기도 있다. 인두접종의 기본 원리는 백신과 거의 같기 때문에 백신의 발견은 동양에서 시작되었다고도 볼 수 있다.


## 백신의 의미

백신의 사전적인 정의는 병원체인 미생물(바이러스) 또는 병원체의 일부분을 접종해 면역학적 환경 즉 바이러스 감염에 방어하는 능력을 부여해주는 의약품이다. 쉽게 풀어 설명하면, 실제 바이러스에 감염되었을 때 인간에게서 자연적으로 생기는 바이러스 감염 억제 면역능을 백신을 통해서 얻으려는 것이다.

다만 실제 감염으로 이어지지 않도록 바이러스에서 병을 유도하지 않기 위해 병의 원인이 되는 인자를 없애는 약독화를 하거나, 증식할 수 없도록 활성을 억제해 불활화하는 과정을 거친다. 또는 병원체에서 면역에 주요한 인자(항원)만을 선별해서 접종한다. 백신은 인간이 병에 걸린 후에 문제의 원인을 제거하는 치료제와는 근본적으로 다른 의약품이다. 병에 걸리기 전, 대응하는 방어 능력(면역능)을 체내에 미리 준비해주는 것이라고 할 수 있다.

많은 사람이 백신과 항바이러스 치료제를 혼동하는데, 백신은 바이러스 감염 이전에 접종해 몸 안에 바이러스가 실제 들어왔을 때 신속하게 제거할 준비를 시키는 것이고, 항바이러스 치료제는 감염 이후에 바이러스를 제거하고 증식을 억제하는 약품이다. 따라서 개념상 전혀 다르다.

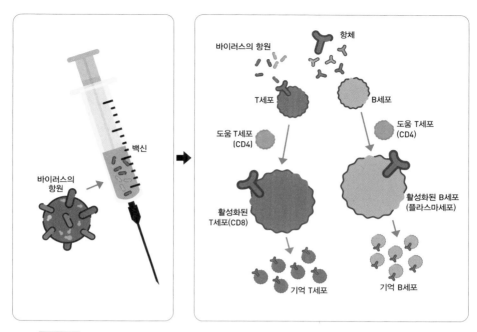

그림 5-9

백신 접종 뒤 몸에서 면역능이 형성되는 과정은 크게 두 가지로 나뉜다. 플라스마 세포를 통해 만들어
지는 항체를 이용한 면역과, T세포를 통해 이뤄지는 면역이다.

　　백신 접종 후에 방어 능력이 유도되는 원리는 이렇다. 특정 바이러스의
항원이 체내에 접종되면 항원에만 부착되는 항체를 만드는 공장 역할을
하는 플라스마 세포가 생긴다. 항체는 바이러스 표면에 노출된 항원에 부
착해 바이러스가 세포에 붙어 감염되지 못하도록 방해한다.

　　한편, 면역 세포 중 B세포는 T(CD4)세포의 도움을 받아 플라스마 세포
로 분화되어 항체를 생성하고, 또 다른 면역 세포인 T(CD8)세포는 바이러
스에 감염된 세포를 직접 빠르게 제거한다. 그리고 항원을 '기억'하는 기억
B세포와 기억 T세포도 생성된다(그림 5-9). 백신 접종 후에 일정 시간이 지
나도 기억 세포가 체내에 존재하기 때문에 비교적 장기적으로 백신의 효

능을 유지할 수 있다.

백신의 효능을 방해하는 가장 큰 복병은 바이러스의 변이다. 특히 코로나19를 일으키는 사스코로나바이러스-2와 같은 RNA 바이러스의 경우 변이가 더 많이 일어난다. 백신 접종 후에 생기는 항체를 통해 방어해야 하는데, 표적인 바이러스의 항원이 계속 바뀌면 백신 접종 후에 항체가 항원에 부착할 확률이 떨어질 수밖에 없다. 계속 변이가 생기는 바이러스 항원은 마치 총을 쏠 때 움직이는 표적을 맞추는 것과 비슷하게 어렵다. 이렇게 변이는 백신에 의해 만들어진 항체와 면역 세포를 점점 무력화한다.

## 인플루엔자바이러스 범용 백신

계절 독감의 원인인 인플루엔자바이러스 역시 계속되는 변이 때문에 매년 독감 백신을 맞아야 한다. 따라서 여러 가지 인플루엔자 변이 바이러스에 대해 효능을 가지는 백신을 개발하기 위해서 과학자들은 많은 노력을 기울여왔다. 인플루엔자바이러스의 경우도 표면 단백질인 헤마글루티닌(HA)이 높은 돌연변이율을 갖는다. 이 때문에 인플루엔자 백신 항원에 의해 유도된 항체는 표면 단백질이 변한 다양한 아형 및 변이 바이러스를 잘 인식하지 못한다. 기존 예방법으로는 신종 및 변종 바이러스에 효과적인 대응이 어렵다는 뜻이다. 새로운 개념의 백신이 필요해졌다. 바이러스의 높은 돌연변이율에도 불구하고 상대적으로 변이율이 낮은 특정 부위를 이용해 제작한 인플루엔자 범용 백신(universal vaccine)이 기존 문제를 해결할 차세대 백신으로 관심을 받고 있다.

인플루엔자바이러스는 표면에 돌기처럼 헤마글루티닌 단백질을 발현한다. 이들은 숙주세포의 수용체에 부착해 세포 안으로 바이러스를 침투시키는 역할을 한다. HA의 머리 부위는 돌연변이율이 높지만, HA 아래(줄기) 부분 단백질 부위는 머리 쪽보다 돌연변이율이 낮고 상대적으로 안정적이어서 범용 백신 항원으로 연구 개발된다. 돌연변이율이 상대적으로 낮은 뉴라미니데이스(NA), 매트릭스2 엑토도메인(M2e) 단백질 역시 범용 백신의 항원으로 주목받는다.

영국의 한 벤처 기업에서는 인플루엔자의 뉴클레오프로틴(NP)과 매트릭스(M) 단백질을 토대로 범용 백신 후보 물질을 개발해 임상 2상을 진행했다. 미국 연구팀은 HA 줄기 부위를 토대로 한 범용 백신과 NA, M2e를 토대로 한 범용 백신을 고안해 동물실험을 거쳐 6종의 아형 인플루엔자바이러스에 대한 교차 방어 효과를 확인했다. 여러 아형에 대한 효능이 상용화된 범용 백신이 나온다면, 앞으로 등장할 다양한 인플루엔자바이러스를 효과적으로 예방할 수 있을 것이다. 하지만 아직 산업화에 성공한 것은 나오지 않은 상황이다.

## 코로나19 바이러스 범용 백신

코로나19 바이러스 역시 델타, 오미크론 등 변이 바이러스가 계속 등장함에 따라 이들에 효능이 있는 범용 백신 연구가 지속적으로 진행된다. 표면에 돌기처럼 존재하는 스파이크(S) 단백질을 항원으로 이용하거나 숙주세포에 침입할 때 안지오텐신전환효소2(ACE2, 세포 표면에 위치한 수용체)에 부착하는 스파이크 단백질의 일부인 수용체결합부위(RBD) 단백질을 이용한다(표 5-2).

**표 5-2** 연구 개발 중인 코로나19 변이 바이러스 대응 범용 백신.

| 백신명 | 내용 | 개발 주체 | 개발 단계 |
|---|---|---|---|
| SpFN | 스파이크 단백질이 발현된 페리틴 나노 입자 | 미국 육군 | 임상 |
| RBD-scNP | RBD 항원이 발현된 SortaseA-페리틴 나노 입자 | 듀크대학 | 전임상 |
| GRT-R910 | 스파이크와 T세포 에피토프 발현 | | |
| 자가 증폭 mRNA | Gristone Bio | 임상 | |
| hAd5-S+N | 스파이크와 N 항원 발현 아데노바이러스(hAd5) | ImmunityBio | 임상 |
| MidVax-101 | RBD와 N 단백질 부위를 포함한 경구 백신 | MigVax | 전임상 |

연구 개발 중인 범용 백신 후보로는 페리틴 단백질에 스파이크 단백질이나 RBD 단백질을 붙여서 나노 입자 형태로 만들어 주입하는 백신과, RBD 항원과 다른 세포 면역 항원을 발현하는 자가 복제가 가능한 mRNA 백신 등이 있다.

아데노바이러스에 스파이크 돌기 단백질 이외에 뉴클레오캡시드(N) 단백질 항원을 발현시킨 백신도 있다. 항체에 의해 바이러스가 세포에 들어가는 것을 막는 항체 면역과 바이러스에 감염된 세포를 제거하는 세포 면역을 동시에 유도하기 위해 T세포 면역을 잘 유도시키는 N 단백질을 포함시켰다. 범용 백신의 경우, 항체 면역 외에 세포 면역을 극대화시키는 것이 좋은 전략으로 평가받는다.

재조합 단백질을 항원으로 사용하는 경우에는 효율적인 백신 보조제(adjuvant) 사용이 필수다. 이외에도 사스바이러스, 메르스바이러스 등 모든 인간에 감염되는 좀 더 광범위한 코로나바이러스에 방어 효능을 가진 백신이 개발되는 등, 세계적으로 코로나 범용 백신 연구에 대한 투자도 매우 공격적으로 이루어지고 있다.

## 백신의 조건

무엇보다 백신은 바이러스 감염을 방어하는 효능이 좋아야 한다. 첫째, 백신은 바이러스에 감염될 때 몸 안에서 바이러스와 싸우는 힘, 즉 면역능이 최대한 커지도록 인체 내에 면역학적인 준비 상태를 만들어놓고 실제 바이러스가 체내에 침입했을 때 빠른 시간 안에 바이러스를 제거하게 만드는 원리를 따른다. 따라서 백신은 실제 유행하는 바이러스(항원)와 유사할수록 효능이 좋다. 코로나 백신의 경우에도 초기에는 시중에 유행하는 바이러스와 백신 항원이 매우 비슷했다. 하지만 바이러스에 계속적인 변이가 일어나 백신 항원과 유행하는 변이 바이러스 항원이 달라지면서 효과가 떨어지게 되었다. 바이러스 변이에 의한 효능 저하까지 잡을 수 있어야 더 성공적인 백신이 될 것이며 이를 위한 연구는 지속되어야 한다.

둘째, 백신의 안전성이 높아야 한다. 예방접종은 많은 사람을 대상으로 하기 때문에 극소수의 사람에게는 치명적인 부작용을 일으키거나 예방하려는 질병을 유도할 수 있다. 따라서 이 가능성을 극도로 낮게 유지해야 한다. 성공적인 백신이 되기 위해서는 독성을 낮추고 안전성을 높여야 한다.

셋째, 반복적인 접종을 피하기 위해서 백신의 효능이 되도록이면 오래 유지되어야 한다. 마지막으로 백신의 가격 문제가 있다. 백신은 전 세계 사람들을 대상으로 한 의약품이다. 즉 가난한 나라의 사람들도 접종이 가능해야 하기 때문에 되도록이면 저렴해야 한다. 비싼 백신은 가난한 나라의 사람들이 신속하게 접종하기 어려워 접종 시기를 늦추게 되고, 바이러스의 다양한 변이를 발생시켜 팬데믹 상황이 더 길어지는 결과를 초래할 수 있다. 전 세계를 대상으로 한 대규모 예방접종 프로그램은 팬데믹 상황을 효과적으로 제어하는 방법이다.

치료제 경우 사람들이 병에 걸린 후에 투여하기 때문에 그 효과를 체험하기 쉽다. 하지만 예방 백신은 효능을 직접 경험하기 어렵다. 예를 들어 백신을 맞은 사람이 팬데믹 상황에서 감염이 되지 않았을 때 백신을 맞아서 감염이 안 된 것인지 바이러스에 노출되지 않은 것인지를 판단하기는 어렵다.

따라서 백신의 효능을 알기 위해서는 통계 자료를 보는 것이 가장 좋은 방법이다. 20세기에 미국의 경우 5세 이하 어린이의 0.5%가 백일해에 걸려 사망했다. 그러나 1940년대 이후로 생후 3개월 영아에게 디프테리아, 파상풍, 백일해 혼합 백신인 DPT 백신 접종을 시작한 이후로 백일해 감염률은 10만 명당 200명에서 2명 이하로 급격하게 감소했다. 코로나바이러스에 대한 백신의 효능도 팬데믹이 끝난 이후 축적된 데이터를 통계 분석하면 확실하게 증명될 수 있으리라고 예상해본다.

바이러스는 변이를 통해 계속 진화하며 언제 어디서든 출현할 수 있다. 하지만 변이가 심한 바이러스에 기존의 백신을 이용해 대응하기에는 한계가 있다. 즉, 백신의 면역을 회피하는 변이 바이러스가 계속 출현하면서 범용 백신 등의 새로운 패러다임이 필요한 상황이 된 것이다. 바이러스 자체의 특성에 대한 연구뿐 아니라 바이러스 단백질과 숙주 단백질이 어떻게 결합하는지, 숙주의 면역 체계를 바이러스가 어떻게 회피하거나 무력화시키는지 분자 수준에서의 연구가 반드시 필요하다. 바이러스와 백신 연구를 기반으로 한 과학적 대응 방안을 모색한다면 신종 및 변종 바이러스에 빠르게 대처하는 백신도 개발할 수 있을 것이다.

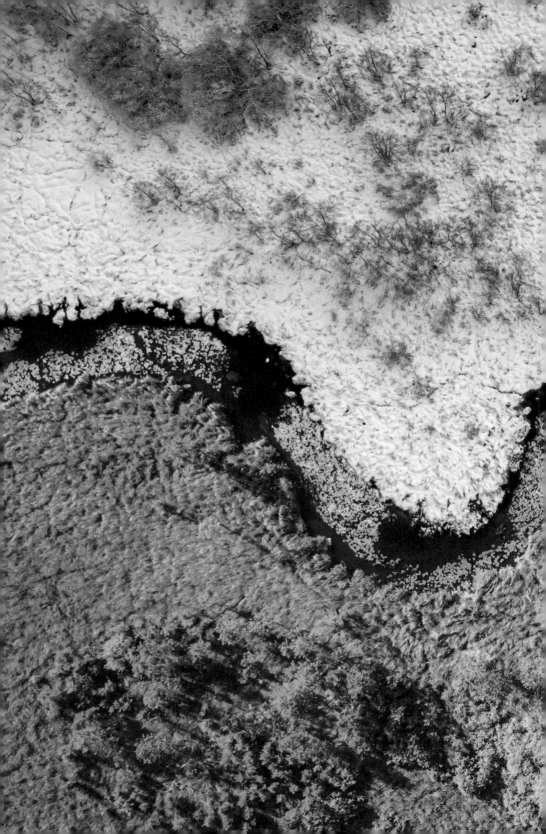

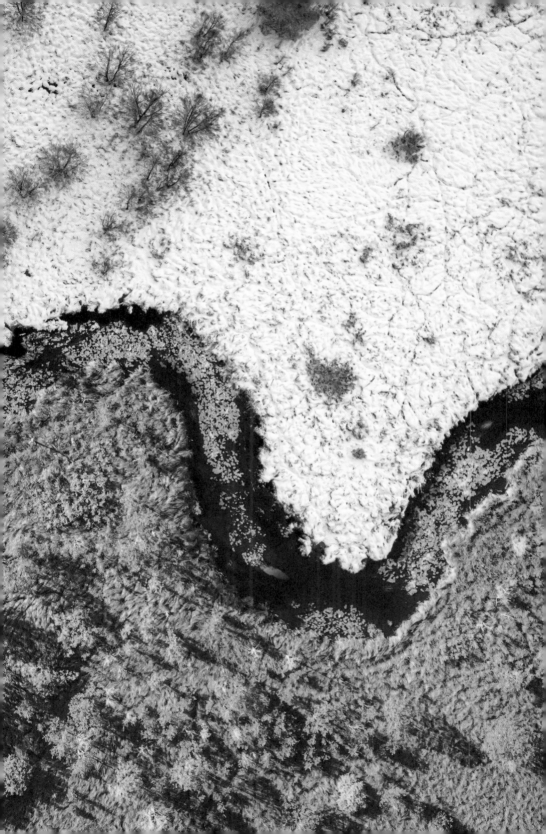

# 6부

# 인류의 생존

# 바이러스 정복

바이러스는 가장 원시적인 미생물로, 살아 있는 생명체지만 단독으로는 생존과 증식을 하지 못한다. 많은 미생물이 숙주에 의존해 기생하며 살아간다. 일부 과학자는 "바이러스야말로 인류를 가장 잘 아는, 어쩌면 인류와 많이 닮은 생명체일 것"이라고도 말한다. 실제로 바이러스의 유전체를 분석해보면 인간 또는 동물의 유전자와 상동성이 높은 유전정보를 가진 것도 많고, 심지어 인류의 유전체에 바이러스 유전체를 삽입한 바이러스(레트로바이러스)도 있다. 그렇기에 바이러스는 더욱더 자신의 감염 숙주에 매달려 비겁하지만 치열하게 면역 체계를 무력화하며 번성하고자 노력하는지도 모르겠다.

미국 데이비스 캘리포니아대학의 조나 마제트 교수에 따르면, 위험한 바이러스는 50만 종 이상 존재하지만, 인류가 병원성을 밝혀낸 것은 겨우 0.2%뿐이다. 최근 발생하는 신변종의 바이러스는 원래 사람과 동떨어진 동물에 감염되어 생활사를 유지했다. 하지만 인류의 무분별한 환경 파괴와 도시화로 바이러스에 감염된 동물과 사람의 접촉 빈도가 높아졌고, 동

**표 6-1** **WHO**가 가까운 미래에 인류를 위협할 수 있다고 경고한 바이러스들.

| 2016년 5월<br>WHO R&D 블루프린트에서<br>시급히 해결해야 한다고 지정한 바이러스 | 2016년 5월 기준,<br>추가 조치가 필요한<br>심각한 바이러스 |
|---|---|
| • 크리미안콩고출혈열바이러스<br>• 니파바이러스<br>• 필로바이러스<br>• 라싸열바이러스<br>• 인체 감염 고병원성 신종 코로나바이러스<br>(메르스 및 사스)<br>• 리프트밸리열바이러스 | • 치쿤구니야바이러스<br>• 중증열성혈소판감소증후군바이러스<br>• 지카바이러스 |

물에 감염되던 바이러스가 사람에게도 전파될 수 있게 되었다.

이 가운데 몇몇은 새로운 바이러스에 면역이 전혀 없는 인류에게 매우 치명적인 질병을 일으킬 수 있다. 대표적인 예가 중국에서 발생했던 고병원성의 H5N1, H7N9 등의 조류인플루엔자바이러스와 중동호흡기증후군 바이러스(MERS-CoV), 사스코로나바이러스(SARS-CoV)다. 현재 WHO가 가까운 미래에 인류를 위협할 바이러스성 질환이라고 경고하는 것만 해도 10종 이상이다(표 6-1).

에볼라, 사스, 메르스, 지카, 중증열성혈소판감소증후군 바이러스(국내에서는 살인 진드기 바이러스라고도 불린다)와 같이 이미 익숙한 것도 있지만 치쿤구니야바이러스, 크리미안콩고출혈열, 라싸열바이러스 등 생소한 이름도 있다. 우리가 아직 경험해보지 못한 새로운 질병이 인류를 위협할 수 있다는 경고다.

## 새로운 숙주

사스코로나바이러스-2의 자연 숙주는 박쥐다. 실험적으로 확인되지는 않았지만, 이것에 감염되어 죽은 박쥐가 많다는 보고는 없다. 바이러스는 자신의 자연 숙주에서는 우리의 감기와 같이 미미한 질병만을 일으킨다. 하지만 자연 숙주가 아닌 인간에게는 매우 높은 병원성을 나타내기도 한다. 이런 현상이 나타나는 이유로는 기후 환경의 변화, 숙주의 주변 환경 변화, 숙주의 기저 질환 여부, 면역 상태, 다른 바이러스 또는 세균과의 중복 감염 등 다양한 원인이 꼽힌다. 하지만 가장 중요한 원인으로는 두 가지 가설이 제기된다.

첫 번째 가설은 자연 숙주는 이미 이런 바이러스에 오랜 기간 노출되어 집단면역을 형성하고 있다는 설명이다. 이 경우, 다시 바이러스에 노출되어도 이미 형성되었거나 태어나면서 부모로부터 받은 항체에 의해 보호를 받기 때문에 큰 증상을 보이지 않는다. 박쥐 혈액을 분석한 연구에서 많은 박쥐가 사스코로나바이러스-2와 교차 면역 반응을 유도하는 항체를 가지고 있다는 결과가 이를 뒷받침한다.

또한 중동의 낙타는 다수가 메르스에 대한 항체를 가졌다는 여러 보고가 있다. 하지만 인류는 이런 바이러스에 노출된 경험이 없기 때문에 새로운 바이러스를 막을 항체를 가지고 있지 않다. 바이러스는 자신을 억제하는 면역 반응이 없는 인류라는 숙주 안에서 마음껏 증식할 수 있고, 이는 종종 높은 병원성으로 이어진다. 이 가설을 바탕으로 많은 나라에서 전 국민 백신 캠페인을 통해 집단면역을 형성하기 위해 노력한다.

두 번째 가설은 동물의 바이러스가 인류라는 새로운 숙주에 감염하면서 적응하기 위해 변이를 일으켰는데, 그 과정에서 병원성을 높일 수 있었다는 주장이다. 사스코로나바이러스-2의 경우, 2019년 12월에 보고된 바이러스조차도 동물에서 분리된 가장 유사한 바이러스와 큰 유전적 차이가 있다.


## 숙주와의 공존

바이러스는 살아 있는 세포 안으로 들어간 뒤 다양한 증식 도구를 이용해 자신과 똑같은 바이러스를 많이 만든다. 이것이 생존의 목표다. 하지만 바이러스가 너무 빠르게 번지면 감염된 숙주를 빨리 병들게 하거나 심지어 죽음에 이르게 만들어 자신도 증식을 이어갈 수 없다. 이와 달리 감염 숙주에 적응하면서 적당히 이용하면 오랜 기간 공존이 가능하다.

예를 들어 병원성이 강했던 2003년의 사스바이러스는 높은 병원성으로 숙주를 빠르게 사망에 이르게 했다. 그 결과 인류에게 공포심을 유발했고, 발생 지역 내에서 강도 높은 방역 차단이 이루어지면서 인간의 몸속에서 적응하고 증식하기 위한 충분한 시간을 벌지 못했다. 이 바이러스는 결국 '인류에게 치명적인 바이러스'라는 기록만 남긴 채 사라지게 되었다.

이와 달리 1918년부터 스페인 독감을 유행시켜 인류에게 가장 치명적인 팬데믹을 일으켰던 인플루엔자바이러스는 현재도 계절 독감 바이러스라는 이름으로 매년 사람의 곁에서 무서운 생명력을 유지하고 있다. 이처럼 인류를 새로운 자연 숙주로 삼은 바이러스가 변이를 통해 오랜 기간 적응하게 되면, 인플루엔자바이러스와 같이 공존하게 된다. 이 경우 바이러스는 숙주를 함부로 죽이지 않으면서 공존하는 방향으로 진화한다.

많은 사람이 오미크론이 예전의 바이러스보다 병원성이 낮아졌다고 이야기하며 안도하는 데는 이런 배경이 있다. 실제로 홍콩대학교 옌후이링 교수 등 여러 연구 그룹에서 논문을 통해 오미크론이 기존의 바이러스에 비해 마우스와 햄스터에서 낮은 병원성을 나타낸다고 보고했다. 물론 좀 더 심도 있는 연구가 필요하겠지만, 이런 주장이 사실이라면 사스코로나바이러스-2도 계절 독감처럼 우리 곁에 오랫동안 남는 바이러스가 될지도 모른다(다만, 여기에는 중요한 주의 사항이 있다. 계절 독감처럼 된다고 해도 위험성을 절대 무시할 수 없다는 점이다. 인플루엔자바이러스만 해도 계절마다 수천에서 수만 명의 사망자를 낳고 있다).

## 적응 메커니즘

앞서 했던 이야기를 잠깐 정리해보자. 바이러스의 목적은 자기 복제를 통해 증식해서 많은 숙주에 감염하는 것이다. 그런데 이 과정 중 유전체 속 복제 정보에 변화(돌연변이)가 발생하기도 한다. 그 덕에 증식성, 병원성, 전파력 등 모든 특성이 달라질 수 있다. 그런데 궁금증이 생긴다. 도대체 변이는 어떻게 발생할까? 왜 유독 바이러스에서 자주 언급될까?

바이러스는 유전체가 담긴 핵산의 종류에 따라 크게 'DNA 바이러스'와 'RNA 바이러스'로 나뉜다. DNA와 RNA는 모두 유전물질로, RNA는 보통 외가닥으로 구성되고 DNA는 서로 상보적으로 결합된 두 가닥의 분자로 구성되어 있다. 덕분에 DNA는 RNA보다 안정성이 높다.

RNA 바이러스에는 인플루엔자, 메르스, 사스코로나바이러스-2 등과 같은 우리가 잘 알고 사회적으로 문제를 일으킨 것이 많이 포함되어 있다. RNA 바이러스는 'RNA 의존성 RNA 중합효소(RdRp)'를 이용해 자신의 유전체를 복제한다. 그런데 이 중합효소(자신의 유전자를 복제하는 복제효소)는 인류 또는 포유류가 가진 중합효소에 비해 원시적이기 때문에 유전자 복제 과정에서 100% 동일한 복제품을 생산하지 못하고 빈번하게 오류를 발생시킨다. 또 오류가 일어나더라도 이를 수정 보완하는 기능이 미약하거나 전혀 없는 바이러스도 많다.

이렇게 부정확하고 기능이 부족한 중합효소에 의해 발생한 바이러스 유전체 복제 오류로 돌연변이 또는 변종 바이러스가 등장한다. 이런 오류는 바이러스에도 치명적인 약점이 되어 증식을 방해할 수 있다. 하지만 만약 1개의 세포에서 100만 개 정도의 바이러스가 만들어지고 이런 세포가 몸에 헤아릴 수 없게 많다면, 이들 중에는 바이러스에 유리한 돌연변이도 존재할 수 있다. 이처럼 증식 우위를 가진 바이러스가 그렇지 못한 바이러스들에 비해 빠르게 증식하고 더 빨리 전파될 경우 새로운 변종 바이러스가 출현했다고 한다.

변이를 유발하는 또 다른 원인은 선택압(변이를 유발하는 외부 인자. 예를 들어 기존의 면역에 의해 형성된 항체 또는 숙주의 변화)이다. 자연이 선택압을 가했을 때 이를 견디고 살아남으면 후손을 남기고 번성해 진화하지만, 선택압을 견디지 못해 사멸하면 후손을 남길 확률이 줄어든다. 예를 들어 바이러스를 죽이기 위해 다양한 항바이러스 약제를 투여하거나 지속적으로 백신을 접종해 면역을 형성했더라도, 만약 이것이 바이러스에 넘어야 할 선택압으로 작용한다면 이야기가 달라진다. 바이러스가 변이를 통해 항바이러스 약제에 내성을 가지거나, 백신 면역으로 구축된 면역 방어선을 회피하는 능력을 가진 항원 변이 바이러스가 될 수 있는 것이다. 이런 이유로 항바이러스제를 처방받을 때는 의사와 약사의 지시에 따라 용량과 용법을 준수해야 한다. 백신의 경우 지속적인 항원성 조사를 통해 바이러스 항원을 경신하고 있다.

바이러스 변이는 크게 두 가지로 나뉜다. 유전정보의 점 돌연변이(DNA, RNA의 염기서열에서 염기쌍 하나가 바뀌거나, 더해지거나, 사라져서 발생)가 축적되어 항원성이 달라진 것이 생기는 현상을 '항원 소변이'라고 한다. 이와 달리 한 번에 많은 바이러스가 한 개체에 감염되는 경우에는 다양한 바이러스의 유전체가 하나의 세포에서 합쳐져 새로운 항원을 가질 수 있다. 이를 '항원 대변이'라고 한다.

항원 대변이의 대표적인 예는 2009년 전 세계에 팬데믹을 발생시켰던 신종 인플루엔자 A(2009 pandemic H1N1) 바이러스다. 유전체 분석 결과에 따르면, 이들은 돼지에서 유행하던 인플루엔자바이러스와 조류, 사람에게 유행하는 인플루엔자바이러스의 유전체를 포함하고 있다. 최소 3개 이상의 바이러스 유전체 간의 재조합으로 발생한 것으로 추정된다.

# 바이러스 정복

인류는 끊임없이 위협적인 바이러스를 정복하기 위해 노력해왔다. 이 과정에서 실제로 퇴치에 성공한 것도 있다. 천연두 또는 두창이라고 불리는 질병이다. 천연두는 천연두바이러스(variola major)에 의해 감염되며, 한 번 앓기 시작하면 높은 치명률을 보인다. 급성 발열과 발진 등의 고통을 견디고 살아남는다고 해도 평생 지워지지 않는 흉터를 남긴다.

천연두는 기원전 1만 년경부터 존재했으며 최초의 팬데믹 바이러스로 알려져 있다. 천연두가 가장 심하게 유행했던 18세기 유럽에서는 이 시기, 감염자의 20~60%가 사망했다. 특히 어린아이가 감염되면 치명률이 80%까지도 치솟았다. 하지만 에드워드 제너가 개발한 백신 사용으로 20세기 이르러서는 사망자가 급감하기 시작해, 1980년에는 WHO에서 인류가 최초로 박멸한 감염병으로 공표하기에 이르렀다.

백신 개발로 감염이 급감한 또 하나의 질병이 소아마비다. 소아에게서 하지마비를 일으켜 소아마비라고 불리며, 폴리오바이러스라는 장 바이러스가 원인이다. 감염되면 고열과 흉통, 구토, 관절통 등을 겪으며 생존한 후에도 평생 하지마비로 고통받는다. 소아마비는 1950년경 팬데믹을 기록했지만, 1955년 미국의 의학자 조너스 소크(Jonas Salk) 박사가 백신을 개발하면서 대부분의 나라에서 사라졌다.

최근에는 첨단 분자생물학적 방법을 통해 더욱 효과적인 방식을 모색하고 있다. 다양한 바이러스 변이에도 효과적으로 작용하는 범용 백신 개발이 대표적이다(5부 8장 참고). 생체 내에는 바이러스 감염을 억제해 퇴치할 수 있는 다양한 면역 반응이 가동된다. 이를 효과적으로 유도하도록 새로운 면역 증강제를 만들어 바이러스를 억제하는 연구 역시 활발히 진행된다. 치료제의 경우에는 신규 약제 개발 외에 내성 획득에 따른 효과 저하를 극복하기 위한 약제의 복합 처방 연구도 이루어지고 있다(후천성면역결핍증AIDS 치료제가 대표적이다).

그동안 인류는 과학 발전 및 의료 기술의 개발을 통해 수명 연장과 삶의 질 향상을 이루었다. 하지만 자연 생태계가 파괴되고 기후변화가 지속되면서 야생동물을 통한 새로운 바이러스 감염병의 유입은 계속 늘어난다. 이로 인해 바이러스의 정복은 더욱 어려운 과제가 되고 있다. 바이러스와 직접 전쟁을 벌이는 것만으로는 효과를 보장하기 어렵고 많은 희생과 손실을 감수해야 한다. 근본적으로 자연 생태계의 보존 및 모니터링을 병행하며 신종 바이러스 감염의 유행을 억제할 필요성이 점점 커진다.


## mRNA 백신 이후

WHO의 코로나19 팬데믹 발표 이후, 다양한 백신이 연구되었다. 이 과정에서 과학자들은 시간이 많이 소요되는 고전적인 백신 외에 짧은 시간에 원하는 특정 바이러스 항원을 제작할 수 있는 방법을 찾게 되었다. 그 결과 현재 전 세계에서 사용되는 코로나바이러스 백신이 개발되었다. 주성분은 mRNA이며, 생명공학 기술을 이용해 특정 항원을 디자인하는 방식으로 원하는 백신을 쉽고 빠르게 얻을 수 있다는 게 장점이다. mRNA 백신 연구가 처음 이루어진 것은 1980년대였으나 안전성 확보 이슈로 상용화되지 못하고 답보 상태였다.

하지만 코로나19 팬데믹의 피해가 전 세계적으로 심각했고, 바이러스 확산을 통제하는 데 실패해 병원성과 전파력이 강한 돌연변이 바이러스가 지속적으로 출현하자 미국 식품의약국, 유럽연합, WHO에서는 이례적으로 mRNA 코로나 백신의 긴급 사용을 승인했다. 그 결과 전 세계 코로나 감염자 및 중증 환자 수가 감소했으며 팬데믹을 어느 정도 통제할 수 있었다.

이 과정에서 mRNA 백신의 효율성을 입증하게 되었고, 갑자기 발생하는 유행성 질병에 빠르게 대응할 수단으로 긍정적인 평가를 받았다. 하지만 해결해야 할 문제점도 다수 드러났다. 가장 큰 우려는 안전성이다. 현재 코로나 mRNA 백신은 다른 것과 비교해 안전하다는 평가를 받고 있다. 하지만 심근염 및 심낭염 등의 심각한 증상을 초래하는 부작용도 적지 않게 발생하고 있는 것도 사실이다. 특히 우려되는 점은 아직까지 이 부작용이 어떻게 발생하는지 연구가 전혀 되어 있지 않다는 점이다. 지속적인 연구를 통해 해결해야 할 것이다.

또 하나 우려되는 점은 mRNA 백신 사용의 역사가 짧다는 점이다. 따라서 장기적인 안전성을 추적 검증하지 못했다. 문제는 이러한 검증 없이 전 세계적으로 이미 많은 사람이 mRNA 백신을 맞았다는 점인데, 이 또한 연구를 통해 중장기적인 대책을 마련해야 할 것이다. 안정성 역시 개선이 필요하다. 온도나 주변 환경에 의해 쉽게 분해되는 mRNA의 특성 때문에 보관 방식, 운송 방법에 따라 백신의 품질이 큰 영향을 받고, 치명적인 부작용으로 이어질 수도 있다.

인류는 바이러스 감염증과 싸우기 위해 부단히 연구해왔고 어느 정도 성과도 이루어냈다. 하지만 아직까지 몇몇의 바이러스에 대응하는 기술만을 확보했을 뿐 신종 바이러스, 바이러스 변이 및 숙주와의 관계 등 미지의 분야가 광범위하다. 지속적인 새로운 아이디어와 도전 정신이 필요하다.

# 신종 바이러스의 기원

바이러스의 존재가 과학적으로 확인된 것은 1900년경이지만, 석판에 새겨진 고대 이집트 사제의 모습에 이미 소아마비를 앓은 흔적이 발견되는 등 인류가 오래전부터 다양한 바이러스에 시달렸다는 사실은 분명하다. 1970년대에 발굴된 이집트의 파라오 람세스 5세의 미라에서도 천연두 상흔이 확인되었다. 높은 전염성과 파괴력을 가진 천연두바이러스는 세계 전역으로 퍼졌고, 1517년경 시작된 유럽인의 아메리카 대륙 침략에도 큰 영향을 미쳤다.

인간과의 오랜 인연에도 불구하고, 바이러스는 크기가 너무도 작아 감염병의 또 다른 주범인 박테리아보다 한참 더 늦은 1900년대에 와서야 존재가 드러나기 시작했다. 중앙아메리카의 파나마운하 건설 현장에서 모기에 의해 매개된 황열병을 시작으로 광견병, 소아마비 등의 원인 바이러스들이 밝혀졌다. 1918년 제1차 세계 대전 시기에 전 세계에서 수천만 명의 사망자를 낸 스페인 독감은 연례적인 바이러스 질환이 가공할 파괴력을 가진 감염병으로 돌변할 수 있음을 보여주는 사례다.

바이러스는 일상의 불행처럼 예고 없이 다가온다. 보통은 일정 기간 앓은 후 인체의 면역력 덕분에 회복되지만, 코로나19처럼 강력한 전파력과 높은 치명율을 지닌 바이러스를 만나면 혹독한 대가를 치를 수 있다. 1950년대에 영유아 환자가 급증한 소아마비, 1980년대 미국과 유럽의 대도시 남성들로부터 확산되기 시작한 에이즈, 2002년 중국 광둥에서 출현한 사스, 2009년 미국과 캐나다 등 북아메리카에서 확산된 신종플루, 2014년 사우디에서 발발한 메르스 그리고 2019년 중국 우한에서 시작된 코로나19 등 기존 또는 새로운 바이러스의 출현이 이어지고, 그 주기도 점점 더 빨라지고 있다.

원인은 무엇일까? 1950년대 소아마비 급증은 오염된 물이나 음식을 통해 인체 소화기 상피조직에 침입, 증식한 뒤 분변에 섞여 배출되는 이 바이러스의 특성상, 급격한 인구의 도시 집중과 이를 따라잡지 못한 미흡한 주거 위생이 원인으로 지목되었다. 2000년대 이후 사스, 메르스, 코로나19 등 주로 호흡기를 통해 전파되는 바이러스의 확산 또한 인류 모빌리티(이동성)의 급증 때문으로 보인다. 현재 지구는 역사상 인구가 가장 많고 여행, 물류, 집회 등 이동과 교류 또한 가장 많이 발생하는 상태다. 바이러스가 인간이라는 활동적인 숙주를 통해 빠른 속도로 지구를 가로질러 전파될 수 있음을 뜻한다.

신종 바이러스는 어떠한가? 많은 역학 자료는 원인으로 야생동물을 지목한다. 평소에는 특정 지역, 특정 종의 야생동물에 머물러 있던 바이러스가 인간으로 넘어오는 것이다. 이를 동물유래감염(zoonosis) 또는 인수공통감염이라고 한다.

## 진원지

코로나19 바이러스는 어디서 왔을까? 이 중요하고도 민감한 물음에 대해 팬데믹 초기부터 제기된 가설은 세 가지다. 첫째, 중국 후베이성 우한시의 화난(Huanan) 수산 시장에서 거래되던 야생동물의 바이러스가 사람으로 전파되었다는 가설이다. 둘째, 우한 소재 바이러스 연구소에서 야생동물의 바이러스를 채취하고 다루는 과정에서 연구 요원이 감염되었다는 것이다. 셋째, 기존의 코로나바이러스가 유전공학적으로 개조되었다는 가정이다.

2021년 WHO의 현지 파견 조사와 그 후 여러 연구 결과는 첫 번째 가설인 화난 수산 시장의 야생동물에서 인간으로 전파되었을 가능성을 가장 높게 가리킨다. 두 번째와 세 번째 가설은 더 이상 지지를 받지 못하는데, 연구 요원 감염을 입증할 확실한 증거가 없고, 이 바이러스의 유전적 복잡성을 고려했을 때 인위적 개조가 쉽지 않아 보이기 때문이다.

진원지가 화난 수산 시장이라는 주장도 처음에는 반론이 있었으나 지금은 거의 정설로 받아들여진다. 여기에도 여러 근거가 있다. 먼저 이곳에서 가장 먼저 상당수의 환자가 발생했다. WHO 조사에서도 초기 환자 168명 중 55명이 화난 수산 시장 관련자로 밝혀졌으며, 폐렴으로 입원한 41명 중 27명이 이 시장과 밀접한 관련이 있는 사람으로 확인되었다.

둘째, 화난 수산 시장에서 채취된 여러 환경 시료에서 코로나바이러스 서열이 검출되었다. 이곳에서는 다람쥐, 너구리, 오소리, 여우, 밍크, 사향고양이, 천산갑, 고슴도치, 호저 등 다양한 야생동물이 거래되고 있었지만, 코로나19 발발 이후 동물들이 모두 치워져 직접적인 시료 채취는 할 수 없었다. 그러나 케이지, 가죽이나 털 제거 도구, 이동이나 도살에 사용된 카트와 작업대, 작업장 하수구 등에서 코로나바이러스 서열이 검출된 것이다. 이와 달리 코로나19 발발 이전에 헌혈한 우한 시민 수만 명의 혈액 시료나 그해 가을부터 시작된 수천 명의 독감 유사 증세 환자의 채혈 시료 어디에서도 코로나19 바이러스는 검출되지 않았다.

2022년 8월 국제 학술지《사이언스》에 발표된 논문 또한 화난 수산 시장을 코로나19 발발의 진원지로 지목했다. 저자들은 WHO 조사에서 초기 환자 155명 중 38명의 거주지가 화난 시장 근처라는 사실을 확인했다. 또 사람들의 소셜미디어(Sina Weibo) 접속 기록 자료를 통해 인구 1100만 명의 우한시에서 감염 진원지 역할을 할 수 있는 다른 인구 집중 장소의 사람 수와 모임 빈도, 환자 발생 비율을 보았다. 그 결과 화난 수산 시장은 쇼핑몰, 대학, 교회, 병원, 요양원, 직장 등 다른 인구 집중 장소에 비해 인구 집중도는 낮은데 환자는 많이 발생한 것으로 나타났다.

반면, 초기 발생 시점에서 3개월이 경과한 2020년 2월, 소셜미디어의 코로나19 도움 정보 창에 접속한 약 800명의 위치는 수산 시장과는 관련 없이 우한시 전역에 확산 분포된 것으로 파악되었다. 이와 같이 여러 자료는 우한의 화난 수산 시장의 야생동물이 코로나19의 진원임을 가리키고 있다. 그렇다면 이 야생동물들의 바이러스는 어디에서 왔을까?


## 바이러스의 천연 저장고

2002년 겨울, 중국 남부의 광둥 지역에서 시작된 사스바이러스는 8개월 만에 전 세계 8000명 이상을 감염시켰다. 이 바이러스의 출현을 계기로 매개체인 사향고양이를 비롯해 다양한 야생동물의 코로나바이러스 연구가 활발히 이루어졌다. 그 중심에 집단 서식성 온혈동물인 야생 박쥐가 코로나바이러스의 천연 숙주로 주목받았다.

2004년 중국, 호주, 미국 공동 연구팀은 중국 광둥, 광시, 후베이, 텐진 등 광범위한 지역에서 채집된 9종, 400여 마리의 박쥐를 조사했다. 그 결과 일부 관박쥐 집단의 개체 중 30~70%가 사스바이러스에 대한 항체 양성을 보였고, 약 10%는 분변에서 바이러스 핵산이 검출되었다. 코로나바이러스가 주로 분리된 관박쥐(Rhinolophus 속)는 비교적 크기가 작고 18종 정도가 아시아, 아프리카, 호주, 유럽 등에 분포한다.

하늘을 날 수 있는 유일한 포유동물인 박쥐는 동굴이나 바위 틈, 나뭇가지, 건물의 틈새 등에 밀집해 서식한다. 가로세로 1m 공간에 3000마리까지도 살 수 있다. 대부분 야행성이며 입과 콧등 조직에서 초음파를 발사한 뒤 반사된 음파를 감지하는 방법으로 주변 환경을 탐지한다. 여러 대륙에 널리 퍼져 있고, 작은 벌레에서 큰 열매까지 다양한 식생을 보인다. 1400종이 넘어 설치류 다음으로 많다. 전체 포유동물 종의 약 20%를 차지한다.

2022년 국제 학술지《네이처 리뷰》에 발표된 논문에 따르면, 2002년 사스 유행 이후부터 지금까지 14개 과(Family) 500여 종의 박쥐 시료 4000여 건이 분석되었으며, 이를 통해 60종 이상의 코로나바이러스가 검출되었다. 코로나바이러스에 감염된 박쥐는 별다른 증세 없이 지속적 감염(persistent infection)이 유지되는 것으로 나타났다. 과일박쥐에 사스나 메르스 또는 코로나19 바이러스를 감염시킨 실험에서도 특별한 증세 없이 2~3주 뒤부터는 바이러스가 사라지고 낮은 수준의 항체가 탐지되는 경우도 있었지만, 3개월 후까지 바이러스가 분변으로 배설되는 경우도 있었다. 한 무리의 박쥐 집단이나 심지어 하나의 개체에 동시에 2종 이상의 코로나바이러스가 감염되어 유지되는 경우도 있었다. 코로나바이러스와 전혀 다른 과에 속하는 바이러스들에 동반 감염된 사례도 있었다.

이런 결과가 나타난 이유는 박쥐의 선천면역 기능이 바이러스의 복제와 증식을 높지 않게 제한하기 때문으로 보인다. 바이러스 또한 숙주에 치명적인 상해를 입히지 않을 정도로 낮은 수준의 감염을 유지하도록 적응했을 것이다.

이처럼 지속적 감염이 유지되는 상황에서 변이가 일어나고, 여기에 동시 감염을 통한 보다 큰 스케일의 유전자재조합까지 발생하면 매우 다양한 서열의 바이러스가 (지속적으로) 생성될 수 있다. 박쥐에는 큰 해가 없는 이런 신종 바이러스가 우연한 계기로 (다양한 중간숙주를 거쳐) 인간에게 오면 위협적인 존재가 될 수 있다. 사스나 코로나19뿐 아니라 오래전에 발생해 확산되어 지금은 기원을 밝히기가 불가능한 에볼라출혈열(원숭이를 거쳐 인간 감염), 메르스(낙타를 거쳐 인간 감염), 헤니파바이러스 감염증(말 또는 돼지를 거쳐 인간 감염)도 박쥐에서 유래되었다.


## 유전자 게놈 서열

위에서 언급한 역학조사와 함께, 바이러스가 어떤 경로로 야생동물이나 인간으로 전파되었는지 알아내는 유용한 방법은 바이러스 게놈(유전체, 한 생명체가 갖고 있는 유전정보의 총합)의 서열 분석이다. 분류학적으로 볼 때, 동물은 서로 교미해 자식을 낳을 수 있느냐가 동일 종의 척도인 데 비해, 바이러스는 유전자 게놈 서열의 유사도가 기준이 된다.

코로나19, 사스, 메르스바이러스의 게놈을 보자. 이들은 네 가지 종류의 염기(A, C, G, U) 약 3만 개가 바이러스 고유의 순서(서열)로 길게 이어진 단일 가닥 RNA로 구성되어 있다. 셋 모두 코로나바이러스과에 속하지만, 게놈의 염기를 하나씩 서열(순서)대로 비교해보면 코로나19와 사스바이러스는 약 20%, 코로나19와 메르스바이러스는 거의 50%가 서로 다르다. 이처럼 바이러스 게놈의 염기서열은 유전적 정보가 새겨진 블루프린트(설계도)로서 표적 숙주, 감염 경로, 질병 등 해당 바이러스의 모든 생물학적 특성을 결정한다.

바이러스는 살아 있는 숙주의 신체에 침입한 뒤 생존에 가장 적합한 세포 안으로 침투한다. 그 뒤 세포의 본질적인 기능을 차용해 자신의 게놈을 복제하고 단백질을 발현시킨다. 이를 통해 수많은 후손 바이러스가 생겨난다. 이들은 파괴되는 세포에서 탈출해 다시 새로운 세포를 침략하는 과정을 반복하여 숙주의 신체나 조직에 손상과 상해를 입힌다.

이는 숙주 생명체의 대응 면역 작용에 의해 제압당할 때까지 계속된다. 그 과정에서 바이러스의 게놈이 무한히 복제, 증식되고 결과적으로 원래 게놈의 염기서열 일부가 약간 변이된 바이러스가 생겨난다. 블루프린트가 조금씩 변경되는 것이다.

세포에서 세포로, 개체에서 개체로 전파와 증식이 계속될수록 점점 더 많은 변이가 차곡차곡 바이러스 게놈에 축적된다. 따라서 초기 바이러스 간의 서열 차이는 작더라도, 오랜 시간 뒤 후손 바이러스들 간에는 점점 더 크게 벌어진다. 후손 바이러스 기준에서 보면, 최근에 분기한 바이러스일수록 서로 서열 유사도는 높다.

따라서 다양한 시기, 다양한 검체에서 분리한 바이러스의 염기서열을 상호 비교하는 계통분석을 통해 근연 관계를 파악할 수 있으며, 서열이 분기된 경로를 거슬러 올라가면 마치 우리가 족보를 통해 가계의 선조를 알

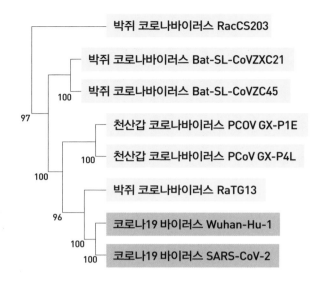

박쥐 코로나바이러스 RacCS203

박쥐 코로나바이러스 Bat-SL-CoVZXC21

박쥐 코로나바이러스 Bat-SL-CoVZC45

100

97

천산갑 코로나바이러스 PCOV GX-P1E

천산갑 코로나바이러스 PCoV GX-P4L

100

100

박쥐 코로나바이러스 RaTG13

코로나19 바이러스 Wuhan-Hu-1

코로나19 바이러스 SARS-CoV-2

96

100

100

**그림 6-1**

스파이크(돌기) 유전자 염기서열에 근거한 코로나19 관련 바이러스 계통도.

아보듯 지금은 사라지고 없는 초기 바이러스도 유추할 수 있다(그림 6-1).

코로나바이러스 입자 표면에 위치한 돌기 단백질로서 숙주세포 진입 과정에 핵심 역할을 하는 스파이크 단백질의 유전자 염기서열을 분석한 계통도를 보자. 이에 따르면, 코로나19와 가장 가까운 바이러스는 2003년 중국 윈난성에서 수집한 박쥐 코로나바이러스 RaTG13으로, 두 바이러스의 서열은 약 96%가 유사하다. 그다음은 2017년 중국 남부 광시 지역 국경 세관에서 압수된 천산갑에서 분리된 코로나바이러스(GX-P1E와 GX-P4L)로, 코로나19와 약 87% 유사하다. 코로나19가 천산갑보다는 박쥐 바이러스 서열에 더 가까운 것을 알 수 있다. 범위를 넓히면, 2015~2017년에 중국 저장성 동쪽 저우산시에서 분리된 박쥐 코로나바이러스 ZXC21과 ZC45, 그보다 더 넓게는 2020년 태국 남부의 해안 동굴에서 채집된 박

• **바이러스의 생물학적 특성**

코로나19 바이러스와 가장 가까운 서열은 박쥐 코로나바이러스 RaTG13
로, 두 바이러스의 게놈 서열은 약 96% 유사하다. 게놈 전체가 3만 개의
염기로 구성되어 있으므로, 4% 차이는 약 1200개의 염기가 다르다는 뜻
이다.

이 차이의 의미를 좀 더 따져보자. 설계 도면이 달라지면 건물의 모습이 달
라지듯, 게놈 서열이 달라지면 바이러스의 생물학적 특성도 변하게 된다.
이 특성은 바이러스의 단백질에 의해 결정되는데, 어떤 단백질이 만들어
지는지가 게놈의 염기서열 정보에 달려 있기 때문이다. 코로나19 바이러
스의 게놈에는 25가지 이상의 단백질에 대한 유전정보가 수록되어 있다.

• **스파이크 단백질의 염기서열**

그중 하나인 스파이크 단백질을 예로 들어보자. 스파이크 단백질의 유전
정보를 담은 염기서열은 3800개로, 바이러스 게놈 전체의 약 13%를 차지
한다. 참고로 mRNA 백신의 핵심 성분이 바로 스파이크 유전자 mRNA다.
염기 3개 단위(코돈이라고 부름)가 아미노산 1개의 정보를 담고 있으므로 이
mRNA에는 약 1270개의 아미노산으로 이루어진 스파이크 단백질의 유전
정보가 담긴 것이다.

스파이크 단백질은 바이러스 외막에 부착되어 표면 바깥으로 돌출해 있
다. 이 바이러스가 왕관을 뜻하는 코로나라는 이름을 갖게 된 이유도 바이
러스 입자 밖으로 여러 개의 스파이크 단백질이 돋은 구조 때문이다(그림
6-2). 코로나바이러스는 외막 기준으로는 지름 약 0.1μm의 구형 입자다.
입자 하나당 스파이크 단백질 약 90개(3개씩 한 묶음으로 총 30개의 돌기)가
외막에 부착되어 밖으로 돌출해 전체 지름은 약 0.13μm이다. 이 돌기들은
숙주세포의 호흡기 상피세포 표면에 있는 수용체 단백질에 결합해 바이러
스가 세포 안으로 진입하는 데 필수적인 기능을 한다. 따라서 스파이크 단

백질에 변이가 생기면, 수용체와의 결합에도 변화가 생긴다. 전파력이나 치명률 등도 변이의 정도와 관련 있고, 기존의 백신 접종으로 생긴 항체의 방어력에도 영향을 미친다.

쥐 코로나바이러스 RacCS203 등과도 관련 있음이 보인다.

이 계통도는 코로나19와 가까운 바이러스들을 비교한 것이지만 분석 범위를 사스와 메르스 포함, 1960년대에 최초로 발견된 코로나바이러스(HCoV-229E)까지 코로나바이러스과 전체로 넓힐 수도 있다. 마치 하나의 나무줄기에서 순차적으로 작은 가지가 갈라지듯, 오랜 세월 동안 코로나바이러스가 수천km에 달하는 광범위한 영역에 걸쳐 서식하는 박쥐 집단에서 감염, 복제, 전파를 거듭하며 지속적으로 변이해 코로나19를 포함한 다양한 바이러스로 분기했음을 보여준다.

사스나 코로나19 바이러스는 숙주세포 단백질인 안지오텐신전환효소2(ACE2)를 수용체로 사용하는 반면, 메르스바이러스는 ACE2와는 전혀 다른 단백질인 다이펩티딜펩티다아제4(DPP4)를 수용체로 사용하는 것도 이들 바이러스의 스파이크 단백질의 구조가 상당히 다르기 때문이다.

배양세포를 이용한 감염 실험에서, 박쥐 코로나바이러스는 종에 따라 ACE2나 DPP4를 사용할 수 있는 것으로 나타났다. 이처럼 바이러스 게놈의 서열 변화는 바이러스 단백질의 변화로 이어지고, 그 바이러스가 감염할 수 있는 숙주의 범위, 전파력, 질병의 강도나 진행 양상, 숙주의 면역 반응 등에 지대한 영향을 미치게 된다.

인체 질병을 일으키는 신종 바이러스의 약 75%가 조류, 설치류, 박쥐 등 야생동물에서 유래되는 것으로 알려졌다. 여기서는 코로나19 바이러스

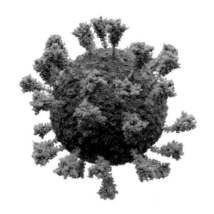

**그림 6-2**
코로나바이러스 입자 그래픽. 표면에 돌기처럼 돋
아 있는 스파이크 단백질(밝은 하늘색)이 숙주세포
의 수용체와 결합한다. 백신 및 중화항체의 표적이
기도 하다.

를 중심으로, 박쥐라는 자연 숙주를 통해 바이러스들이 지속적으로 유지,
변이, 전파될 수 있음을 살펴보았다. 야생동물이나 그 부산물의 채집, 사
육, 매매와 같은 직접적인 원인 외에도 삼림 개발과 기후변화에 따른 서식
지 변화로 야생동물과의 접촉은 점점 증가하고 있다. 개발 이익과 편리성
에 대한 일종의 반대 급부로, 잘 접하지 못했던 새로운 바이러스의 위험이
증가하고 있다. 전파 경로를 이해하고 대책을 연구해 차후 새로운 바이러
스의 출현에 준비해야 한다.

# 감염병과 인류

현생인류는 수도 없이 많은 감염병의 공격으로부터 살아남은 선조들의 후손이다. 지금 지구에 사는 인류의 유전자는 페스트, 결핵, 천연두 등의 감염병을 상대적으로 잘 견뎌낸 조상으로부터 내려왔다. 마찬가지로 앞으로 우리가 후손에게 전달할 유전자는 현재 발생하는 감염병들에 대해 저항성을 나타낼 것이다.

감염병의 원인이 되는 미생물과 인간은 오랜 기간 공존해왔다. 'UN 생물 다양성 전망 보고서'에 따르면, 전 세계에 1400만 종의 생물이 사는 것으로 추정된다. 이 가운데 현재까지 알려진 수는 175만 종뿐인데, 그중 가장 다양한 생명체가 미생물이다.

여기에는 사람에게 해를 끼치지 않고 도움도 주지 않는 것도 있고 몸속에서 비타민을 합성해주는 고마운 미생물도 있으며, 콜레라균처럼 몸 안에 들어와 병을 일으키는 것도 있다. 건강할 때는 별 문제를 일으키지 않다가 면역 기능이 떨어지면 득달같이 달려들어 병을 일으키기도 한다. 사람이 지구에서 살아가는 한, 병을 일으킬 수 있는 미생물과의 공존은 피할 수 없다.

# 계통수
## (Phylogenetic Tree of Life)

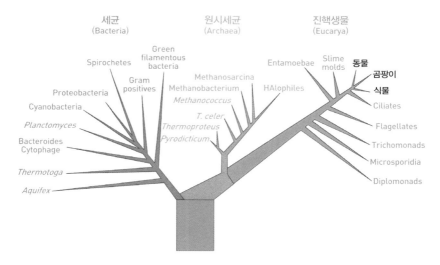

**그림 6-3**

진화 계통수. 하나의 생명체에서 기원한 뒤 주어진 환경에 적응해 나가면서 생존에 최적화된 생명체들로 진화한 결과 지구상 다양한 생명체가 발생하게 되었다는 학설의 근거가 되고 있다.

## 감염병 성립 인자

감염병 교과서를 보면 감염병이 성립하기 위한 주요 인자로 감염 숙주, 병원성 미생물, 환경 등 세 가지를 꼽는다. 첫째, 감염병 원인 미생물에 대한 감염 숙주의 저항성이 낮아지면 감염 위험성이 반비례해서 증가한다. 둘째, 병원성 미생물의 감염재생산지수가 높을수록 전파력이 높고, 독력이 강할수록 질환 발현률은 높고 중증도는 심해진다. 셋째, 특정 감염증이 발생하려면 적절한 환경이 형성되어야 한다. 열대 지방에서 수인성 전염병과 모기 등 곤충 매개 감염증이 주로 발생하는 주요 이유도 병원체가 증식하고 전달될 환경 조건이 갖추어졌기 때문이다.

최근에는 문화 또는 생활 습관을 추가하기도 한다. 세계가 밀접하게 연결되면서 여행객이나 이동 물자에 의해 먼 곳에서 발생한 감염증이 더 빠른 속도로 확산되고 있다. 전 세계 인구는 80억에 이르렀고 거의 모든 나라에서 도시화가 일어나 대다수의 인류가 역사상 가장 조밀한 환경에 노출되었다. 호흡기를 통해 전파되는 신종 코로나바이러스 감염증 역시 중국의 한 도시에서 발생한 뒤 불과 몇 개월 안에 전 세계 도시로 퍼졌다.

변화된 주거 환경도 새로운 호흡기 바이러스 질환이 더 빠른 속도로 퍼질 위험성을 높인다. 대부분의 도시에 수십 층짜리 건물이 들어섰고, 그 안에서 수많은 사람이 폐쇄 환기 시스템 아래 생활을 영위한다. 비말이나 에

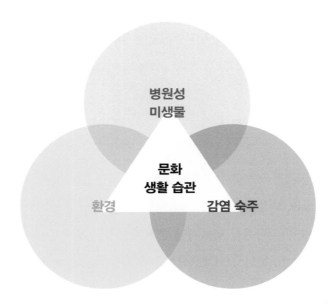

**그림 6-4**
감염병 발생 결정 인자. 병원성 미생물의 독성, 감염 숙주의 저항성, 병원체와 숙주가 서식하는 환경, 그리고 사람들의 문화 및 생활 습관이 감염병 및 팬데믹의 발생과 확산에 영향을 끼친다.

어로졸에 의해 전달되는 바이러스가 더 쉽게 퍼져 나갈 환경이다.

또 하나 중요한 감염병 발생 위험 인자는 환경 파괴다. 서식지와 생태계가 파괴되면 그곳에서 살던 동물이 사람이 사는 쪽으로 이동한다. 동물에서는 경미한 감염증을 일으키거나 공생 가능한 미생물이 사람에게 옮겨 치명적인 감염병을 일으키는 경우가 발생한다. 원숭이에는 가벼운 증상을 유발하는 바이러스가 사람에 감염되면서 전 세계 수백만 명의 생명을 앗아간 후천성면역결핍증(AIDS)이나, 감염 환자 거의 모두를 사망에 이르게 하는 에볼라 감염증이 대표적인 사례다.

특히 도시화로 박쥐 서식지를 침범하는 상황이 늘면서, 박쥐를 숙주로 증식하는 다양한 바이러스에 의해 새로운 감염증이 발생하고 있다. 급성 중증호흡기증후군를 일으킨 사스코로나바이러스, 코로나19를 일으킨 사스코로나바이러스-2, 중동호흡기증후군바이러스, 에볼라바이러스, 니파(Nipha), 헨드라(Hendra), 리싸(Lyssa, 광견병 바이러스) 등이 대표적이다.

박쥐는 현재 1400종 이상이 발견되었고, 전 지구에 서식한다. 조류와 포유류 양쪽에 병을 일으키는 다양한 바이러스의 숙주가 되고 있다. 박쥐가 이렇게 다양한 종으로 분화되는 데에는 6400만 년이 걸렸다. 그 과정에서 덩치에 비해 수명이 긴 동물로 진화했으며, 상대적으로 암 발생률은 낮아졌다.

박쥐 안에서 많은 바이러스가 별 문제없이 서식하면서도 면역 반응을 유발하지 않는 이유는 이렇다. 박쥐는 비행을 위해 많은 산소를 사용하기 때문에 조직 파괴를 유발하는 활성산소종(Reactive Oxygen Species, ROS)이 많이 발생한다. 산화 반응성이 큰 ROS에 의해 필연적으로 조직 파괴가 일어날 수밖에 없는데, 면역계가 너무 민감하게 반응해 염증이 심하게 일어나면 안 되기 때문에 이에 관여하는 선천면역계가 억제되는 방향으로 진화했다는 설명이다. 선천면역계의 반응 민감도가 낮은 상태로 유지되기 때문에 외부에서 바이러스가 들어와도 민감하게 반응하지 않아 들어온 바이러스들은 숙주 면역계와 심한 갈등 없이 오랜 기간 서식할 수 있다고 추정된다.

문제는 이런 바이러스가 우연히 사람에 감염되어 에볼라나 코로나19 같은 새로운 감염증이 발생하고 있다는 사실이다. 박쥐는 종이 많고 생명력이 강하며 다양한 서식처에 숨을 수 있어, 인위적으로 퇴치하거나 수를 조절하기도 쉽지 않다.

## 기후변화의 파장

환경 파괴와 더불어 미래의 새로운 감염증 원인으로 대두된 것이 기후변화다. 한국도 아열대 기후와 유사하게 변하고 있다. 필리핀 등 아열대 지역에서 뎅기열바이러스를 매개한다고 알려진 모기들이 제주도와 남부 지역에서 발견되었다. 열대 지방 감염증으로 치부되던 말라리아도 국내 발생이 늘고 있다. 북극과 남극의 빙산, 고산지대 영구 빙하가 녹으면서 얼음 속에 수만 년 동안 갇혀 있던 고대의 병원성 세균과 바이러스가 풀려나 새로운 감염증을 일으킬지도 모른다는 우려도 나온다.

기후변화에 따른 새로운 인수공통 바이러스 감염증을 매개할 가능성이 높은 동물로는 역시 박쥐가 꼽힌다. 2022년《네이처》에 발표된 연구 결과에 따르면 최소한 1만 종의 바이러스가 사람을 감염할 능력을 가지고 있을 것으로 추정된다. 이들 대부분은 야생 포유류를 옮겨 다니며 조용히 지내고 있는데, 기후변화에 따라 3000종 이상의 야생 포유류 이동이 일어날 것이고 이에 따라 최소한 4000번의 종을 가로지르는 바이러스의 감염이 일어날 것으로 추정된다. 이미 기후변화는 진행 중이기에, 21세기 동안 지구 온도 상승을 섭씨 2도 이내로 막는다 해도 바이러스의 확산 추세는 막기 어려울 것이라는 음울한 전망이 나온다.

## 신종 감염증

전에 인간과 만난 적이 없었던 새로운 병원체가 우연히 사람에 감염되면 심한 증상을 유발하고, 때에 따라서는 높은 치사율을 나타낸다. 대표적인 예가 1918년 발생한 스페인 독감이다. 독감을 일으키는 인플루엔자바이러스는 원래 철새 등의 조류를 주로 감염시키고 사람은 접촉할 기회가 많지 않았다.

인플루엔자바이러스는 숙주세포 표면의 수용체와 결합하면서 감염된다. 사람의 세포 수용체는 조류와 다르기 때문에 원래는 감염이 일어나지 않는다. 그런데 인플루엔자바이러스에 감염된 오리나 거위가 사람과 조류의 수용체를 모두 가지고 있는 돼지와 같이 사육될 경우 돼지가 감염될 수 있다. 이 돼지에서 사람 수용체와 결합하는 능력을 획득한 새로운 바이러스가 만들어지면 사람을 감염할 수 있게 된다.

이 변종 인플루엔자바이러스에 사람이 처음 감염되면, 면역계가 병원체를 과거에 전혀 경험한 적이 없기 때문에 심각한 병변이 발생하고, 급기야 환자를 사망에 이르게 한다. 이런 이유로 1918년 스페인 독감은 전 세계에서 5억 명 이상이 감염되었고, 5000만에서 1억 명에 이르는 사망자를 발생시켰다. 그 후로도 다섯 번의 인플루엔자 팬데믹이 발생했다. 가장 최근에 발생한 6차 팬데믹은 2009년 발생한 신종플루로, 1918년 스페인 독감에 비해 많이 약화되어 전 세계적으로 약 30만 명의 사망자가 발생했다.

인플루엔자바이러스나 코로나바이러스는 유전정보를 RNA에 암호화하기 때문에 더 안정적인 DNA 바이러스에 비해 돌연변이가 더 쉽게 발생한다. 이에 따라 한 숙주에서 다른 숙주로 전파되는 과정에서 변이종이 발생해 기존 감염 바이러스주를 대체한다. 여러 차례 팬데믹을 일으키는 이유다.

1차 숙주에 감염한 바이러스가 증식하는 과정에서 발생한 변이종들은 공통 특징이 있다. 대부분의 후발 변종 바이러스들은 독성이 감소하고 전파력은 증가한다. 돌연변이가 이런 방향성을 갖도록 유도되는 것은 아니다. 이론적으로는 전체 유전체에 걸쳐 돌연변이가 비슷한 빈도로 발생할 것으로 예측된다. 이렇게 무작위로 일어난 돌연변이 가운데는 이미 유도된 면역 반응을 피하고 숙주세포에서 잘 살아남을 수 있으며 전파 능력이 개선된 돌연변이주가 있게 마련이다. 이들이 선택되어 퍼진다.

독력이 약화된 돌연변이주들이 더 빈번하게 선택되는 이유는 독력이 높아져서 숙주세포나 숙주 자체를 죽게 만들면 다른 새로운 숙주세포나 숙주에 전파될 가능성이 낮아지기 때문이다. 전파력이 더 높은 돌연변이주는 전파를 거듭하면서 전파력이 낮은 다른 바이러스를 구축하며 우세종으로 자리 잡아 전 세계로 퍼진다.

## 주기적 팬데믹

이런 돌연변이주가 지역사회에 돌아다니면 좀 더 가벼운 임상 증상의

404

감염이 지속적으로 발생하고 사회에 집단면역이 형성된다. 각 개체에도 면역 기억이 형성되어 새로운 변이에 감염되더라도 빠른 시간 내에 회복하거나 증상 없이 쉽게 지나가기도 한다. 이 단계가 되면 자연스럽게 팬데믹은 사그라든다.

그러나 앞선 감염에 의해 형성된 면역 기억은 시간이 흐르면 사라지기 마련이고, 그 사회 구성원의 집단면역 기억이 일정 수준 이하로 내려가면 상당한 규모의 감염병 유행이 발생할 수 있다(아웃브레이크). 전염병이 일정한 주기를 두고 반복적으로 발생하는 이유다.

이런 원리를 살펴서 새롭게 발생한 팬데믹에 어떤 보건 의료 정책을 쓸지를 결정할 수 있을 것이다. 스웨덴처럼 의료 인프라가 탄탄하고 국민 의료 접근성이 보장된 나라에서는 엄격한 거리 두기나 격리 정책을 쓰기보다는 조금은 느슨한 정책을 썼다. 주로 중증 환자를 치료하는 데 집중해 사망률을 낮췄고, 동시에 백신 접종에 힘을 기울여 조기에 집단면역이 형성되도록 유도하는 정책을 썼다. 초기에는 우려도 많았지만 2년여 시간이 지난 후 보니 성공적인 정책이었다는 평가가 더 우세하다.

이와 달리 상대적으로 의료 인프라가 취약하고 국민의 의료 접근성이 낮으며 중증 환자 집중 치료 시설을 충분히 갖추지 못했고, 더 우수한 효과의 mRNA 백신 확보가 어려웠던 중국의 경우는 어쩔 수 없이 경제 침체를 예상하면서도 엄격한 거리 두기 및 격리 정책을 쓸 수밖에 없었다. 이런 중국의 '제로코로나 정책'은 초기에는 효과를 발휘하는 것처럼 보였지만, 결과적으로는 집단면역 형성에 한계를 보였고, 다른 나라에서는 유행이 수그러들기 시작하는 시점에 재확산을 걱정하게 되었다.

한국은 그 중간 지점의 정책을 폈다. 국경을 열어놓은 상태에서 앞서가는 정보기술과 잘 확립된 공중 보건 체계를 이용해 초기에는 다소 엄격한 거리 두기와 격리 정책을 썼다. 백신 접종에 전력을 다해 일정한 수준의 집단면역을 확보하면서도 꾸준히 집중 치료 시설 확보를 추진해 최대한 중증도와 사망률을 낮췄다. 그 결과, 전 세계가 경의를 표하는 최고 수준의 코로나19 감염 조절 성적을 기록했다.

## 사회경제적 진보의 결과

2021년, 전 세계 평균수명은 71세이고, 한국은 84세로 추정된다. 1800년대 초반 전 세계 평균수명은 놀랍게도 30세 미만이었고, 우리나라는 통계에 잡히기 시작한 1908년의 평균수명이 24세였다(그림 6-5). 약 1만 년 전 수렵인들의 평균수명이 25세 정도로 추정되는데, 19세기 초반까지 그 긴 세월 동안 5년밖에 평균수명이 늘어나지 않았다.

그림 6-5에서 보듯이 19세기 후반부터 평균수명이 가파른 속도로 증가해 150여 년 사이에 40년이 넘게 연장되었다. 평균수명 데이터를 분석한 '아워월드인데이터(Our World in Data)'와 2006년 《미국경제학회지》에 출판된 논문을 보면 이렇게 평균수명이 늘어난 가장 중요한 이유는 감염병에 의한 사망을 줄인 것이다. 과학자들은 '지식, 과학, 기술이 이를 통합적으로 설명할 열쇠가 된다'고 했다. 연구에 따르면 1848년 영국에서 보고된 사망 원인 중 60%는 감염병이었다. 하지만 1971년 감염병에 의한 사망률은 95% 감소했다. 논문에 감염병 억제에 공헌한 원인을 가중치에 따라 나열했는데 ① 영양 개선, ② 공중 보건 투자, ③ 도시화, ④ 백신 접종, ⑤ 약물 치료, ⑥ 취약 인구(영유아) 관리 순서였다.

각각은 감염병 발생 결정 인자에 대한 대책으로 간주할 수 있다. 영양

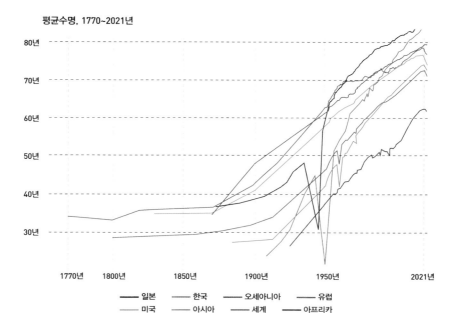

평균수명, 1770~2021년

| | |
|---|---|
| 80년 | |
| 70년 | |
| 60년 | |
| 50년 | |
| 40년 | |
| 30년 | |

1770년  1800년  1850년  1900년  1950년  2021년

━━ 일본   ━━ 한국   ━━ 오세아니아   ━━ 유럽
━━ 미국   ━━ 아시아   ━━ 세계   ━━ 아프리카

**그림 6-5**

평균수명 연장. 통계 사이트 아워월드인데이터에 따르면 19세기 후반부터 급격하게 평균수명이 증가하며, 이는 감염병에 의한 사망률의 획기적 감소와 관련이 깊다.

개선, 공중 보건 투자, 영유아 건강 개선 등은 감염 숙주의 저항성을 올린다는 의미가 크다. 공중 보건 투자와 도시화를 통해서 환경과 생활 습관을 개선함으로써 감염병이 발생할 조건을 없앨 수 있다. 적극적인 백신 접종과 감염된 환자의 치료는 감염병 확산의 고리를 차단한다. 이런 노력이 합쳐져 전반적으로 평균수명을 연장시킬 수 있었던 것이다.

심혈관 질환, 암, 대사성 질환 사망률을 낮춘 것도 일정한 공헌을 했다. 이 역시 감염병에 취약한 인구를 줄인 효과도 있어, 감염병 대책과 시너지를 나타냈을 가능성이 높다. 이렇게 감염병 대책은 단순히 원인 병원체만을 표적으로 해 치료하거나 백신 접종을 하는 등의 1차적 보건의료 정책만으로는 충분하지 않고, 사회경제적 관점에서 거시적으로 대책을 세우고 실행해나가야만 충분하고 확실한 효과를 거둘 수 있다.

2022년 하반기까지 전 세계는 보건, 경제, 사회 전 분야에서 고통을 받았다. 박쥐가 별 문제없이 품고 다니던 미세한 생명체인 코로나19 바이러스가 몇 개월 만에 전 세계에 퍼져 전 인류의 생명을 위협하는 사태가 일어났다. 인류 역사상 과학기술과 의학이 가장 발전해 있고 평균수명은 100세를 바라보고 있으며, 최고의 물질적 풍요를 누리는 21세기에 감염병으로 전 지구가 이렇게 고통을 받은 것이다. 그러나 이런 오만한 태도는 옳지 않았다는 사실이 분명해졌다.

원래 미생물 감염원과 인류는 오랜 기간 동반 진화했으며, 지구라는 같은 밥상을 나누는 공생관계를 유지해왔다. 미생물을 사람에게 전달할 수만 종의 동물이 존재하기 때문에, 감염병 없는 세상은 불가능하다. 인류가 발전을 향한 탐욕을 내려놓지 않는 한 환경 변화는 지속될 것이고 새로운 감염원은 계속 생길 것이며, 감염병 발생을 부채질하는 환경과 문화는 유지될 것이다. 인류는 감염병과 팬데믹의 위협으로부터 자유로울 수 없다. 감염병이 계속 발생할 수밖에 없는 숙명을 받아들이고 인류를 소멸로 이끌 치명적 감염병이 등장하지 않도록 지구를 소중히 보존하며, 과학기술 발전을 통해 더 효과적인 대비책을 준비하는 것이 이성적인 선택일 듯하다.

팬데믹에 의한 피해를 최소화하는 데 필요한 중요 덕목으로 '인류애'와 '공정'을 빼놓을 수 없다. 중국의 한 재래시장에서 처음 시작된 감염증이 교류가 빈번한 교역 국가로 확산되고 나중에는 지구 방방곡곡 빠진 데 없이 전파되었다. 부유한 나라들은 높은 효능이 검증된 백신을 여러 차례 접종했고, 감염된 환자를 잘 준비된 의료 시설에서 효과 높은 약으로 치료할 수 있었다.

하지만 백신을 구할 수 없던 가난한 나라에서는 거리 두기와 격리 외에는 다른 뾰족한 수를 낼 수 없었다. 준비가 덜 된 나라에서 변이 바이러스가 계속 생기고, 이 바이러스가 다시 전 세계를 돌아다니며 감염을 일으켰다. 개발도상국의 상황을 그대로 방치하는 한, 선진국이 아무리 좋은 백신, 치료제, 보건 정책을 통해 코로나19를 퇴치하려 노력을 해도 허사가 될 수 있다.

다행히 인류애와 공정을 기반으로 한, 인류 역사 진보의 계기가 될 디딤돌을 만드는 노력이 지구 이곳저곳에서 실행되었다. 빌앤드멀린다게이츠재단, WHO, 감염병혁신연합(CEPI) 등의 국제기관이 '공정한 백신 보급(vaccine equity)' 노력을 경주했고, 한국을 포함한 다수의 선진국이 투자에 동참했다. 이러한 노력에 힘입어 선진국과 개발도상국 사이의 백신접종 격차가 좁혀졌다.

역사는 페스트에서 코로나19 이르기까지 감염병과 인간의 투쟁으로 점철되어 있다. 코로나19는 가장 많은 사람을 감염시키고, 가장 심대한 경제적 손해를 끼친 감염병으로 기록될 것이다. 큰 피해뿐 아니라 인류의 진보를 촉발하고 세계시민에게 인류애를 각성시킨 계기로 남길 바란다.

# 방역

WHO 공식 통계를 보면 코로나19는 7억 명 이상의 확진자와 700만 명에 가까운 사망자를 발생시켰다. 이는 통계일 뿐, 현장에서 체감한 실제 규모는 더 클 것이다. 이제는 미래에 또다시 등장할 신종 감염병에 대한 국가별 대책을 다시 강화해야 하는 시점이다. 감염병은 인류 역사 내내 재난을 몰고 왔다. 전쟁이나 기근과 달리, 감염병은 시간이 흐를수록 위협이 증가하고 있다. 신종 감염병에 영향을 미치는 요인은 다양하다. 요인의 수는 날로 늘고 언제든 다시 찾아올 수 있다. 쉼 없는 대비가 필요하다.

## 국제보건비상사태가 선언되기까지

신종 감염병과 관련해 어떤 대응이 보완되어야 할지 살펴보기 위해 코로나19 이슈가 처음 제기된 2020년 초로 돌아가보자. 먼저 2020년 1월 1일 자《동아일보》에 "중국 SNS서 사스 발생 소문 확산" 제하의 기사가 실렸다. 베이징 특파원이 작성한 것으로, 우한시에 중증호흡기증후군이 전파되어 환자가 발생하고 있다고 전했다.

여기에 통지문 내용과 《인민일보》 보도까지 포함되었고, 우한시 위생 건강위원회가 이미 긴급 통지문을 발령했다고 쓰여 있다. 통지문에는 "우한시 화난 시장에서 발생한, 폐렴과 비슷한 증상을 보이는 환자가 있다면 진료 상황을 즉각 보고하라"고 관내에 요구한 내용이 담겼으며, 이를 당국이 사실로 인정했다는 내용까지도 있다. 사람 간 전파 가능성에 대해서는 부정적인 의견이 나와 있고, 마지막 부분에는 중국 웨이보 검색에서 폐렴 관련 검색어가 순위 1, 2위를 유지했다고 마무리했다.

이 기사 내용은 무엇을 말하는가? 특파원을 통해서 국내에 보도된 날짜가 2020년 1월 1일이다. 그렇다면 이미 2019년 12월 또는 그 이전에 우한시에서는 상당한 수의 환자가 발생했고, 사스 유사 폐렴에 대한 조사와 보도가 있었을 것이라는 추정이 가능하다. 이 시기 우한시에서 시작된 코로나19는 이미 전 세계로 전파되어 유행을 불러일으키고 있었다. 우리가 이를 파악하고 대응하기 위해 이후 얼마나 많은 시간을 소모했는지 생각하면 갑갑함이 느껴질 것이다.

특히 코로나19는 처음에는 비말 전파로, 이후에는 호흡기 전파로 이루어지는 것으로 확인되었다. 다른 전파 경로를 가진 신종 감염병에 비해 더 빠르게 확산했을 것을 추정할 수 있다. 중국 당국의 대처와 함께 보도를 접한 각국, WHO 등 국제기구 및 전문가의 대응이 아쉽다.

이미 우리는 2003년 사스를 경험했고 이에 대한 반성에서 WHO는 국제보건규칙(International health regulations, IHR)을 전문 개정했다. 이때 가장 역점을 둔 것이 바로 감시 분야다. 당시 제네바 WHO 본부에서는 결론이 나지 않아 이례적으로 일요일 새벽까지 회의가 연장되었다. 이때 이종

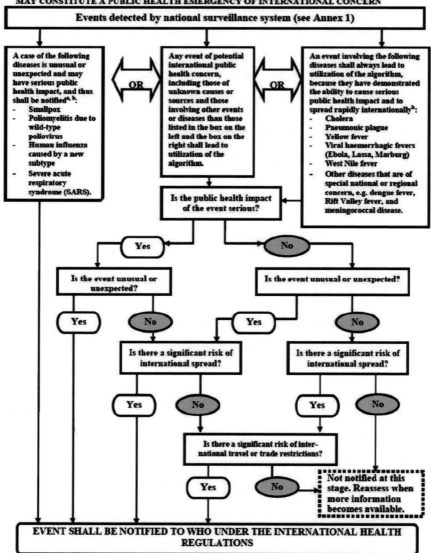

## ANNEX 2
**DECISION INSTRUMENT FOR THE ASSESSMENT AND NOTIFICATION OF EVENTS THAT MAY CONSTITUTE A PUBLIC HEALTH EMERGENCY OF INTERNATIONAL CONCERN**

**Events detected by national surveillance system (see Annex 1)**

A case of the following diseases is unusual or unexpected and may have serious public health impact, and thus shall be notified[a, b]:
- Smallpox
- Poliomyelitis due to wild-type poliovirus
- Human influenza caused by a new subtype
- Severe acute respiratory syndrome (SARS).

**OR**

Any event of potential international public health concern, including those of unknown causes or sources and those involving other events or diseases than those listed in the box on the left and the box on the right shall lead to utilization of the algorithm.

**OR**

An event involving the following diseases shall always lead to utilization of the algorithm, because they have demonstrated the ability to cause serious public health impact and to spread rapidly internationally[b]:
- Cholera
- Pneumonic plague
- Yellow fever
- Viral haemorrhagic fevers (Ebola, Lassa, Marburg)
- West Nile fever
- Other diseases that are of special national or regional concern, e.g. dengue fever, Rift Valley fever, and meningococcal disease.

**Is the public health impact of the event serious?**

Yes → **Is the event unusual or unexpected?**

No → **Is the event unusual or unexpected?**

Yes → Yes → No

**Is there a significant risk of international spread?**

**Is there a significant risk of international spread?**

Yes → No → Yes → No

**Is there a significant risk of international travel or trade restrictions?**

Yes → No

> Not notified at this stage. Reassess when more information becomes available.

**EVENT SHALL BE NOTIFIED TO WHO UNDER THE INTERNATIONAL HEALTH REGULATIONS**

**그림 6-6**

국제보건규칙 Annex2(부속 문서2).

욱 총장이 IHR 초안을 통과시키기 위해 미국을 설득하고, 끝까지 끈질기게 반대에 앞장서던 쿠바를 무시한 채 전체 박수로 실무분과 통과를 유도했다. 이때 통과된 국제보건규칙 2005(IHR 2005)가 가장 중점을 둔 분야가 바로 감시다.

그 내용에 따르면, 각국은 감시체계를 강화하고 IHR 2005 부속 문서로 규정한 알고리즘에 따라서 해당 감염병 발생이 의심되거나 중대한 건강 문제가 발생하면 24시간 내에 WHO로 알리도록 되어 있다(그림 6-6).

이후 2009년에 신종플루가 발생했을 때 실제로 이 절차에 따라 대응 체계가 발동되었다. 당시 실무 과장이자 WHO IHR 2005에서 정한 각국 담당자로 질병관리본부 방역과장을 맡고 있던 연세대학교 보건대학원 권준욱 교수는 WHO 서태평양 지역 감염병 관리과장으로부터 국제전화로 "이는 실제 상황이다. 돼지 인플루엔자가 발생했으니 대응 체계를 가동하라"라는 유선 전화를 받았다.

그러나 무슨 연유인지, 2020년 1월 1일 전후로 중국 내 사스가 의심된다는 보도가 국내 언론에 실린 상황에서도 중국 당국이 WHO에 이를 알리고 또 WHO가 이를 통해서 전 세계적인 대응을 주도한 흔적이 없다. 경계에 실패한 셈이다.

물론 WHO 입장에서 당시 초기 상황을 복기해보면 노력을 했다. 공식 홈페이지를 통해 공표한 내용을 보면 중국에 위치한 WHO 사무소에서는 2019년 12월 31일에 지역 언론 보도를 통해 우한시 발표를 접하고, 2020년 1월 1일에 중국 우한시에 비정형 폐렴에 대한 정보를 요구해 내부적으로 상황지원팀을 발동했다. 이튿날 2일에는 공식적으로 문서를 보내 중국 국가보건위원회에 발생 정보를 요구했고 중국 당국은 3일에 이를 제공한 것으로 나타났다.

상황은 계속 진행되어 11일 최초 사망자가 발생했으며 13일에는 중국에서 태국으로 간 입국자 가운데 확진자가 발견되어 최초의 중국 외 지역 확진자가 나왔다. 14일에는 WHO에서 사람 간 전파 가능성을 발표했다. 국내에서는 20일에 환승객 가운데 최초로 코로나19 확진자가 발견되었다. 22일 WHO 긴급위원회가 열렸지만, 국제 비상 선언 여부에 대해서는 자문위원회 전문가 사이의 이견으로 1월 30일에야 국제보건비상사태가 선언되었다.

나중에야 밝혀졌지만, 코로나19 잠복기는 짧으면 2일에 불과하다. 더구나 무증상감염까지 고려하면, 당시 코로나19는 이미 항공교통을 통해 전 세계로 전파된 상황이었을 것임을 알 수 있다. 감염병 유행 초기의 하루하루는 유행이 한창일 때와는 비교할 수 없는 매우 중요하다. 초기에 이를 흘려보낸 뒤 다시금 회복하기까지는 얼마나 많은 시간이 소요될지 알 수 없다.


## 피해를 줄이기 위한 첫 단계


감염병을 관리한다는 말을 역학적으로 이야기하면 피해를 최소화한다는 것이다. 사망자를 최소화하고, 이를 위해 전체 감염자와 중증 환자를 줄인다는 뜻이다. 전파를 최대한 차단하거나 지연시키면서 효과적인 의료 대응을 진행한다는 의미도 담고 있다.

이런 관리의 출발점은 감시(surveillance)다. 감염병 대응 과정을 전쟁에 비유하면, 감시는 보초나 레이더망을 통해 전쟁의 징후를 포착하는 행위다. 미국 질병통제예방센터는 "보건 관련 데이터를 지속적, 체계적으로 수

- **1741년**: 모든 여관 종사자에게 투숙객 질병 신고 의무화
- **1743년**: 법령으로 두창, 황열, 콜레라에 대해 신고 의무 부과
- **1878년**: 검역 감염병에 대한 발생 통계 수집 권한 법제화
- **1935년**: 최초의 건강 조사
- **1949년**: 질병력에 대한 주간 통계를 바탕으로 '공중보건보고서(Public Health report)' 정기 발간
- **1952년**: 사망력을 추가. 오늘날에도 유명한 '주간 사망과 질병 보고서 (MMWR)'의 시작

집해 분석하고 해석하여 공중 보건 대책 수립, 실행, 평가에 관계하는 사람들에게 배부하는 행위"로, "최종적으로 이런 데이터는 예방 관리에 활용된다"라고 정의한다. 결국 전쟁도 사전에 대응하는 것이 가장 효과적이듯 신종 감염병 대응도 이왕이면 이전에 또는 최대한 조기에 발견하고 대응하는 것이 관건이다.

오늘날 운용되는 감시체계 개념을 창시한 사람은 영국 태생 윌리엄 파(William Farr, 1807~1883)다. 그는 지금의 통계청에 해당하는 일반 등록소에서 인구 동태 통계를 수집·분석하는 일을 했다. 잉글랜드, 웨일스 지역에서 공식적 의료 통계를 내는 책임을 맡아 사망 원인 통계에 대한 수집 체계를 수립했다. 이를 통해 최초로 다양한 직업군 간 사망률 차이를 비교했다. 미국의 감시체계는 영국 식민지 시절인 1741년, 아메리카 지역에서 모든 여관 종사자에게 투숙객의 질병을 신고토록 한 것이 시초다.

감시체계에는 여러 목적이 있다. 첫째, 질병의 발생 추세를 파악한다. 발생이 증가하거나 이전에는 아예 발생하지 않던 감염병이 생긴다면(신종

한국은 감염병예방법에 근거해 의료인에게 신고 의무를 부과하며, 이때 진단 기준에 부합해 신고 집계되는 데이터를 통해서 수동적 감시체계를 운용한다. 여기에 보완적인 감시체계가 추가된다. 예를 들면 다음과 같다.

- **인플루엔자:** 일부 의료기관을 표본으로 선정해 운용하는 표본 감시체계
- **내성균:** 실험실 감시체계
- **인수공통감염병:** 가축전염병예방법을 통해서 신고되는 가축 전염병 중 인수공통감염병이거나 인수공통감염병으로 변환될 감염병에 대해서는 공유 의무 부과

감염병) 이를 확인하는 것이 첫 번째 목적이다. 둘째, 집단 발생이나 유행을 조기에 빠르게 발견한다. 셋째, 해당 질병 사망력이나 위중증 규모를 파악해서 한정된 대응 자원을 적절하게 배당해 질병 관리를 실시한다. 넷째, 해당 질병 자체에 대한 중요한 기록이 된다. 이는 향후 대응 또는 해당 질병에 대한 연구와 조사의 출발점이 된다. 다섯째, 역학조사와 연구의 방향을 제시한다. 마지막으로 감시는 결국 해당 질병 발생과 관련된 원인 또는 요인을 규명한다.

이런 목적을 가진 감시체계는 다양한 용도로 사용된다. 건강 문제 크기를 양적으로 추정하고 질병 자연사를 파악하거나 가설을 검증하기도 하며, 해당 질병에 대한 예방과 관리 방안을 평가하는 데 쓰인다. 보건 정책 기획에 중요하게 활용되는 것이다. 특히 감염병 관리 즉 방역에 있어서는 더더욱 질 높은 감시체계를 가동하는 일이 관건이다. 감시체계는 작동 방법에 따라서 수동적, 능동적 체계로 구분하기도 한다. 또 감시를 위한 데이

터 수집 방법이나 자료원에 따라서 ① 발생 사례 신고에 의존하거나 ② 실험실 병원체 분리 현황을 확인하거나 ③ 대표 인구 집단 내 발생을 확인하거나 ④ 표본 인구를 대상으로 감시하는 등 다양한 방법으로 구축해서 운용한다. 모든 나라는 여러 감시체계를 상호 보완적으로, 그리고 감염병 특성에 따라서 혼용해 운용한다. 주로 농림 분야에서 수집되는 가축 감염병 정보를 감시 데이터로 활용하기도 한다.

소셜미디어나 인공지능 등 기술이 발전하고 소통 방식이 변화하면 감시체계 대상이나 방법도 다양해질 수 있다. 인플루엔자 유행 시기에는 검색 자료에서 인플루엔자 또는 독감이라는 단어가 증가한다. 이를 감지하면 유행 조짐을 빨리 확인해볼 수 있다. 실제로 소셜미디어에서 검색되는 횟수나 언급량, 언론 보도 수 등도 중요한 감시 대상이다.


## 방역 체계의 개선

지금은 다시 감시체계를 보완하고 개선해야 하는 중요한 시점이다. 반성과 문제점에서부터 시작해야 해답과 개선 방향이 나온다. 코로나19 악성 변이든 또 다른 신종 병원체든, 대응 체계가 강화되어야 하며 그 출발선은 감시다.

첫째, 감시 대상과 방법을 확장한다. 2020년 1월 기사 사례에서 보듯, 당장 감시 자료나 데이터 출처 즉 자료원을 확장해야 한다. SNS, 검색, 국내외 언론 기사, 심지어 소문, 풍문에 대해서도 감시가 필요하다. 물론 개인 정보나 사적 내용에 대한 감시를 말하는 것이 아니라 감염병이나 새롭게 등장한 건강 위협에 대한 문제를 말한다.

기존 의료 기관이나 의료인을 대상으로 운용하는 감시체계에 더해서 이런 활동을 글로벌하게 전개해야 하고, 국제기구인 WHO가 종합적으로 운용해야 한다. 이를 위해서 IHR을 개정해서라도 방안을 마련해야 한다. 지구상 어디에서든 신종 감염병이 발생하면 초기에는 아마도 각종 데이터나 정보 흔적이 나타나게 될 텐데 이를 찾는 체계를 구축해야 한다. AI가 활용되기 적합한 분야라고 생각한다.

둘째는 예방 차원에서 선제적 감시 활동을 구축해야 한다. 이는 곧 방역 활동과도 직결된다. 코로나19도 첫 발원지로 강력 의심되는 곳은 우한시 화난 수산 시장이었다. 2003년 사스도 비슷하게 인간과 야생동물, 해산물 그리고 다양한 가축을 비롯한 종이 뒤섞인 환경에서 최초로 흔적을 나타냈다. 이런 장소를 근절할 수 없다면, 유사한 환경에 대한 지속적인 병원체 감시 활동을 하고 그 구성원이나 종사자의 건강을 확인해야 한다.

병원소나 매개체로 역할을 할 수 있는 박쥐나 설치류 등 생태계를 구성하는 동물에 대해서도 원 헬스(One health) 개념으로 접근해 서식을 감시하고 병원체를 확인하는 연구 조사를 꾸준히 해야 한다. 이는 기후변화에 대응하는 차원에서도 중요하다.

이를 위해 선진국을 중심으로 생태 조사팀을 구성해 재정을 마련하고 감시 지역 국가에 대해서는 실험실 감시체계를 가동하도록 지원해, 글로벌한 병원체 감시, 나아가 코로나19 때 경험한 변이 감시체계를 모델로 전 지구적인 신종 감염병 감시망을 구축해야 한다. 감염병 범유행 시에는 빨리 병원체를 분리할수록, 환자를 빠르게 발견하고 가검물을 확보할수록 방역과 의료 대응은 물론 백신이나 치료제 개발도 빨라진다.

셋째, 감시에서 시작되는 대응 인프라와 연계해서 글로벌 차원에서 조사를 위한 특수한 팀을 구성해 운용해야 한다. 빌 게이츠는 GERM(Global

Epidemic Response and Mobilization)이라는 기구 창설을 제안했다. 필요한 모든 분야 상근 전문가를 충분히 보유하고, 공공 기관으로서의 신뢰와 권한이 충분하며, 자금도 넉넉한 세계적 조직을 구축하자는 것이다.

그런데 이미 WHO가 기능을 수행할 수 있다. WHO가 각국의 질병 관리 전문 기구와 함께 전문 요원으로 이른바 드림팀을 구성해서 조금이라도 의심이 가거나 소문이 퍼져도 해당 국가에 바로 확인하고 요원을 보내서 정밀 조사토록 한다는 것이다. 이 팀은 조사 외에도 임상 정보, 가검물 확보, 병원체 분리 등 업무를 수행하도록 해야 한다. 확장된 감시체계를 통해 확보된 정보에 대응해서 바로 출동하는 글로벌팀은 전 지구적 협력을 기반으로 구성된 만능 해결사다. 이들을 24시간 활용할 수 있도록 준비해야 한다.

결국, 감시체계 개선을 시작으로 글로벌 관점에서 전체 감염병 대응 체계를 개선해야 한다. 이미 2022년 국제 의학 학술지《랜싯》위원회에서 권고를 발표했다. IHR을 보완하고 각국 간 강력한 협력 체계를 마련하며 분야별로 전 세계가 참여하는 사업단을 구성하되 WHO를 중심으로 함으로써 중복과 비효율, 낭비를 막아야 한다는 주장이다. 또한 가축과 야생동물에 대한 글로벌 통제 기전과 제재를 마련해야 하고, 생물 안전 즉 실험실 보안에 대한 기준과 관리 체계도 구축해야 한다. 이를 위해 WHO는 물론 재정 여력을 갖춘 나라, 즉 G20 국가를 중심으로 연구 개발 능력을 배양하고 필수 물품 생산 시설을 세계 곳곳에 갖추어야 한다.

신종 감염병 관리 관건인 감시체계를 확장, 보완하고 감염병 대응 체계를 시급하게 그리고 꾸준히 보완해야 한다. 그것만이 향후 신종 감염병을 최대한 빨리 그리고 효과적으로 막는 길이 될 것이다.

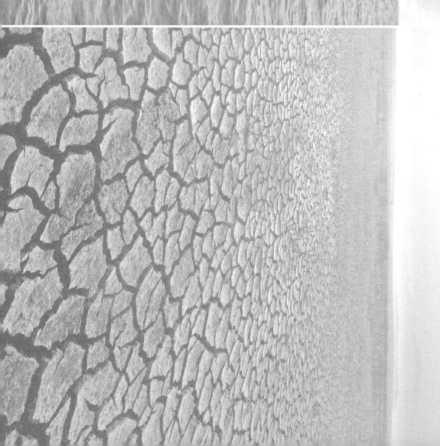

# 지구와 인류를 보호하는 과정

기후변화와 바이러스, 감염병에 대한 주제를 다룬《첫 번째 기후과학 수업》은 책이라는 한계를 넘어 살아가면서 꼭 갖추어야 할 지식, 경험, 지혜가 알기 쉽게 정리된 우리들의 필수품이라고 할 수 있다.

2024년 6월의 어느 날 아침, 코로나19와 인플루엔자 감기를 동시에 예방할 수 있는 모더나의 mRNA 백신이 임상 3상 시험에서 성공했다는 뉴스를 듣고 만감이 교차했다. SARS-CoV-2 바이러스에 의한 코로나19와 인플루엔자바이러스에 의한 독감의 감염 경로, 증상, 치료법은 유사하다. 한 번의 주사로 이 두 종류의 바이러스 감염병을 동시에 예방할 수 있으니 편리하고 경비도 절감될 것이다. 겨울마다 급증하는 인플루엔자바이러스 감기 예방주사를 맞을 때, 이 백신을 맞으면 덤으로 코로나19 예방이 이루어질 수 있는 것이다.

해마다 변이하는 인플루엔자바이러스와 코로나19 바이러스에 따라 mRNA를 변형, 합성하는 과정은 어렵지 않으므로, 가변성 있는 두 가지 백신을 용이하게 만들 수 있다. 이는 때때로 유행하는 바이러스 감염병으로부터 인류를 보호하는 과정에서 큰 진전을 이룬 것이며 경제적 이득도 대단하리라 본다. 코로나19 팬데믹이라는 대위기를 겪으면서 전 세계에서 먼저 뛰었던 의생명과학자, 감염병 전문의료인, 해당 제약업자와 경제인, 보건행정가의 노력과 헌신의 결실이라 할 수 있다. 우리나라의 전문인들도 이를 실시간으로 지켜본 바, 향후에 오는 바이러스X 감염병에 대해 선점할 기회가 있기를 희망한다.

코로나19 팬데믹에 대응하여 mRNA가 백신의 항원 자원으로 사용되기 시작했다. 여기에 지질 나노 입자(lipid nanoparticle, LNP)가 이 mRNA를 안정화시켜 인체 내 전달체로 쓰이는 과감한 전환을 이룬 역사적인 일은 인류 건강 유지에 큰 이정표로 자리매김을 할 것이다. 책에서 다룬 많은 종류의 바이러스 감염병 예방책이 mRNA/LNP 백신으로 대체될 것이며, 더 나아가 향후 암과 치매 등을 예방하기 위한 mRNA/LNP 백신들도 지속적으로 개발될 전망이다.

제3생물학적 안전 단계(Biosafety level 3)에서 생물학적 안전복과 안경, 마스크, 신발을 착용하고 인체에 치명적인 증상을 일으키는 바이러스를 작업대 후드와 배양기에서 연구하는 과학자들. 이들의 모습은 인간이 보여준 가장 아름다운 장면일 것이다. 그리고 유행성출혈열의 병인을 밝히기 위해 한탄강 주변의 등줄쥐를 채집하면서 참여한 연구원들이 모두 유행성출혈열에 감염되었다는 경험담은 당시에는 위험하게 들렸지만 지금은 아름다운 추억이 되었을 것이다. 그리고 원인 모를 바이러스 감염병 환자들을 격리하고 돌보며 치료하고자 생물학적 방어복, 안경, 마스크, 신발을 착용한 의료진 또한 아름다운 모습으로 남을 것이다. 바이러스 감염병의 확산을 막기 위해 방역에 혼신의 힘을 다하는 보건 당국 담당자와 자원봉사자들 또한 우리 사회의 아름다운 구성원이다.

생존을 위해 숙주를 가리지 않고, 번식을 위해 숙주 세포를 이용하는 전략적인 감염병 바이러스들을 제어하기 위해 우리는 더욱 현명해져야 한다. 그 노력에 이 책이 큰 도움이 될 것이다. 그리고 여기 싣지 못한 많은 바이러스 감염병들은 후일 다시 다룰 기회가 있으리라 생각한다. 그리고 평생을 바쳐 바이러스 감염병과 관련된 연구와 교육을 해온 집필진에 진심으로 고마움을 표하고 싶다.

2024년 6월

대전 원촌동에서

고규영

# PART 1. 기후 환경

## 발제 1 · 전 지구적 순환을 이해하는 것이 중요한 이유

Carolyn A. Crow, et al., 2011, "VIEWS FROM *EPOXI*: COLORS IN OUR SOLAR SYSTEM AS AN ANALOG FOR EXTRASOLAR PLANETS", *The Astrophysical Journal* 729(2), 130

Joshua Krissansen-Totton, et al., 2016, "IS THE PALE BLUE DOT UNIQUE? OPTIMIZED PHOTOMETRIC BANDS FOR IDENTIFYING EARTH-LIKE EXOPLANETS", *The Astrophysical Journal* 817(1), 31

## 서론 · 기후과학을 배우기 위한 준비운동

M. R. Schoeberl, et al., 2023, "The Estimated Climate Impact of the Hunga Tonga-Hunga Ha'apai Eruption Plume", *Geophysical Research Letters* 50(18)

P. Sellitto, et al., 2022, "The unexpected radiative impact of the Hunga Tonga eruption of 15th January 2022", *Communications Earth & Environment* 3(288)

S. Jenkins, C. Smith, M. Allen, R. Grainger, 2023, "Tonga eruption increases chance of temporary surface temperature anomaly above 1.5 °C", *Nature Climate Change* 13, 127-129

J. Fuglestvedt, et al., 2009, "Shipping Emissions: From Cooling to Warming of Climate- and Reducing Impacts on Health", *Environmental Science & Technology* 43, 9057-9062

K. E. Trenberth, J. M. Caron, D. P. Stepaniak, S. Worley, 2002, "Evolution of El Niño-Southern Oscillation and global atmospheric surface temperatures", *Journal of Geophysical Research-Atmospheres* 107(D8)

M. H. England, et al., 2014, "Recent intensification of wind-driven circulation in the Pacific and the ongoing warming hiatus", *Nature Climate Change* 4, 222-227

K. B. Rodgers, et al., 2021, "Ubiquity of human-induced changes in climate variability", *Earth System Dynamics* 12, 1393-1411

K.-S. Yun, et al., 2021, "Increasing ENSO-rainfall variability due to changes in future tropical temperature-rainfall relationship", *Communications Earth & Environment* 2, 43

## 1장 · 기후변화의 측정

Kyung-Ja Ha, Ye-Won Seo, Ji-Hye Yeo, Axel Timmermann, Eui-Seok Chung, Christian L. E. Franzke, Johnny C. L. Chan, Sang-Wook Yeh, and Mingfang Ting, 2022, "Dynamics and characteristics of dry and moist heatwaves over East Asia", *npj Climate and Atmospheric Science* 5, 49

하경자, 〈2021 노벨물리학상 수상자 마나베 슈쿠로 박사의 업적에 대한 소고〉,《KPS 물리학과 첨단기술》12월 호, 2021년 12월 16일

S. Manabe and R. F. Strickler, 1964, "On the Thermal Equilibrium of the Atmosphere With Convective Adjustment", *Journal of the Atmospheric Sciences* 21(4), 361-385

S. Manabe and R. Wetherald, 1967, "Thermal Equilibrium of the Atmosphere with a Given Distribution of Relative Humidity", *Journal of the Atmospheric Sciences* 24, 241-259

S. Manabe and R.T. Wetherald, 1975, "The Effects of Doubling the $CO_2$ Concentration on the Climate of a General Circulation Model", *Journal of Atmospheric Sciences* 32(1), 3-15

S. Manabe and K. Bryan, 1969, "Climate Calculations with a Combined Ocean-Atmosphere Model", *Journal of the Atmospheric Sciences* 26, 786-789

IPCC, 2021, *Sixth Assessment Report*

## 2장 · 변화의 추이

태풍

H. Ramsay, "The global climatology of tropical cyclones", Oxford Research Encyclopedia of Natural Hazard Science Retrieved 27 July 2023, from https://oxfordre.com/naturalhazardscience/view/10.1093/acrefore/9780199389407.001.0001/acrefore-9780199389407-e-79

Nam, C.C., Park D.-S. R., and Ho, C.-H., 2023, "Major decisive factors of tropical cyclone risk in the Republic of Korea: Intensity, track, and extratropical transition", *Asia-Pacific Journal of Atmospheric Sciences* 59, 359-366.

M. Rantanen, Karpechko A.Y., Lipponen A., Nordling K., Hyvärinen O., Ruosteenoja K., T. Vihma, and A. Laaksonen, 2022, "The Arctic has warmed nearly four times faster than the globe since 1979", *Communications Earth & Environment* 3, 168

B. Fox-Kemper, C.H.T. Hewitt, and Xiao, C. et al., 2021, "Ocean, cryosphere and sea level change", *Climate Change 2021: The Physical Science Basis*, Contribution of Working Group I to the Sixth Assessment Report of the Intergovernmental Panel on Climate Change, V. Masson-Delmotte, P. Zhai, A. Pirani, S.L. Connors, C. PÚan, S. Berger, N. Caud, Y. Chen, L. Goldfarb, M.I. Gomis, M. Huang, K. Leitzell, E. Lonnoy, J.B.R. Matthews, T.K. Maycock, T. Waterfield, O. Yelekþi, R. Yu, and B. Zhou, Eds., Cambridge University Press, 1211-1362

Park, D.-S. R., C.-H. Ho, and J.-H. Kim, 2014, "Growing threat of intense tropical cyclones to East Asia over the period 1977-2010", *Environmental Research Letters* 9, 014008

T. Knutson, S.J. Camargo, J.C.L. Chan, K. Emanuel, C.-H. Ho, J. Kossin, M. Mohapatra, M. Satoh, M. Sugi, K. Walsh, and L. Wu, 2020, "Tropical cyclones and climate change assessment: Part II: Projected response to anthropogenic warming", *Bulletin of the American Meteorological Society* 101(3), E303-E322

M. Moon, K.-J. Ha, D. Kim, C.-H. Ho, D.-S. R. Park, J.-E. Chu, S.-S. Lee, J.C.L. Chan, "2023: Rainfall strength and area from landfalling tropical cyclones over the North Indian and western North Pacific oceans under increased CO2 conditions", *Weather and Climate Extremes* 41, 100581

D.-S.R. Park, C.-H. Ho, J.C.L. Chan, K.-J. Ha, H.-S. Kim, J. Kim, and J.-H. Kim, 2017, "Asymmetric response of tropical cyclone activity to global warming over the North Atlantic and western North Pacific from CMIP5 model projections", *Scientific Reports* 7, 41354

집중호우

서경환, 《장마백서 2022》, 기상청, 2022

Park, C., Son, S. W., et al., 2021, "Record-breaking summer rainfall in South Korea in 2020: Synoptic characteristics and the role of large-scale circulations", *Monthly Weather Review* 149(9), 3085-3100

이재영, 〈2022: 중부지방 기록적 폭우… 서울 하루 강수량 역대 최고치 경신(종합 2보)〉, 《연합뉴스》, 2022년 8월 8일 자

박수지, 〈2022: 폭우에 반지하 가족 3명 숨져… 버스정류장에 깔려 사망도〉, 《한겨레》, 2022년 8월 9일 자

Jo, E., C. Park, S.-W. Son, J.-W. Roh, G.-W. Lee, and Y.-H. Lee, "2020: Classification of localized heavy rainfall events in South Korea", *Asia-Pacific Journal of Atmospheric Sciences*

56, 77-88

Park, C., S.-W. Son, et al., 2021, "Diverse synoptic weather patterns of warm-season heavy rainfall events in South Korea", *Monthly Weather Review* 149(11), 3875-3893

B., Ryu, G.H. Sohn, H.J. Song, and M.L. Ou, 2013, "Characteristic features of warm-type rain producing heavy rainfall over the Korean Peninsula inferred from TRMM measurements" *Monthly Weather Review*, 141(11), 3873-3888

김용탁, 박문형, 권현한, 〈2020년 여름철 강우의 시공간적 특성 분석: 빈도해석을 중심으로〉, 《한국방재안전학회 논문집》 13(4), 93-104, 한국방재안전학회, 2020

Do. H.,-S., J. Kim, E.-J. Cha, E.-C. Chang, S.-W. Son, and G. Lee, 2022, "Long-term change of summer mean and extreme precipitations in Korea and East Asia", *International Journal of Climatology*, published online.

S. Pfahl, P.A. O'Gorman, and E.M. Fischer, 2017, "Understanding the regional pattern of projected future changes in extreme precipitation", *Nature Climate Change* 7, 423-427

엘니뇨

국종성, 안순일, 함유근, 《2016 엘리뇨 백서》, 기상청, 2017

## 3장 · 극한기후와 사회

경제

P. Hoeppe, 2016, "Trends in weather related disasters-Consequences for insurers and society", *Weather and climate extremes* 11, 70-79

C.L.E. Franzke, 2021, "Towards the development of economic damage functions for weather and climate extremes", *Ecological Economics* 189, 107172

N. Nagabhatla, M. Cassidy-Neumiller, N.N. Francine, and N. Maatta, 2021, "Water, conflicts and migration and the role of regional diplomacy: Lake Chad, Congo Basin, and the Mbororo pastoralist", *Environmental Science & Policy* 122, 35-48

C.L.E. Franzke, A. Ciullo, E.A. Gilmore, D.M. Matias, N. Nagabhatla, A. Orlov, S.K. Paterson, J. Scheffran, and J. Sillmann, 2022, "Perspectives on tipping points in integrated models of the natural and human Earth system: cascading effects and telecoupling", *Environmental Research Letters* 17(1), 015004

미세먼지 대응 사례

국가기후환경회의 과학기술위원회, 〈미세먼지 현황 분석 및 개선보고서 요약본〉, 국가기

후환경회의, 2020

문길주, 김용표, 권호장, 배귀남, 이관영, 채여라, 홍성유, 홍윤철, 윤관영, 안영인, 이종민, 미세먼지정책위원회, 《미세먼지 문제의 본질과 해결 방안》1~2, 한국공학한림원, 한국과학기술한림원, 대한민국의학한림원 공동, 2017

'Air Pollution Exposure', OECD Data, Jun 27, 2024, url: https://data.oecd.org/air-pollution-exposure.htm

여민주, 김용표, 〈우리나라 지역별 아황산가스 농도 장기간 추이〉, 《한국대기환경학회지》36(6), 742-756, 한국대기환경학회, 2020

World Health Organization (WHO), 2019, "monitoring health for the SDGs, Sustainable Development Goals", *World health statistics 2019*, WHO

United Nations Environment Programme (UNEP), 2019, *A review of 20 years' air pollution control in Beijing*, UNEP

Souri et al., 2017, "Remote sensing evidence of decadal changes in major tropospheric ozone precursors over East Asia", *Journal of Geophysical Research: Atmospheres* 122, 2474

여민주, 김용표, 〈우리나라 미세먼지 농도 추이와 고농도 발생 현황〉, 《한국대기환경학회지》35(2), 249-264 한국대기환경학회, 2019

여민주, 임윤석, 유승성, 전은미, 김용표, 〈서울의 초미세먼지 농도 추이〉, 《한국대기환경학회지》, 35(4), 438-450, 한국대기환경학회, 2019

김용표, 〈미세먼지 문제를 해결하려면〉, 《미세먼지 인사이트》12, KIST 청정대기센터, 2021

김영욱, 이현승, 장유진, 이혜진, 〈언론은 미세먼지 위험을 어떻게 구성하는가?〉, 《한국언론학보》, 한국언론학회, 2015

Kim et al., 2017, "Recent increase of surface particulate matter concentrations in the Seoul Metropolitan Area, Korea", *Scientific Reports* 7, 4710

수도권대기환경청, 〈제2차 수도권대기환경관리 기본계획 보도자료〉, 환경부, 2013

강양구, 《과학의 품격》, 사이언스북스, 2019

## 발제 2 · 우리는 기후위기를 어떻게 받아들여야 하는가

Nathaniel Rich, Aug. 1, 2018, "Losing Earth: The Decade We Almost Stopped Climate Change", *The New York Times Magazine*

## 1장 · 지구온난화
### 과학적 이해

IPCC, 2021, *Sixth Assessment Report*

한국기상학회, 《알기 쉬운 대기과학》, 시그마프레스, 2020

S. Manabe and R. F. Strickler, 1964, "On the thermal equilibrium of the atmosphere with convective adjustment", *Journal of the Atmospheric Sciences* 21(4), 361-385

J. Tollefson, 2018," The sun dimmers", *Nature* 563, 613-615

J.-P. Sßnchez and C. R. McInnes, 2015, "Optimal sunshade configurations for space-based geoengineering near the Sun-Earth L1 point", *PLoS One* 10(8), e0136648.

### 지구온난화의 주요 장면들

S. Manabe & R.T. Wetherald, 1967, "THERMAL EQUILIBRIUM OF ATMOSPHERE WITH A GIVEN DISTRIBUTION OF RELATIVE HUMIDITY", *Journal of the Atmospheric Sciences* 24, 241-&

K. Hasselmann, 1976, "Stochastic Climate Models. 1. Theory", *Tellus* 28, 473-485

K. Hasselmann, 1993, "OPTIMAL FINGERPRINTS FOR THE DETECTION OF TIME-DEPENDENT CLIMATE-CHANGE", *Journal of Climate* 6, 1957-1971

G.C. Hegerl, et al., 1996, "Detecting greenhouse-gas-induced climate change with an optimal fingerprint method", *Journal of Climate* 9, 2281-2306

A. Timmermann, et al., 1999, "Increased El Niño frequency in a climate model forced by future greenhouse warming", *Nature* 398, 694-697

K.B. Rodgers, et al., 2021, "Ubiquity of human-induced changes in climate variability", *Earth System Dynamics* 12, 1393-1411

W.D. Nordhaus, 1977, "ECONOMIC-GROWTH AND CLIMATE-CARBON-DIOXIDE PROBLEM", *American Economic Review* 67, 341-346

W.D. Nordhaus, 1992, "AN OPTIMAL TRANSITION PATH FOR CONTROLLING GREENHOUSE GASES", *Science* 258, 1315-1319

## 2장 · 지구온난화의 파장
### 해양 가열

M.K. Roxy, P. Dasgupta, M.J. McPhaden, et al., 2019, "Twofold expansion of the Indo-

Pacific warm pool warps the MJO life cycle", *Nature* 575, 647-651

S. He, Y. Gao, F. Li, et al., 2017, "Impact of Arctic Oscillation on the East Asian climate: A review", *Earth-Science Reviews* 164, 48-62

M. Weisberger, "Antarctica's 'Doomsday Glacier' could meet its doom within 3 years", *Space news*, Dec. 22, 2021, originally published on Live Science

S.T. Yoon, W.S. Lee, S. Nam, et al., 2022, "Ice front retreat reconfigures meltwater-driven gyres modulating ocean heat delivery to an Antarctic ice shelf", *Nature Communication* 13, 306

복합 이상기후

AMS(American Meteorological Society), 2019, *Annual Report*

A.K. Mishra and V.P Singh, 2011, "Drought Modeling-A Review", *Journal of Hydrology* 403, 157-175.

Moon, S., Ha, KJ, 2020, "Future changes in monsoon duration and precipitation using CMIP6", *npj Climate and Atmospheric Science* 3, 456

Park, C.-K., Kam, J., Byun, H.-R. & Kim, D.-W. 2022, "A self-calibrating effective drought index (scEDI): Evaluation against social drought impact records over the Korean Peninsula (1777-2020)", *J. Hydrol* 613, 128357

Byun, H., and D. A. Wilhite, 1999, "Objective Quantification of Drought Severity and Duration", *J. Climate* 12, 2747-2756

## 3장 · 극지방의 변화
북극

IPCC, 2021, "Summary for Policymakers. In: Climate Change 2021: The Physical Science Basis", Contribution of Working Group I to the Sixth Assessment Report of the Intergovernmental Panel on Climate Change, V. Masson-Delmotte, P.P. Zhai, A. Pirani, S.L. Connors, C. Pean, S. Berger, N. Caud, Y. Chen, L. Goldfarb, M.I. Gomis, M. Huang, K. Leitzell, E. Lonnoy, J.B.R. Matthews, T.K. Maycock, T. Waterfield, O. Yelekci, R. Yu, B. Zhou (eds.), Cambridge University Press, UK and NY, USA.

T. Ballinger, J.E. Overland, M. Wang, J.E. Walsh, B. Brettschneider, R. Thoman, U.S. Bhatt, E. Hanna, I. Hanssen-Bauer, S.-J. Kim, 2023, "Arctic Surface Air Temperature (in "State of the Climate in 2022")", *Bulletin of the American Meteorological Society* 103(8), S279-S281

S.-J. Kim, B. M. Kim, J. Ukita, 2019, "How is recent Arctic warming impacting east Asian weather?", *EOS* 100

S.-J. Kim, J.-H. Kim, S.-Y. Jun, M.-K. Kim, S. Lee, 2022, "Review on the impact of Arctic Amplification on winter cold surges over east Asia", *The Korea Journal of Quaternary Research* 33, 1-23

D.A. Robinson and T.W. Estilow, 2023, "Northern hemisphere continental snow-cover extent (in "State of the Climate in 2022")", *Bulletin of the American Meteorological Society* 104(9), S47-S48

IPCC, 2019, "Summary for Policymakers. In: IPCC Special Report on the Ocean and Cryosphere in a Changing Climate", [H.-O. Pörtner, Roberts, D.C. Roberts, V. Masson-Delmotte, P. Zhai, M. Tignor, E. Poloczanska, K. Mintenbeck, A. Alegría, M. Nicolai, A. Okem, J. Petzold, B. Rama, N.M. Weyer (eds.), In press.

J. Cohen, L. Agel, M. Barlow, C. Garfinkel, and I. White, 2021, "Linking Arctic variability and change with extreme winter weather in the United States", *Science* 373, 6559

M. Stuecker, et al., 2018, "Polar amplification dominated by local forcing and feedbacks", *Nature Climate Change* 8, 1076-1081

B.M. Kim, S.W. Son, S.K. Min, J.H. Jeong, S.-J. Kim, X. Zhang, T.H. Shim, J.H. Yoon, 2014, "Weakening of the stratosphere polar vortex by Arctic sea-ice loss", *Nature Communications* 5(4646)

J.E. Overland, J.A. Francis, R. Hall, E. Hanna, S.-J. Kim, T. Vihma, 2015, "The melting Arctic and midlatitude weather patterns: Are they connected?", *Journal of Climate* 28(20), 7917-7932

J.E. Overland, K. Dethloff, J.A. Francis, R.J. Hall, E. Hanna, S.J. Kim, J.A. Screen, T.G. Shepherd, T. Vihma, 2016, "Nonlinear response of midlatitude weather to the changing Arctic", *Nature Climate Change* 6, 992-999

## 남극

IPCC, 2021, "Summary for Policymakers. In: Climate Change 2021: The Physical Science Basis", Contribution of Working Group I to the Sixth Assessment Report of the Intergovernmental Panel on Climate Change, V. Masson-Delmotte, P.P. Zhai, A. Pirani, S.L. Connors, C. Pean, S. Berger, N. Caud, Y. Chen, L. Goldfarb, M.I. Gomis, M. Huang, K. Leitzell, E. Lonnoy, J.B.R. Matthews, T.K. Maycock, T. Waterfield, O. Yelekci, R. Yu, B. Zhou (eds.), Cambridge University Press, UK and NY, USA

A. Banerjee, J.C. Fyfe, L.M. Polvani, D. Waugh, and K.-L. Chang, 2020, "A pause in Southern Hemisphere circulation trends due to the Montreal Protocol", *Nature* 579, 544-548

L.M. Polvani, et al., 2021, "Interannual SAM modulation of Antarctic sea ice extent does not account for its long-term trends, pointing to a limited role for ozone depletion", *Geophysical Research Letters* 48, e2021GL094871

R. Bintanja, G.J. van Oldenborgh, S.S. Drijfhout, B. Wouters, and C.A. Katsman, 2013, "Important role for ocean warming and increased ice-shelf melt in Antarctic sea-ice expansion", *Nature Geoscience* 6, 376-379

C.D. Rye, et al., 2020, "Antarctic glacial melt as a driver of recent Southern Ocean climate trends", *Geophysical Research Letters* 47, e2019GL086892

E.-S. Chung, S.-J. Kim, A. Timmermann, K.-J. Ha, S.-K. Lee, M.F. Stuecker, K.B. Rodgers, S.-S. Lee, and L. Huang, 2022, "Antarctic sea-ice expansion and Southern Ocean cooling linked to tropical variability", *Nature Climate Change* 12, 461-468

G.A. Meehl, J.M. Arblaster, C.M. Bitz, C.T. Chung, and H. Teng, 2016, "Antarctic sea-ice expansion between 2000 and 2014 driven by tropical Pacific decadal climate variability", *Nature Geoscience* 9, 590-595

X. Li, D.M. Holland, E.P. Gerber, and C. Yoo, 2014, "Impacts of the north and tropical Atlantic Peninsula and sea ice", *Nature* 505, 538-542

**발제 3 · 지구의 순환에서 내일을 바라보는 법**

박한선, 〈기후, 인구, 미래〉,《바람과 물》창간호, 여해와함께, 2021

# 3부 기후위기를 벗어나려는 노력

## 1장 · 기후목표와 기후정의

기후목표

S.I. Seneviratne, et al., 2021, "Weather and climate extreme events in a changing climate. In Climate Change 2021: The Physical Science Basis", Contribution of Working Group I to the Sixth Assessment Report of the Intergovernmental Panel on Climate Change, V. Masson-Delmotte, et al., (eds.), Cambridge University Press, Cambridge, United Kingdom and New York, NY, USA, 1513-1766

IPCC, 2021, "Summary for Policymakers. In: Climate Change 2021: The Physical Science Basis", Contribution of Working Group I to the Sixth Assessment Report of the Intergovernmental Panel on Climate Change, V. Masson-Delmotte, P.P. Zhai, A. Pirani, S.L. Connors, C. Pean, S. Berger, N. Caud, Y. Chen, L. Goldfarb, M.I. Gomis, M. Huang, K. Leitzell, E. Lonnoy, J.B.R. Matthews, T.K. Maycock, T. Waterfield, O. Yelekci, R. Yu, B. Zhou (eds.), Cambridge University Press, UK and NY, USA.

S.-M. Lee & S.-K. Min, 2018, "Heat stress changes over East Asia under $1.5°C$ and $2°C$ global warming target", *J. Climate* 31, 2819-2831

B.-J. Park, et al., 2022, "Lengthening of summer season over the Northern Hemisphere under $1.5°C$ and $2.0°C$ global warming", *Environmental Research Letters* 17, 014012

D. Lee, et al., 2018, "Impacts of half a degree additional warming on the Asian summer monsoon rainfall characteristics", *Environmental Research Letters* 13, 044033

S.-K. Min, et al., 2022, "Human contribution to the 2020 summer successive hot-wet extremes in South Korea", *Bulletin of the American Meteorological Society* 103, S90-97

탄소 배출

P. Freidlingstein, et al., 2022, "Global Carnon Budget 2022", *Earth System Science Data* 14, 4811-4900

P. Falkowski, et al., 2000, "The global carbon cycle: a test of our knowledge of Earth as a system", *Science* 290, 291-296

E.A.G. Schuur, et al., 2015, "Climate change and the permafrost carbon feedback", *Nature* 520, 171-179

S.J. Jeong, et al., 2018, "Accelerating rates of Arctic carbon cycling revealed by long-term atmospheric CO2 measurements", *Science Advances* 4, eaao1167

IPCC, 2021, "Climate change 2021: the physical science basis", Working Group I Contribution to the Sixth Assessment Report, Cambridge University Press

## 2장 · 탄소 배출 줄이기

탄소 흡수

Johannes Lehmann, 2007, "Bio-Energy in the Black", *Frontiers in Ecology and the Environment* 5, 381-387

E. Marris, 2006, "Black is the new green", *Nature* 442, 624-626

IPCC, 2018, "Global warming of $1.5°C$", An IPCC Special Report on the impacts of global warming of 1.5°C above pre-industrial levels and related global greenhouse gas emission pathways, in the context of strengthening the global response to the threat of climate change, sustainable development, and efforts to eradicate poverty, V. Masson-Delmotte, P. Zhai, H. O. Pörtner, D. Roberts, J. Skea, P.R. Shukla, A. Pirani, W. Moufouma-Okia, C. PÚan, R. Pidcock, S. Connors, J. B. R. Matthews, Y. Chen, X. Zhou, M. I. Gomis, E. Lonnoy, T. Maycock, M. Tignor, T. Waterfield (eds.), In Press.

Pete Smith, 2016, "Soil carbon sequestration and biochar as negative emission technologies" *Global Change Biology* 22

IPCC, 2019, "Appendix 4 Method for Estimating the Change in Mineral Soil Organic Carbon Stocks from Biochar Amendments: Basis for Future Methodological Development", *2019 Refinement to the 2006 IPCC Guidelines for National Greenhouse Gas Inventories Volume 4: Agriculture, Forestry and Other Land Use*

## 탄소 저장고

J.E. Nichols and D.M. Peteet, 2019, "Rapid expansion of northern peatlands and doubled estimate of carbon storage", *Nature Geoscience* 12, 917-921

C. Freeman, N. Ostle and H. Kang, 2001, "An enzymic 'latch' on a global carbon store", *Nature* 409, 149

M. Saunois, A.R. Stavert, B. Poulter, et al., 2020, "The Global Methane Budget 2000-2017", *Earth System Science Data* 12, 1561-1623

C.D. Evans, M. Peacock, A.J. Baird, et al., 2021, "Overriding water table control on managed peatland greenhouse gas emissions", *Nature* 593, 548-552

## 나무

최명섭, 권진오, 김선희, 박찬열, 신준환, 김영걸, 성주한, 조현제, 박종균, 조재형, 오정학, 《도시숲의 생태적 가치 L.05-09》, 국립산림과학원, 2005

김경하, 김선희, 박찬열, 제선미, 박은하, 유소연, 명관도, 손승훈, 조재형, 〈도시의 허파, 도시숲〉, 《국립산림과학원 연구신서》 제97호, 국립산림과학원, 2016

S.-Y Yoo, et al., 2021, "A 10-year analysis on the reduction of particulate matter at the green buffer of the Sihwa Industrial Complex", *Sustainability* 13, 5538

J.-C Kim, et al., 2019, "The Potential Benefits of Therapeutic Treatment Using Gaseous Terpenes at Ambient Low Levels", *Applied Sciences* 9, 4507

H. Song, et al., 2019, "Association between urban greenness and depressive symptoms:

evaluation of greenness using various indicators", *International journal of environmental research and public health* 16(2), 172-184

Catherine Lee, Chan-Ryul Park, 2018, "An increase in pitch of eastern great tits (Parus minor) in response to urban noise at Seoul, Korea", *Urban Ecosystems* 22, 1-7

박찬열, 최수민, 장한나, 서홍덕, 손정아, 이임균, 〈한국 가로수 가치의 발굴과 정책 활용을 위한 시사점〉,《산림정책이슈》제162호, 국립산림과학원, 2022

## 3장 · 기후 문제의 대응
### 미세먼지

J.S. Apte, et al., 2015, "Addressing global mortality from ambient PM2.5", *Environmental Science & Technology* 49, 8057-8066

'WHO global air quality guidelines', World Health Organization (WHO), June 27, 2024, url: https://www.who.int/publications/i/item/9789240034433

문길주, 김용표, 권호장, 배귀남, 이관영, 채여라, 홍성유, 홍윤철, 윤관영, 안영인, 이종민, 미세먼지정책위원회,《미세먼지 문제의 본질과 해결 방안》1~2, 한국공학한림원, 한국과학기술한림원, 대한민국의학한림원 공동, 2017

'Air Quality and Climate Change Research', US EPA, June 27, 2024, url: https://www.epa.gov/air-research/air-quality-and-climate-change-research

W. Cai, et al., 2017, "Weather conditions conducive to Beijing severe haze more frequent under climate change", *Nature Climate Change* 7, 257-263

M.J. Yeo and Y.P. Kim, 2018, "Electricity supply trend and operating statuses of coal-fired power plants in North Korea, using the facility specific data produced by North Korea: Characterization and recommendation", *Air Quality, Atmosphere and Health* 11, 979-992

김인선, 김용표, 〈북한 에너지 사용과 대기오염물질 배출 특성〉,《한국대기환경학회지》35(1), 125-137, 한국대기환경학회, 2019

배민아 외, 〈수도권 초미세먼지 농도모사: (V) 북한 배출량 영향 추정〉,《한국대기환경학회지》34(2), 294-305, 한국대기환경학회, 2018

정의진 외,《2045년을 향한 미래사회 전망과 핵심이슈 심층분석》, 한국과학기술기획평가원, 2021

미국 국가정보위원회, 박동철 외,《글로벌 트렌드 2040: 더 다투는 세계》, 한울, 2021

국가기후환경회의 과학기술위원회, 〈미세먼지 현황 분석 및 개선보고서 요약본〉, 국가기후환경회의, 2020

식량난

S. Potts, V. Imperatriz-Fonseca, H. Ngo, et al., 2016, "Safeguarding pollinators and their values to human well-being", *Nature* 540, 220-229

Ellen Gray, Nov. 2, 2021, "Global Climate Change Impact on Crops Expected Within 10 Years, NASA Study Finds", NASA Global Climate Change

그린피스, 《식량위기보고서》, 2022

Kathryn E. Smith, et al., 2023 "Biological Impacts of Marine Heatwaves", *Annual Review of Marine Science* 15, 119-145

Mincheol Moon, Kyung-Ja Ha, Dasol Kim, Chang-Hoi Ho, Doo-Sun R. Park, Jung-Eun Chu, Sun-Seon Lee, Johnny C.L. Chan, 2023, "Rainfall strength and area from landfalling tropical cyclones over the North Indian and western North Pacific oceans under increased $CO_2$ condition", *Weather and Climate Extremes* 41

'실효습도', 기상청 기상자료개방포털, 2024년 6월 27일, url: https://data.kma.go.kr/climate/ehum/selectEhumChart.do?pgmNo=110

문민철, 하경자, 〈2배증 $CO_2$ 및 4배증 $CO_2$ 실험자료를 이용한 잠재산불지수 지도〉, IBS 후물리연구단, 2023

# PART 2. 바이러스와 감염병

## 4부 바이러스

### 1장 · 지구온난화와 바이러스

대한바이러스학회, 《우리가 몰랐던 바이러스 이야기》, 범문에듀케이션, 2020

Zoya Teirstein, Feb 10, 2023, "As climate change disrupts ecosystems, a new outbreak of bird flu spreads to mammals", *Grist*

고규영 외, 《코로나 사이언스》, 동아시아, 2020

Colin J. Carson, et al., 2022, "Climate change increases cross-species viral transmission risk", *Nature* 607, 555-562

### 2장 · 한탄바이러스와 서울바이러스

H.W. Lee, P.W. Lee, and K.M. Johnson, 1978, "Isolation of the etiologic agent of Korean Hemorrhagic fever", *The Journal of Infectious Diseases* 137(3), 298-308

H.W. Lee, P.W. Lee, and K.M. Johnson, 1982, "Isolation of Hantaan virus, the etiologic agent of Korean hemorrhagic fever, from wild urban rats", *The Journal of Infectious Diseases* 146(5), 638-644

H.W. Lee, J.W. Song, 2019, "Our Hantaan Virus Became a New Family, *Hantaviridae* in the Classification of Order *Bunyavirales*. It will Remain as a History of Virology", *Journal of Bacteriology and Virology* 49(2), 45-52

이호왕,《한탄강의 기적》, 시공사, 1999

이호왕, 송진원,《한타바이러스학(Hantavirology)》, 대한민국학술원, 2019

## 3장 · 한타비리데과 바이러스

이호왕, 송진원,《한타바이러스학(Hantavirology)》, 대한민국학술원, 2019

J.-W. Song, L.J. Baek, D.C. Gajusek, et. al., 1994, "Isolation of pathogenic hantavirus from white-footed mouse (Peromyscus leucopus)", *Lancet* 344(8937), 1637

J.-W. Song, H.J. Kang, S.H. Gu, S.S. Moon, S.N. Bennett, K.J. Song, L.J. Baek, H.C. Kim, M.L. O'Guinn, S.T. Chong, T.A. Klein, R. Yanagihara, 2009, "Characterization of Imjin virus, a newly isolated hantavirus from the Ussuri white-toothed shrew (Crocidura lasiura)", *J Virol* 83(12), 6184-6191

H.W. Lee, P.W. Lee, and K.M. Johnson, 1978, "Isolation of the etiologic agent of Korean Hemorrhagic fever", *The Journal of Infectious Diseases* 137(3), 298-308

이호왕,《한탄강의 기적》, 시공사, 1999

H.W. Lee, J.W. Song, 2019, "Our Hantaan Virus Became a New Family, *Hantaviridae* in the Classification of Order *Bunyavirales*. It will Remain as a History of Virology", *Journal of Bacteriology and Virology* 49(2), 45-52

## 4장 · 원숭이두창

'Multi-country monkeypox outbreak in non-endemic countries', World Health Organization, June 27, 2024, url: https://www.who.int/emergencies/disease-outbreak-news/item/2022-DON385

N. Sklenovská, 2020, "Monkeypox Virus", *Animal-Origin Viral Zoonoses. Livestock Diseases and Management*, Springer, Singapore

B. Moss, 2016, "Membrane fusion during poxvirus entry", *Seminars in Cell & Developmental Biology* 60, 89-96

N. Girometti, M.R. Byrne, J. Bracchi, A. Heskin, V. McOwan, K. Tittle, C. Gedela, S.

Scott, J. Patel, D. Gohil, T. Nugent, M. Suchak, M. Dickinson, B. Feeney, K. Mora-Peris, K. Stegmann, G. Plaha, L.S.P. Moore Davies, D.N. Mughal, M. Asboe, R. Jones Boffito, and G. Whitlock, 2022, "Demographic and clinical characteristics of confirmed human monkeypox virus cases in individuals attending a sexual health centre in London, UK: an observational analysis", *The Lancet Infectious Diseases* 22(9), 1321-1328

Apoorva Mandavilli, Jun 7, 2022, "Monkeypox Can Be Airborne, Too", *The New York Times*

M. Kozlov, 2022, "Monkeypox goes global: why scientists are on alert", *Nature* 606(7912), 15-16

J. Isidro, V. Borges, M. Pinto, D. Sobral, J.D. Santos, A. Nunes, V. Mixão, R. Ferreira, D. Santos, S. Duarte, L. Vieira, M.J. Borrego, S. Núncio, I.L. de Carvalho, A. Pelerito, R. Cordeiro, J.P. Gomes, 2022, "Phylogenomic characterization and signs of microevolution in the 2022 multi-country outbreak of monkeypox virus", *Nature Medicine* 28, 1569-1572

## 5장 · A형 간염바이러스

E.C. Shin and S.H. Jeong, 2018, "Natural history, clinical manifestations, and pathogenesis of hepatitis A", *Cold Spring Harbor Perspectives in Medicine* 8(9)

J.H. Kim, et al., 2018, "Innate-like cytotoxic function of bystander-activated CD8+ T cells is associated with liver injury in acute hepatitis A", *Immunity* 48, 131-173

Y.S. Choi, et al., 2015, "Liver injury in acute hepatitis A is associated with decreased frequency of regulatory T cells caused by Fas-mediated apoptosis", *Gut* 64(8), 1303-1313

Y.S. Choi, et al., 2018, "Tumor necrosis factor-producing T-regulatory cells are associated with severe liver injury in patients with acute hepatitis A", *Gastroenterology* 154, 1047-1060

G. Leem, et al., 2020, "Autoimmune hepatic failure following acute hepatitis A is accompanied by inflammatory conversion of regulatory T cells", *Yonsei Medical Journal* 61, 100-102

## 6장 · 쯔쯔가무시병

C.B. Philip, 1947, "Observation on tsutsugamushi (mite-borne or scrub typhus) in Northwest honshu island, Japan, in the fall of 1945; systematic comment on the

Japanese vole-mites", *American Journal of Tropical Medicine and Hygiene* 46(1), 60-5

S.S. Kweon, J.S. Choi, H.S. Lim, et al., 2009, "Rapid increase of scrub typhus, South Korea, 2001-2006", *Emerging Infectious Diseases* 15(7), 1127-9

M. Noh, Y. Lee, C. Chu, J. Gwack, S.K. Youn, S. Huh, 2013, "Are there spatial and temporal correlations in the incidence distribution of scrub typhus in Korea?", *Osong Public Health and Research Perspectives* 4(1), 39-44

C.S. Lee, J.H. Hwang, 2015, "Scrub typhus", *The New England Journal of Medicine* 373(25), 2455

J. Park, S.H. Woo, C.S. Lee, 2016, "Evolution of eschar in scrub typhus", *American Journal of Tropical Medicine and Hygiene* 95(6), 1223-1224

D.M. Kim, K.J. Won, C.Y. Park, et al., 2007, "Distribution of eschars on the body of scrub typhus patients: a prospective study", *American Journal of Tropical Medicine and Hygiene* 76(5), 806-809

J.S. Yoo, D. Kim, H.Y. Choi, et al., 2022, "Prevalence rate and distribution of eschar in patients with scrub typhus", *American Journal of Tropical Medicine and Hygiene* 106(5), 1358-1362

M.L. Hu, J.W. Liu, K.L. Wu, et al., 2005, "Abnormal liver function in scrub typhus", *American Journal of Tropical Medicine and Hygiene* 73(4), 667-668

S.D. Blacksell, N.J. Bryant, D.H. Paris, et al., 2007, "Scrub typhus serologic testing with the indirect immunofluorescence method as a diagnostic gold standard: a lack of consensus leads to a lot of confusion", *Clinical Infectious Diseases* 44(3), 391-401

D.M. Kim, G. Park, H.S. Kim, et al., 2011, "Comparison of conventional, nested, and real-time quantitative PCR for diagnosis of scrub typhus", *Journal of Clinical Microbiology Journal* 49(2), 607-12

C.C. Tsai, C.J. Lay, Y.H. Ho, et al., 2011, "Intravenous minocycline versus oral doxycycline for the treatment of noncomplicated scrub typhus", *Journal of Microbiology, Immunology and Infection* 44(1), 33-38

I. Wee, A. Lo, C. Rodrigo, 2017, "Drug treatment of scrub typhus: a systematic review and meta-analysis of controlled clinical trials", *Transactions of the Royal Society of Tropical Medicine and Hygiene* 111(8), 336-344

Y.S. Kim, H.J. Lee, M. Chang, et al., 2006, "Scrub typhus during pregnancy and its treatment: a case series and review of the literature", *American Journal of Tropical Medicine and Hygiene* 75(5), 955-959

## 7장 · 중증열성혈소판감소증후군

김명진, 〈치사율 18.7% '살인 진드기' 주의보… 밭일하던 88세 할머니 숨져〉, 《조선일보》, 2023년 4월 8일 자

강승지, 〈'치명률 20%' 진드기의 습격… 올해 첫 SFTS 사망자 나왔다〉, 《뉴스원》, 2023년 4월 7일 자

K.H. Kim, J. Yi, G. Kim, et al., 2013, "Severe fever with thrombocytopenia syndrome, South Korea, 2012", *Emerging Infectious Diseases* 19, 1892-1894

김계형, 오명돈, 〈중증열성혈소판감소증후군〉, 《대한내과학회지》 86(3), 271-276, 2014

김다영, 김동민, 〈한국의 흔한 진드기 매개 감염병: 쯔쯔가무시병과 SFTS〉, 《대한내과학회지》 93(5), 416-423, 2018

'전수감시 감염병 통계', 감염병 포털, 2024년 6월 28일, url: https://ncv.kdca.go.kr/pot/is/summaryEDW.do

질병관리청, 〈2022년도 진드기 설치류 매개 감염병 관리지침〉, 2022

질병관리청, 〈2016년 중증열성혈소판감소증후군(SFTS) 진료지침 권고안〉, 2016


## 8장 · 럼피스킨

EFSA, 2018, "Lumpy skin disease II. Data collection and analysis", *EFSA Journal* 16(2), 5176

EFSA, 2020, "Lumpy skin disease epidemiological report IV: Data collection and analysis", *EFSA Journal* 18(2), 6010

E. Tuppurainen, et al., 2020, "Field observation and experiences gained from the implementation of control measures against lumpy skin disease in South-East Europe between 2015-2017", *Preventive Veterinary Medicine* 181

F. Breman, et al., 2023, Lumpy Skin Disease Virus Genome Sequence Analysis: Putative Spatio-Temporal Epidemiology, Single Gene versus Whole Genome Phylogeny and Genomic Evolution", *Viruses 2023*, 15(7), 1471


## 발제 5 · 왜 지금 다시 코로나19 팬데믹을 말하는가

Richard A. Oppel, Jr., et al., July 5, 2020, "The Fullest Look Yet at the Racial Inequity of Coronavirus", *The New York Times*

'Staff of The New York Times', The Pulitzer Prizes, June 18, 2024, url: https://www.pulitzer.org/winners/staff-new-york-times-2

## 1장 · 코로나19, 3년의 회고

R. Verbeke, et al., 2021, "The dawn of mRNA vaccines: The COVID-19 case", *Journal of Controlled Release* 333, 511-520

O.J. Watson, et al., 2022, "Global impact of the first year of COVID-19 vaccination: a mathematical modelling study", *The Lancet Infectious Diseases* 22, 1293-1302

F. Robson, et al., 2020, "Coronavirus RNA Proofreading: Molecular Basis and Therapeutic Targeting", *Molecular Cell* 79, 710-727

M.K. Jung, et al., 2022, "BNT162b2-induced memory T cells respond to the Omicron variant with preserved polyfunctionality", *Nature Microbiology* 7, 909-917

A. Muik, et al., 2022, "Omicron BA.2 breakthrough infection enhances cross-neutralization of BA.2.12.1 and BA.4/BA.5", *Science Immunology* 7, eade2283

S.H. Hwang, et al., 2023, "Incidence, Severity, and Mortality of Influenza During 2010-2020 in Korea: A Nationwide Study Based on the Population-Based National Health Insurance Service Database", *Journal of Korean Medical Science* 38, e58

R.M. Beyer, et al., 2021, "Shifts in global bat diversity suggest a possible role of climate change in the emergence of SARS-CoV-1 and SARS-CoV-2", *Science of The Total Environment* 767, 145413

## 2장 · 러시안 플루

'COVID-19 Dashboard by the Center for Systems Science and Engineering (CSSE) at Johns Hopkins University (JHU)', Johns Hopkins University & Medicine, June 27, 2024, url: https://coronavirus.jhu.edu/map.html.

'Media briefing on COVID-19 and other global health issues', World Health Organization, June 27, 2024, url: https://www.youtube.com/watch?v=XPpAtOaj818

Amalio Telenti, et al., 2021, "After the pandemic: perspectives on the future trajectory of COVID-19", *Nature* 596, 495-504

Patrick Berche, 2022, "The enigma of the 1889 Russian flu pandemic: A coronavirus?", *La Presse Médicale* 51, 104111

Harald Brüssow, Lutz Brüssow, 2021, "Clinical evidence that the pandemic from 1889 to 1891 commonly called the Russian flu might have been an earlier coronavirus pandemic", *Microbial Biotechnology* 14, 1860-1870

Leen Vijgen, et al., 2005, "Complete genomic sequence of human coronavirus OC43: molecular clock analysis suggests a relatively recent zoonotic coronavirus transmission event", *Journal of Virology Journal* 79, 1595-1604

Harald Brüssow, 2021, "What we can learn from the dynamics of the 1889 'Russian flu' pandemic for the future trajectory of COVID-19", *Microbial Biotechnology* 14, 2244-2253

Hyukpyo Hong, et al., 2022, "Modeling incorporating the severity-reducing long-term immunity: higher viral transmission paradoxically reduces severe COVID-19 during endemic transition", *Immune Network* 22, e23

A. Danielle Iuliano, et al., 2018, "Estimates of global seasonal influenza-associated respiratory mortality: a modelling study", *Lancet* 391, 1285-1300

## 3장 · 변이 바이러스

'Genomic epidemiology of SARS-CoV-2 with subsampling focused globally over the past 6 months', Nextstrain, June 27, 2024, url: nextstrain.org/ncov/gisaid/global

'Eric Topol', Twitter, June 27, 2024, url: twitter.com/EricTopol/status/153747343541613 3632?s=20&t=8f8n6w_W1xZxImStQyfnnw

Garcia-Beltran, et al., 2022, "mRNA-based COVID-19 vaccine boosters induce neutralizing immunity against SARS-CoV-2 Omicron variant", *Cell* 185, 457-466

'COVID Data Tracker', USA CDC, June 27, 2024, url: covid.cdc.gov/covid-data-tracker/variant-proportions

A. Muik, et al., 2022, "Omicron BA.2 breakthrough infection enhances cross-neutralization of BA.2.12.1 and BA.4/BA.5", *Science Immunology* 7, eade2283

## 4장 · 집단면역

H.E. Randolph, L.B. Barreiro, 2020, "Herd Immunity: Understanding COVID-19", *Immunity* 52 737-741

D. Jones, S. Helmreich, 2020, "A history of herd immunity", *Lancet* 396, 810-811

D.M. Morens, G.K. Folkers, A.S. Fauci, 2022, "The Concept of Classical Herd Immunity May Not Apply to COVID-19", *The Journal of Infectious Diseases* 226, 195-198

C. Aschwanden, 2021, "Five reasons why COVID herd immunity is probably impossible", *Nature* 591, 520-522

L. Swadling, M.O. Diniz, N.M. Schmidt, O.E. Amin, A. Chandran, E. Shaw, C. Pade,

J.M. Gibbons, N. Le Bert, A.T. Tan, A. Jeffery-Smith, C.C.S. Tan, C.Y.L. Tham, S. Kucykowicz, G. Aidoo-Micah, J. Rosenheim, J. Davies, M. Johnson, M.P. Jensen, G. Joy, L.E. McCoy, A.M. Valdes, B.M. Chain, D. Goldblatt, D.M. Altmann, R.J. Boyton, C. Manisty, T.A. Treibel, J.C. Moon, C.O. Investigators, L. van Dorp, F. Balloux, A. McKnight, M. Noursadeghi, A. Bertoletti, M.K. Maini, 2022, "Pre-existing polymerase-specific T cells expand in abortive seronegative SARS-CoV-2", *Nature* 601, 110-117

D.M. Morens, J.K. Taubenberger, A.S. Fauci, 2022, "Universal Coronavirus Vaccines- An Urgent Need", *The New England Journal of Medicine* 386, 297-299

## 5장 · 아기의 면역

안효섭, 신희영 편,《홍창의 소아과학(제12판)》, 미래엔, 2020

대한소아청소년과학회,《예방접종지침서(제10판)》대한소아청소년과학회, 2021

## 6장 · 면역계와 변이주

S. Xia, L. Wang, Y. Zhu, L. Lu, S. Jiang, 2022, "Origin, virological features, immune evasion and intervention of SARS-CoV-2 Omicron sublineages", *Signal Transduction and Targeted Therapy* 7, 241

A. Zhang, H.D. Stacey, C.E. Mullarkey, M.S. Miller, 2019, "Original antigenic sin: how first exposure shapes lifelong anti-influenza virus immune responses", *The Journal of Immunology* 202, 335-340

W.F. Garcia-Beltran, K.J. St Denis, A. Hoelzemer, E.C. Lam, A.D. Nitido, M.L. Sheehan, C. Berrios, O. Ofoman, C.C. Chang, B.M. Hauser, J. Feldman, A.L. Roederer, D.J. Gregory, M.C. Poznansky, A.G. Schmidt, A.J. Iafrate, V. Naranbhai, A.B. Balazs, 2022, "mRNA-based COVID-19 vaccine boosters induce neutralizing immunity against SARS-CoV-2 Omicron variant", *Cell* 185, 457-466

A. Rossler, L. Knabl, D. von Laer, J. Kimpel, 2022, "Neutralization profile after recovery from SARS-CoV-2 Omicron infection", *The New England Journal of Medicine* 386, 1764-1766

A. Muik, B.G. Lui, M. Bacher, A.K. Wallisch, A. Toker, A. Finlayson, K. Kruger, O. Ozhelvaci, K. Grikscheit, S. Hoehl, S. Ciesek, O. Tureci, U. Sahin, 2022, "Omicron BA.2 breakthrough infection enhances cross-neutralization of BA.2.12.1 and BA.4/BA.5", *Science Immunology* 7(77), eade2283

## 7장 · 생리와 백신

V. Male, 2022, "COVID-19 vaccination and menstruation", *Science* 378(6621), 704-706

NIH, Sep 27, 2022, "Study confirms link between COVID-19 vaccination and temporary increase in menstrual cycle length: Large NIH-funded study included participants in North America and Europe", *NIH Newsletter*

A. Alvergne, E.V. Woon, V. Male, 2022, "Effect of COVID-19 vaccination on the timing and flow of menstrual periods in two cohorts", *Front Reprod Health* 4, 952976

A. Edelman, E.R. Boniface, E. Benhar, et al., 2022, "Association Between Menstrual Cycle Length and Coronavirus Disease 2019 (COVID-19) Vaccination: A U.S. Cohort", *Obstet Gynecol* 139(4), 481-489

E.A. Gibson, H. Li, V. Fruh, et al., 2022, "Covid-19 vaccination and menstrual cycle length in the Apple Women's Health Study", *NPJ Digital Medicine* 5(1), 165

A. Edelman, E.R. Boniface, V. Male, et al., 2022, "Association between menstrual cycle length and covid-19 vaccination: global, retrospective cohort study of prospectively collected data", *BMJ Med* 1(1), e000297

K.M.N. Lee, E.J. Junkins, C. Luo, et al., 2022, "Investigating trends in those who experience menstrual bleeding changes after SARS-CoV-2 vaccination", *Science Advances* 8(28), eabm7201

L. Trogstad, 2022, "Increased Occurrence of Menstrual Disturbances in 18- to 30-Year-Old Women after COVID-19 Vaccination", *SSRN* 3998180

T. Shingu, T. Uchida, M. Nishi, et al., 1982, "Menstrual Abnormalities after Hepatitis B Vaccine", *The Kurume Medical Journal* 29, 123-125

S. Suzuki, A. Hosono, 2018, "No association between HPV vaccine and reported post-vaccination symptoms in Japanese young women: Results of the Nagoya study", *Papillomavirus Research* 5, 96-103


## 8장 · 범용 백신

D.J. Smith, A.S. Lapedes, J.C. de Jong, T.M. Bestebroer, G.F. Rimmelzwaan, A.D. Osterhaus, et al., 2004, "Mapping the antigenic and genetic evolution of influenza virus", *Science* 305, 371-376

J. Steel, A.C. Lowen, T.T. Wang, M. Yondola, Q. Gao, K. Haye, et al., 2010, "Influenza virus vaccine based on the conserved hemagglutinin stalk domain", *mBio* 1

Air GM, 2015, "Influenza virus antigenicity and broadly neutralizing epitopes", *Current*

*Opinion in Virology* 11, 113-121

Q.T. Nguyen, C. Kwak, W.S. Lee, J. Kim, M.H. Sung, J. Ynag, H. Poo, 2019, "Poly-γ-Glutamic Acid Complexed With Alum Induces Cross-Protective Immunity of Pandemic H1N1 Vaccine" *Frontiers in Immunology* 10, 1604

Elie Dolgin, 2022, "Pan-coronavirus vaccine pipeline takes form, *Nature Reviews drug discovery* 21, 324

D.M. Morens, J.K. Taubenberger, A.S. Fauci, 2022, "Universal Coronavirus Vaccines-An Urgent Need", *The New England Journal of Medicine* 386, 297-299

## 6부 인류의 생존

### 1장 · 바이러스 정복

Sébastien Desfarges and Angela Ciuffi, 2012, "Viral Integration and Consequences on Host Gene Expression", *Viruses: Essential Agents of Life*, 147-175

Jonna A.K. Mazet, et al.,2009, "A "One Health" Approach to Address Emerging Zoonoses: The HALI Project in Tanzania" *PLos Med* 6(12)

'Influenza (Avian and other zoonotic)', WHO, June 28, 2024, url: https://www.who.int/news-room/fact-sheets/detail/influenza-(avian-and-other-zoonotic)

Karima A Al-Salihi and Jenan Mahmood Khalaf, 2021, "The emerging SARS-CoV, MERS-CoV, and SARS-CoV-2: An insight into the viruses zoonotic aspects", *Vet World* 14(1), 190-199

S. Temmam, et al., 2022, "Bat coronaviruses related to SARS-CoV-2 and infectious for human cells", *Nature* 604(7905), 330-336

Anna S. Heffron, et al., 2021, "The landscape of antibody binding in SARS-CoV-2 infection", *PLoS Biology* 19(6), e3001265

N.J. Muller, et al., 2014, *Emerging infectious disease*

B. Hu, et al., 2021, "Characteristics of SARS-CoV-2 and COVID-19", *Nature Reviews Microbiology* 19(3), 141-154

Wen Su, et al., 2022, "Omicron BA.1 and BA.2 sub-lineages show reduced pathogenicity and transmission potential than the early SARS-CoV-2 D614G variant in Syrian hamsters", *The Journal of Infectious Diseases* 227(10)

Norbert Pardi, et al., 2018, "mRNA vaccines-a new era in vaccinology", *Nature Reviews*

*Drug Discovery* 17(4), 261-279

## 2장 · 신종 바이러스의 기원

M. Worobey et al., 2022, "The Huanan seafood wholesale market in Wuhan was the early epicenter of the COVID-19 pandemic", *Science* 377, 951-959

W. Li, et al., 2005, "Bats are natural reservoirs of SARS-like coronaviruses", *Science* 310, 676-679

M. Ruiz-Aravena, et al., 2022, "Ecology, evolution and spillover of coronaviruses from bats", *Nature Review Microbiology* 20, 299-314

S. Alkhovsky et al., 2020, "SARS-like coronaviruses in horseshoe bat in Russia", *Viruses* 14, 113

## 3장 · 감염병과 인류

'Bats and viruses', Bat Conservation Trust, June 28, 2024, url: https://www.bats.org.uk/about-bats/bats-and-disease/bats-and-viruses

Colin J. Carlson, et al., 2022, "Climate change increases cross-species viral transmission risk", *Nature* 307, 555-562

이주영, 〈빙하 속 바이러스 풀려난다··· "다음 팬데믹, 빙하서 시작될 수도"〉, 《연합뉴스》, 2022년 10월 20일 자

'Our World in Data', June 28, 2024, url: https://ourworldindata.org

'Life Expectancy', Our World in Data, June 28, 2024, url: https://ourworldindata.org/life-expectancy

D. Cutler, et al., 2006, "The Determinants of Mortality", *Journal of Economic Perspectives* 20(3), 97-120

## 4장 · 방역

Kenrad E. Nelson, Carolyn Masters Williams, 2014, *Infectious Disease Epidemiology: Theory and Practice*, Jones & Bartlett Learning LLC, an Ascend Learning Company

Lisa M. Lee, Steven M. Teutsch, Stephen B. Thacker, Michael E. St. Louis, 2010, *Principles & Practice of Public Health Surveillance* Third edition, Oxford

빌 게이츠, 이영래, 《빌 게이츠 넥스트 팬데믹을 대비하는 법》, 비즈니스북스, 2022

Jeffrey D. Sachs, Salim S. Abdool Karim, Lara Aknin, Joseph Allen, Kirsten Brosbel, Francesca Colombo, et al., 2022, "The Lancet Commission on lessons for the future from the COVID-19 pandemic", *The Lancet* 400(10359)

# 그림 출처

**17p** NASA/JPL-Caltech

**22p** Data: climatereanalyzer.org/Copernicus ERA5, Graphic: Shinyoungyoon(alookso)

**27p** ERA5, C3S/ECMWF

**29p** ERA5, C3S/ECMWF

**32p** Shutterstock/Angelit Photography

**90p** Shutterstock/Trismegist San

**156p** Shutterstock/Fahroni

**225p** Shutterstock/Piyaset

**234p** Shutterstock/David W. Leindecker

**308p** Shutterstock/ZGP Photography

**374p** Shutterstock/Shaiith

**1-1** Kyung-Ja Ha, Ye-Won Seo, Ji-Hye Yeo, Axel Timmermann, Eui-Seok Chung, Christian L. E. Franzke, Johnny C. L. Chan, Sang-Wook Yeh, and Mingfang Ting, 2022, "Dynamics and characteristics of dry and moist heatwaves over East Asia", *npj Climate and Atmospheric Science* 5, 49

**1-4** 기상청, 《장마백서》, 2022

**1-5** 기상청, 《장마백서》, 2022/ Lee, J., S.-W. Son*, H.-O. Cho, J. Kim, D.-H. Cha, J. Gyakum, and D. Chen, 2020, "Extratropical cyclones over East Asia: Climatology, seasonal cycle and long-term trend", *Climate Dynamics* 54, 1131-11144

Park, C., S.-W. Son, et al., 2021, "Diverse synoptic weather patterns of warm-season heavy rainfall events in South Korea", *Monthly Weather Review* 149(11), 3875-3893

**1-6** Do. H.,-S., J. Kim, E.-J. Cha, E.-C. Chang, S.-W. Son, and G. Lee, 2022, "Long-term change of summer mean and extreme precipitations in Korea and East Asia", *International Journal of Climatology*, published online

**1-7** 기상청, 《2016 엘리뇨 백서》, 2017

**1-9** 함유근

**1-10** 기상청, 《2016 엘리뇨 백서》, 2017

**1-11** NOAA

**1-12** ERA5

**1-13** 김용표

**1-14** 여민주, 김용표, 〈우리나라 지역별 아황산가스 농도 장기간 추이〉, 《한국대기환경

학회지》36(6), 742-756, 한국대기환경학회, 2020

**1-15** World Health Organization (WHO), 2019, "monitoring health for the SDGs, Sustainable Development Goals", *World health statistics 2019*, WHO

**1-16** 여민주, 김용표, 〈우리나라 미세먼지 농도 추이와 고농도 발생 현황〉,《한국대기환경학회지》35(2), 249-264 한국대기환경학회, 2019

**1-17** 여민주, 임윤석, 유승성, 전은미, 김용표, 〈서울의 초미세먼지 농도 추이〉,《한국대기환경학회지》, 35(4), 438-450, 한국대기환경학회, 2019

**1-18** 김영욱, 이현승, 장유진, 이혜진, 〈언론은 미세먼지 위험을 어떻게 구성하는가?〉,《한국언론학보》, 한국언론학회, 2015

**2-1** 허창회

**2-2** Axel Timmermann, IBC Center for Climate Physics

**2-3** Data: Berkeley Earth & ERA5-Land, NOAA, UK Met Office, MeteoSwiss, DWD, SMHI, UoR & ZAMG, Graphic: Ed Hawkins, National Centre for Atmospheric Science, UoR

**2-4** Axel Timmermann, IBC Center for Climate Physics

**2-5** Axel Timmermann, IBC Center for Climate Physics

**2-7** M.K. Roxy, P. Dasgupta, M.J. McPhaden, et al., 2019, "Twofold expansion of the Indo-Pacific warm pool warps the MJO life cycle", *Nature* 575, 647-651

**2-10** 감종훈

**2-11** S.-J. Kim, B. M. Kim, J. Ukita, 2019, "How is recent Arctic warming impacting east Asian weather?", *EOS* 100

**2-13** S.-J. Kim, J.-H. Kim, S.-Y. Jun, M.-K. Kim, S. Lee, 2022, "Review on the impact of Arctic Amplification on winter cold surges over east Asia", *The Korea Journal of Quaternary Research* 33, 1-23

**2-17** E.-S. Chung, S.-J. Kim, A. Timmermann, K.-J. Ha, S.-K. Lee, M.F. Stuecker, K.B. Rodgers, S.-S. Lee, and L. Huang, 2022, "Antarctic sea-ice expansion and Southern Ocean cooling linked to tropical variability", *Nature Climate Change* 12, 461-468

**2-18** E.-S. Chung, S.-J. Kim, A. Timmermann, K.-J. Ha, S.-K. Lee, M.F. Stuecker, K.B. Rodgers, S.-S. Lee, and L. Huang, 2022, "Antarctic sea-ice expansion and Southern Ocean cooling linked to tropical variability", *Nature Climate Change* 12, 461-468

**2-20** E.-S. Chung, S.-J. Kim, A. Timmermann, K.-J. Ha, S.-K. Lee, M.F. Stuecker, K.B. Rodgers, S.-S. Lee, and L. Huang, 2022, "Antarctic sea-ice expansion and Southern Ocean cooling linked to tropical variability", *Nature Climate Change* 12, 461-468

**3-1** IPCC, 2021, "Summary for Policymakers. In: Climate Change 2021: The Physical Science Basis", Contribution of Working Group I to the Sixth Assessment Report of the Intergovernmental Panel on Climate Change, V. Masson-Delmotte, P.P. Zhai, A. Pirani, S.L. Connors, C. Pean, S. Berger, N. Caud, Y. Chen, L. Goldfarb, M.I. Gomis, M. Huang, K. Leitzell, E. Lonnoy, J.B.R. Matthews, T.K. Maycock, T. Waterfield, O. Yelekci, R. Yu, B. Zhou (eds.), Cambridge University Press, UK and NY, USA.

**3-2** S.-M. Lee & S.-K. Min, 2018, "Heat stress changes over East Asia under $1.5°C$ and $2°C$ global warming target", *J. Climate* 31, 2819-2831

**3-3** B.-J. Park, et al., 2022, "Lengthening of summer season over the Northern Hemisphere under $1.5°C$ and $2.0°C$ global warming", *Environmental Research Letters* 17, 014012

**3-4** S.-M. Lee & S.-K. Min, 2018, "Heat stress changes over East Asia under $1.5°C$ and $2°C$ global warming target", *J. Climate* 31, 2819-2831

**3-6** USDA Agricultural Research Service

**3-7** Pete Smith, 2016, "Soil carbon sequestration and biochar as negative emission technologies" *Global Change Biology* 22

**3-8** 유가영

**3-11** 유가영

**3-14** J.S. Apte, et al., 2015, "Addressing global mortality from ambient PM2.5", *Environmental Science & Technology* 49, 8057-8066

**3-15** 문길주, 김용표, 권호장, 배귀남, 이관영, 채여라, 홍성유, 홍윤철, 윤관영, 안영인, 이종민, 미세먼지정책위원회,《미세먼지 문제의 본질과 해결 방안》1~2, 한국공학한림원, 한국과학기술한림원, 대한민국의학한림원 공동, 2017

**3-16** 국가기후환경회의 과학기술위원회, 〈미세먼지 현황 분석 및 개선보고서 요약본〉, 국가기후환경회의, 2020

**3-17** S. Potts, V. Imperatriz-Fonseca, H. Ngo, et al., 2016, "Safeguarding pollinators and their values to human well-being", *Nature* 540, 220-229

**3-18** NASA/Katy Mersmann

**3-19** Kathryn E. Smith, et al., 2023 "Biological Impacts of Marine Heatwaves", *Annual Review of Marine Science* 15, 119-145

**3-20** Kathryn E. Smith, et al., 2023 "Biological Impacts of Marine Heatwaves", *Annual Review of Marine Science* 15, 119-145

**3-21** 문민철, 하경자, 〈2배증 $CO_2$ 및 4배증 $CO_2$ 실험자료를 이용한 잠재산불지수 지

도〉, IBS 후물리연구단, 2023

**3-22** IEA

**3-23** IEA

**4-1** 송진원

**4-2** 송진원

**4-3** 송진원

**4-4** 송진원

**4-7** 질병관리청

**4-9** 정민경

**4-10** 질병관리청

**4-11** 이창섭

**4-12** 질병관리청

**4-13** 질병관리청

**4-14** 질병관리청, 〈2022년도 진드기 설치류 매개 감염병 관리지침〉, 2022/'전수감시 감염병 통계', 감염병 포털, 2024년 6월 28일, url: https://ncv.kdca.go.kr/pot/is/summaryEDW.do

**4-17** 농림축산식품부

**4-18** FAO/ 전라북도

**5-1** Qian Wang, et al., 2022, "Alarming antibody evasion properties of rising SARS-CoV-2 BQ and XBB subvariants", *Cell* 186(2), 279-286 (Figure 1. 자료 변형)

**5-2** Qian Wang, et al., 2022, "Alarming antibody evasion properties of rising SARS-CoV-2 BQ and XBB subvariants", *Cell* 186(2), 279-286 (Figure 1. 자료 변형)

**5-3** 'COVID Data Tracker', USA CDC, June 27, 2024, url: covid.cdc.gov/covid-data-tracker/variant-proportions

**5-4** H.E. Randolph, L.B. Barreiro, 2020, "Herd Immunity: Understanding COVID-19", *Immunity* 52 737-741

**5-5** 안효섭, 신희영 편, 《홍창의 소아과학(제12판)》, 미래엔, 2020

**5-6** 신의철

**5-7** 신의철

**6-1** S. Alkhovsky et al., 2020, "SARS-like coronaviruses in horseshoe bat in Russia", *Viruses* 14, 113

**6-5** Our World in Data

**6-6** 국제보건규칙 부속문서 2

# 찾아보기

## ㄱ

가뭄 20, 122, 125, 127~128, 153, 206
가시광선 18
가이듀섹, 대니얼 246
가축전염병예방법 298
가피 286
간 275
간세포 278
간접면역형광항체검사법 282, 288
간질성 폐렴 287
감시체계 271, 415
감염 경로 337
감염률 334
감염병혁신연합(CEPI) 409
감염원 408
감염 이력 276
감자 210
강남 52
강수량 52, 65
강원도 36, 208~209, 293
강화된 풍화 176
갯벌 183
건조 폭염 38~39
게이츠, 빌 418
결막충혈 287
결빙 134
결핵 398
경구백신 343, 347
경상도 293
경제 26, 71~72
경제협력개발기구(OECD) 74, 81, 84, 199
경주 43
경증 호흡기 질환 356
계절 독감 368
계절 인플루엔자 324
고대 바이러스 238
고려대학교 바이러스병연구소 247
고령화 153, 200~201
고병원성 조류인플루엔자(H5N1형) 238
고위도 144, 146, 148~149

고위험군 325
고체온 70
고추 210
곡물 66
공급망 72
과도한 면역 반응 277
관목숲 193
관측 31
광합성 94, 171, 173
교차 감염 240
구름 45, 55, 64
구토 274
국가기후환경회의 73, 83
국립산림과학원 194
국가온실가스감축목표(NDC) 89, 223
국가 온실가스 인벤토리 180
국가 탄소중립 로드맵 2050 224
국소마취 293, 348
국제공중보건위기상황 311
국제바이러스명명위원회 257
국제보건규칙 411
국제보건비상사태 410
국제북극과학위원회 140
국제사회 271
국지적 가뭄 128
국지적 호우 128
그레이트 배링턴 선언문 337
그리스 300
그린란드 134
그린란드 빙상 118~119
그린피스 121, 210
극기단 55
극지 예측 프로젝트 140
극한 강수 57, 164~166
극한기상 20, 153, 159, 230
극한기후 70~72, 207
극한 열 스트레스 161~162
근육통 286, 291
금성 85
금융 26
급성 발열 질환 283
급성 A형 간염 275, 277~279
급성 출혈성 궤양 286

급성 호흡 기능 상실 증후군 287
기단 55
기상관측 풍선 99
기상이변 116
기상청 54
기압 51, 136
기압 51
기억 B세포 334, 367
기억 T세포 277, 316, 332, 334, 339, 367
기초감염재생산지수 321, 337
기후 20
기후-경제 통합 모델 110
기후과학자 28
기후모델 94, 99, 107, 124, 140, 141, 143, 146~148, 161, 164
기후모델링 39, 104
기후모형 40~42, 59~60
기후목표 159
기후물리연구단(ICCP) 29
기후물리학 103
기후 변동 105
기후변화 시나리오 119
기후변화에 관한 정부 간 협의체(IPCC) 59, 103 104, 105, 106, 107, 113, 146, 152~153, 161, 172, 175
기후변화협약 당사국총회 107
기후사회국제연구소(IRI) 61
기후 시스템 105, 108, 147, 167, 206
기후정의 154
기후학자 60
김화 243~244
꽃게 210
꿀 210
꿀벌 214

ㄴ
나이지리아 72, 267
낙타 379
난청 287
난포기 361
난포자극호르몬 361
남극대륙 28, 118~119, 140, 144, 147, 149
남부아시아 284

남빙양 143~144, 147~149
남인도양 46
남중국 57
남태평양 46
내륙 습지 182
내성균 416
냉매 102, 144
넷제로 104, 109
노드하우스, 윌리엄 110
노로바이러스 230
노출 153
녹색 요금제 221
녹색프리미엄 222
농업 26, 38, 66, 127, 208, 212, 285
농촌진흥청 208
뇌수막염 287
뇌염 287
뇌졸중 75
뇌하수체 361
눈폭풍 132
뉴욕바이러스 253~254
니제르 72
니파 401

ㄷ
다발성 장기 부전 290
단감 209
단백질 273
단파 복사에너지 137, 140
담수 146~147
대기 19, 35, 38, 59, 105
대기권 40, 141, 206
대기대순환모형(AGCM) 40
대기 변수 68
대기순환 139
대기오염 76, 204, 214
대류 41, 164
대류권 50, 97~97, 100, 135, 137, 139
대륙성기단 55
대잎털진드기 281
더들리, 셀든 335
데이터 63
뎅기바이러스 237, 402

뎅기열 153, 231
독시사이클린 282, 288
독일 72, 111
돌연변이 327, 381~382, 404
돌파 감염 315, 355
동남아시아 284
동두천 244
동물유래감염 388
동북아시아 290
동아시아 36, 38~39, 57, 59, 116, 117, 131~132, 160, 164
동중국해 210
동태평양 28, 60
돼지 383, 392
두통 282
등압선 44, 64
등줄쥐 244, 248
DNA 바이러스 261, 268, 381
디프테리아 335, 342
띠녹지 197

ㄹ
라니냐 64, 66, 143
라싸바이러스 378, 401
람사르 습지 181
러시아 214, 243, 271
러시안 플루 321~323
럼피스킨 297, 299
럼피스킨바이러스(LSDV) 298
레바논 299
레일리산란 18~19
레트로바이러스 377
로드아일랜드 253
로스비 파동 136~139
로스앤젤레스 69
로켓 99
로타바이러스 343, 347
루사 44
리치, 너새니얼 85
리케차 283

ㅁ
마나베 슈쿠로 39~40, 103~104, 106

마이삭 57
막스플랑크연구소 103, 105
만성 간 질환 275
만성 코로나19 증후군 339
만주 243
말라리아 402
매든 줄리안 진동 115
매미 44
메르스바이러스 378~379
메탄 93, 95, 187
메탄산화세균 187
메탄생성균 187
면역 312, 327, 355
면역 반응 276, 324, 351, 360, 363, 384
면역 세포 276, 362, 367~368
면역 증강제 384
모기 237
모세기관지염 344
몬순 55, 115, 159
몬트리올 의정서 145
몰디브 118
몽골 56
무란 57
무역풍 30
무증상감염 278, 316, 414
물순환 124~125
미국 71, 85
미국 국립보건원(NIH) 246, 363
미국 식품의약국(FDA) 266, 288, 386
미국 질병통제예방센터(CDC) 254, 331, 414
미국 항공우주국(NASA) 16, 89, 208
미국 환경보호청(US EPA) 201
미국흰발붉은쥐 253
미군육군의학연구사령부 244
미래 전망 212
미생물 173, 245, 366, 377, 399, 408
미세먼지 73~75, 81~82, 84, 192, 194, 199
미토콘드리아 191
밀 66, 208

ㅂ
바렌츠-카라해 132, 134, 136~137
바르셀로나국제보건연구소 228

바비 57
바이러스 237, 377
바이러스 배양 검사 295
바이러스 벡터 314
바이러스 유사 입자 314
바이러스혈증 263~264
바이오숯 172, 175
바이오에너지 탄소 포집 및 저장 기술 177
박쥐 239, 379, 401
박쥐 코로나바이러스 394
박테리아 365
반사경 101
발암물질 82
발열 282, 291
발진 269, 282, 286
방관자 T세포 276~277
방글라데시 26
방역 312, 319, 410
배 208
배당제 110
배양세포 396
배출원 171
배터리 218
백신 264, 268, 316, 329, 334, 383
백신 보조제 370
백신 유래 재조합 야외주 299
백신주 301
백일해 342
백혈구 282, 290~291, 295
번개 56
벌목 169
범용 백신 368, 370
벚꽃 27
베이징 80, 192
변이 260~261, 382
변이 바이러스 326, 327, 332
변이주 315, 349, 354, 355
변종 382
병원성 377, 380, 385
병원체 244, 256, 322, 334, 347~366, 403
보건 26, 229
보리 208
보존적 치료 275

보툴리즘 348
보험 71
복사 41
복사 강제력 30
복사 대류 평형 모델 104
복사에너지 95~96
복사평형 41
복숭아 208
복합 이상기후 112
볼거리 344
부산 27, 43, 111
부스터샷 354
북극 109, 129, 138, 140
북극 온난화 증폭 130, 132, 135, 139
북극진동 118, 138
북극한파 117
북극해 114, 116, 130
북대서양 46, 134
북동대서양 30~31
북동태평양 46, 210
북서태평양 28, 46, 67
북아메리카 26, 56, 64, 66, 69, 117, 131~132
북인도양 46
북태평양고기압 55
북태평양기단 55
북태평양 장주기 변동 68
북한 74, 202
분변-구강 경로 274, 278, 280
분지법 265
불가리아 300
불활성화 백신 344, 346
브라운운동 105
브라이언, 커크 40
블라디보스토크 243
블로킹 138
비강 내 분무 347
비무장지대 255
비열 49
비행기 98
B세포 367
B형 간염 275
b형 헤모필루스 인플루엔자 342
빌리루빈 275

빙권 40~41, 114, 143, 206
빙붕 119
빙상 109, 149
빙하 105, 114, 118~119, 122, 129, 147

**ㅅ**

사과 38, 208, 210, 123
사스바이러스 378, 390
사스코로나바이러스-2 239, 261, 267~368,
　378~379, 401
사슴쥐 252
사우디아라비아 28
사이클론 46~47
사이토카인 276~277, 362
사하라 황사 30
사향고양이 391
산불 36, 159, 167, 230
산양두바이러스 299
산업혁명 94, 97, 124, 129, 172
산호 109, 211
살모넬라 153, 230
살처분 302
상대습도 38
상동성 299
상변화 64
상승기류 164
상피세포 339
생리 357, 359
생물 다양성 109, 208, 212
생물군계 182
생물권 143, 206
생물펌프 170
생체연료 202
샤름엘셰이크 167
서남극 119
서아프리카변이 260
서울 54, 69, 76, 80, 132, 159, 203, 244, 248
서울바이러스 248
서태평양 65
석유 74
석탄 72~75, 202~204
선천면역 392, 401~402
선택압 382~383

설하 347
섭씨 1.5도 153, 161, 165
섭씨 2도 107, 109, 161, 165
섭씨 3도 108
성층권 28, 30, 45, 98~99, 102, 136, 139, 144, 146
세계기상기구(WMO) 139
세계기후연구 프로그램 140
세계보건기구(WHO) 75, 259, 271, 327, 378, 385,
　389~390, 410
세균 211
세이건, 칼 16
세인트헬렌스 화산 101
세종 76
세포배양 256
소 코로나바이러스 322
소크, 조너스 384
소택지 182
송어 211
수권 40~41, 113
수도권 131
수두 260
수림대 197
수분매개곤충 208
수소 219
수용체결합부위 단백질 369
수인성 전염병 399
수자원 127
수증기 28, 30, 38, 45, 50, 56, 59, 64, 94~97, 100,
　115, 135
수치모델 138
숙주 239, 248, 252, 316, 347, 368, 372, 377, 379,
　388, 403
순환 경제 112
숲 192
슈퍼 엘니뇨 63~65
슈퍼컴퓨터 41, 104, 106
슈퍼태풍 43
스모그 81~82
스웨덴 405
스웨이츠 빙하 119~120
스텔스 오미크론 329, 355
스트레스 361
스파이크 단백질 330, 352, 368, 395

스패그넘 185
스페인 독감 387, 403
습구흑구온도 161
습도 161, 211
습윤 폭염 38~39
습지 181
시나리오 39
시뮬레이션 30~31, 39~40, 99, 143, 148, 161, 324
시베리아 134, 137
시베리아고기압 135, 137
CF100 220
CMIP6 기후모델 38
C형 간염 275
식량난 152, 206, 208, 212
식중독 153
신경계 323
신경인류학자 151
신놈브레바이러스 251
신대방동 52
신소재 180
신약 363
신재생에너지 214
신종 인플루엔자 A 383
신종 코로나바이러스 감염증(코로나 19) 72, 199, 231, 259, 311
신종플루 319, 388, 413
신증후군출혈열 247, 249, 293
실험동물 245
실효습도 212
심근염 287, 386
심층 해수 114
쌀 66, 208, 210

ㅇ

아데노바이러스 370
아랍에미리트 27
아레니우스, 스반테 41
아마존 173
아시아 46, 71, 153
아열대고기압 38
아인슈타인, 알베르트 105
아조레스고기압 30
아프리카 72, 153, 267, 268, 299

안데스바이러스 254
안지오텐신전환효소2(ACE2) 239, 369, 396
알래스카 117
알레프 29, 212, 106
알바니아 301
RNA 바이러스 261, 268, 272, 315, 326, 368, 381
RE100 104, 219, 220
애그플레이션 206~207
야생동물 239
약독화 생백신 347
약물요법 295
양두바이러스 299
얼음-알베도 피드백 116, 135
에너지공단 222
에너지 안보 214~215
에너지밀도 216
에볼라 392, 402
에볼라바이러스 378, 401
에스트로겐 361
SFTS바이러스 292, 295~296
에어로졸 28, 168
에위니아 44
A형 간염 344
A형 간염바이러스 272~273, 277~278
엔데믹 324
엘니뇨 27, 60~66, 143
엘니뇨-남방진동 28, 115
엘치촌 화산 28, 101
mRNA 314, 319, 338, 385~386
여성호르몬 361
여수 27
역학조사 253
연료 75
연안 습지 182
연어 211
연천 243~244
열 스트레스 지수(HI) 38
열경련 70
열대 바다 50
열대 바이러스 237~238
열대성저기압 71
열대야 159
열대우림 240~241, 260

열대저기압 44, 46~47, 49
열대 풍토성 소외질환(NTD) 271
열돔 196
열분해 173
열사병 70
열에너지 113, 116, 118
열파 36, 153
염기서열 269~270
염분 144, 146, 183
염습지 183
염증 반응 277
엽록체 191
영구동토층 171
영국 60, 269
예방접종 347
오르토폭스바이러스속 260
오리엔티아 쯔쯔가무시 283~284, 288
오미크론 변이주 267, 315~317, 327, 329, 338, 352, 369, 380
오존 93, 95, 98, 102, 144, 146, 195
오한 285
옥수수 66, 208
온대저기압 44, 46
온실가스 28, 93, 96, 107~108, 124, 134, 137, 152, 168, 179, 208, 223
온실가스 배출 시나리오 161
온실기체 41, 100, 148~149
온실효과 96, 98, 100, 121
온열질환 229
온혈동물 237
환경 360
요란 55
요르단 299
용승 145
용존유기탄소 187
용해도펌프 170
우두바이러스 266
우려 변이주 327
우세종 327, 330, 332, 404
우주 95~96, 100
우크라이나 전쟁 72
우한주 바이러스 314, 317, 328, 332, 352
울산 43

울진 36
원격상관 139, 148
원격탐사 116, 118
원숭이 260
원숭이두창 259, 266, 269
원숭이두창바이러스 260~261
윔풀 114
웨스트나일열 231
위궤양 286
위드코로나 315, 319
위장관 323
위해성 153
유기탄소 187, 190
유럽 26, 36, 69, 72, 131, 228
UN 국제해사기구(IMO) 29
UN 기후변화협약 당사국총회(COP) 104, 167
유전물질 261, 267
유전자 게놈 서열 392
유전정보 383
유전체 279, 377
유충 281
유행성신염 247
유행성출혈열 243~244, 247, 256
유행파 321
육상생태계 152, 169~171, 175, 190
의정부 244
2가 백신 217, 332
이라크 299
이명 287
이산화질소 195
이산화탄소 22, 40~41, 86, , 93~97, 100, 104, 109, 112, 168, 171~173, 179, 188, 196, 208
이산화황 30, 195
이상고온 166
이상기후 20, 112, 153, 161, 166, 207
이스라엘 299
ESG 219
이집트 167
이집트숲모기 238
이탄습지 182, 185, 188
이팝나무 179
이호왕 244, 246, 249, 256
인공위성 43, 80, 96, 99, 116, 118

인도 284
인도양 114
인두접종 365~366
인류세 206
인수공통 바이러스 감염증 239~240, 388, 402, 416
인위적 온실가스 배출 26, 28, 35
인유두종바이러스 345
인플루엔자바이러스 321~322, 349, 356, 368, 380, 403
인플루엔자 백신 346
일기계 56, 59
일본 28, 50, 178
일본뇌염 344~345
일체형 태양광 시스템 218
임계연쇄반응 155
임상의약품 363
임진바이러스 254~255

ㅈ
자가면역성 간염 277
자가보정유효가뭄지수 127
자궁내막 361
자궁출혈 357
자연 변동성 137, 143, 147, 149
자연재해 207
자전 144
작은땃쥐 255
작은소피참진드기 292~293
잘피 183
잠복기 274, 285, 294
잠열 49, 115
잠재산불일수 212
장마 52, 72, 159
재생에너지 26, 111, 112, 215~216, , 218, 221
재생에너지공급인증서(REC) 222
재조림 176
재조합 단백질 314, 370
저기압 56
저위도 144
저황유 75
적도 143
전 지구 기후시스템모형(CESM) 41
전 지구 연평균 기온 28

전력 구매 계약 221
전망 107
전신 경련 287
전임상 363
전파 경로 263
점 돌연변이 383
점핑 317, 327, 332
접종률 338
정기 예방접종 345~346
정신 건강 230
정체전선 55, 57
제너, 에드워드 265, 365, 384
제로코로나 313, 405
제3급 감염병 284
제3생물학적 안전 단계 422
J 크레딧 178
제주도 43
제주바이러스 254~255
제트기류 116, 118, 136~138
조류인플루엔자 239
조류인플루엔자바이러스 378
조림 176
조절 T세포 277
조직분쇄액 245
조직액 283
존 스노 서한 337
종두법 265
줄나무 197
중국 56, 60, 74, 80, 202, 311
중국발 스모그 82~83
중동호흡기증후군(메르스) 319
중동호흡기증후군바이러스 378, 401
중심기압 45~46
중앙아메리카 387
중앙아프리카변이 260
중위도 44, 49, 50, 51, 116, 129, 131, 140, 164
중유 75
중증급성호흡기증후군(사스) 319
중증도 321, 334
중증열성혈소판감소증후군(SFTS) 290, 378
중증 침습 감염 347
중증 환자 312
중화항체 324, 328~329, 353~354

증산작용 196
증식 382
지구 복사에너지 95~96, 100
지구물리유체역학연구소(GFDL) 40, 61, 104
지구온난화 25, 26, 28, 35, 41, 48~50, 59, 67, 69,
    85~86, 93, 97, 105, 108, 117, 123, 128, 146, 237
지권 40~41, 143, 206
지균류 64
지역사회 268
지질 나노 입자 422
지카바이러스 237, 378
지표 물수지 123
지표면 98
진드기 231, 281, 283, 289, 291
진화 계통수 399
질병관리청 229, 259
질소산화물 80
집단면역 334~340, 379
집중호우 25, 52, 54, 56~57, 59, 159
집쥐 248
쯔쯔가무시병 281~282, 287, 293

ㅊ

차드호 72
천둥 56
천연가스 74~75
천연두 260, 338, 365
천연두바이러스 347, 384
철원 243
체액 263
초기 감염자 그룹 270
초미세먼지 74, 75, 84, 199~200, 202~203
최적지문법 105
춘천 290
출혈량 359
출혈성신우신장염 247
충청남도 203
취약성 153
치료제 268
치명률 260, 267, 316
치사율 403
치쿤구니야바이러스 237, 378
침샘 284

침엽수 193

ㅋ

카나리아해류 30
카메룬 72
카프리폭스바이러스속 298~299
캄필로박터균 230
캐나다 28
캘리포니아 252
커피 210
K-RE100 222
코로나19 231~232, 267, 270
Korea 항원 245
코호트 340
콜레라균 398
콩 208, 210
크뤼천, 하울 206
크리미안콩고출혈열 378
클라우지우스-클라페이론 방정식 97
키리바시 118

ㅌ

타이푼 46~47
탄소국경조정제도 221
탄소세 110
탄소순환 141, 168, 173, 184
탄소 저장고 173, 180
탄소중립 26, 41, 73, 88, 107, 112, 166, 168, 171,
    202, 205, 214~215
탄소 흡수 171~172
탄수화물 191
탈수 70
탈탄소 110, 112
태국 72
태아 위험 약품 D군 288
태양광 20, 30, 219
태양광발전 111
태양복사 65
태양 복사에너지 96, 98, 116, 140, 191
태양전지 218
태평양 114, 143
태풍 36, 43, 47, 57, 59, 98, 121, 160, 230
털진드기 284~285

테라 프레타 173
테트라사이클린 288
텍사스 117
토양 36
토양탄소격리 175~176
토타팔라얌바이러스 254
투르키스탄 321
툰드라 171
툰베리, 그레타 104, 110
튀르키예 299, 365
트럼프, 도널드 117
T세포 324, 367

ㅍ
파, 윌리엄 415
파나마운하 387
파리시, 조르조 103
파리협정 89, 107, 153, 160, 166, 214
파상풍 342~343, 345
파이어 토네이도 69
파키스탄 69, 159
팔레스타인 299
팬데믹 210, 267~268, 304, 312, 319, 349
페놀산화효소 185
페리틴 단백질 370
페스트 398, 409
편서풍 50~51, 56
평균기온 26, 30, 41, 107, 153, 172, 196, 240
평균해수면 35, 60, 121, 148
평년 강수량 123
폐 75
폐렴 304
폐렴구균 343, 346
포도 209
포도당 191
포터, 조지 335
포항 43~44, 159
폭스바이러스과 260~261, 298
폭염 36, 38, 67, 70, 159~161, 164,166, 202,
     205~206, 228
폭우 70, 159
폭풍 71
폭풍해일 121

폴라보텍스 136~137
폴리오바이러스 273, 384
표층 해수 114
푸에르토리코 154
풍력 218~219
풍속 38, 144
풍진 344, 347
풍토병 259
프랑크푸르트 111
프랜시스, 토머스 349
프레리도그 268
프레온가스 102, 144
프로게스테론 361
피나투보 화산 28
피부 병변 269
피코르나바이러스 272
필리핀 402

ㅎ
하구핏 57
하셀만, 클라우스 103~106
하위 변이주 329
하이브리드 면역 317
하이선 57
하천 71
한국 60, 64, 70, 111, 127, 132, 159~160, 202, 228
한국개발연구원 221
한국과학기술기획평가원 202
한국농업기술진흥원 178
한국전쟁 243
한국형출혈열 242~243, 245, 247
한반도 26, 36, 39, 49~51, 55~57, 66~67, 112, 117,
     121, 125, 128, 210
한타바이러스 252
한타바이러스속 258
한타비리데과 257~258
한탄바이러스 242, 247~249, 258
한파 117, 131~132, 137, 159
함부르크 111
합성곱신경망(CNN) 63
항바이러스 치료제 262, 275, 295, 323, 366, 383
항생제 288
항원 245, 366~368, 385

항원 단백질 314
항원성 원죄 349, 351, 354
항원 특이성 349, 353
항체 244~245, 275, 278~338, 341, 343, 368, 379
해류 134
해빙 116, 131~132, 134, 140, 146
해수면 상승 20, 42, 71
해수면 온도 21, 63~64, 67~68
해수 열팽창 119
해안 도시 71
해양 35, 38, 105, 114
해양권 40, 206
해양 변수 69
해양 산성화 35, 109, 171, 179
해양 생태계 209, 212
해양 순환 129, 141, 144
해양 열파 31, 210
해운업계 29
해일 71
핸슨, 제임스 89
허리케인 46~47, 154
헤게를, 가브리엘레 105
헤니파바이러스 감염증 392
헤마글루티닌 368
헨드라 401
현열 68
혈소판 287, 291, 295
혈액검사 282, 287
혈전증 323
혈청 244
혈청형 283
호우 54, 160~161, 166
호주 60
호흡곤란 323
호흡기 75, 323
호흡기 전파 268
혼합백신 343, 348
혼효림 193
홍수 20, 71, 109, 128, 206
홍역 338, 344
화물 69, 72
화산 28, 30, 44, 100, 168
화산재 101

화석연료 74, 105, 109, 112, 214~215
확률적 기후모델-제1부 105
확진자 311, 337, 410
환경문제 84
활성산소종 401
활순털진드기 281
활엽수 191, 193
황달 274
황사 82
황산화물 29, 80
황열바이러스 237
황체형성호르몬 361
후각 소실 323
후천면역 334
후천성면역결핍증(AIDS) 326, 385, 401
후쿠시마 원전 사고 306
홍가통가-홍가하파이섬 28, 30
흡수원 171
흡혈 292
흰줄숲모기 238
힌남노 43~44, 125, 128, 159

## 《첫 번째 기후과학 수업》을 쓴 과학자들

**발제 윤신영**
과학잡지 《에피》 편집위원, '얼룩소' 에디터. 연세대학교에서 도시공학과 생명공학을 공부했다. 14년간 과학 기자로 글을 쓰면서 4년간 《과학동아》 편집장을 역임했으며, 생태환경전환잡지 《바람과 물》 편집위원으로 활동 중이다. 2009년 로드킬에 대한 기사로 미국과학진흥협회 과학언론상, 2020년 대한민국과학기자상을 받았다. 지은 책으로 《사라져 가는 것들의 안부를 묻다》와 《인류의 기원》(공저) 《1.5도의 미래》 등이 있고, 옮긴 책으로 《화석맨》 등이 있다.

| | |
|---|---|
| **감종훈** | POSTECH 환경공학부 교수(PART 1. 2부 2장) |
| **강 석** | KAIST 의과학대학원 연구원(PART 2. 4부 4장) |
| **강호정** | 연세대학교 건설환경공학과 교수(PART 1. 3부 2장) |
| **고규영** | 기초과학연구원(IBS) 혈관연구단장, KAIST 특훈교수(PART 2. 4부 1장) |
| **권준욱** | 연세대학교 보건대학원 연구교수, 전 국립보건연구원장(PART 2. 6부 4장) |
| **김성중** | 극지연구소 책임연구원, 과학기술연합대학원대학교 교수(PART 1. 2부 3장) |
| **김영찬** | 서울대학교 의과대학 내과전임의, 의사과학자(PART 2. 5부 4장) |
| **김용표** | 이화여자대학교 화공신소재공학과 교수(PART 1. 1부 3장, 3부 3장) |
| **남성현** | 서울대학교 지구환경과학부 교수(PART 1. 2부 2장) |
| **노지윤** | 고려대학교 의과대학 감염내과 교수(PART 2. 5부 2장) |
| **민승기** | POSTECH 환경공학부 교수(PART 1. 3부 1장) |
| **박진호** | 한국에너지공과대학교 연구부총장(PART 1. 3부 3장) |
| **박찬열** | 국립산림과학원 도시숲연구과 연구관(PART 1. 3부 2장) |
| **부하령** | 건국대학교 융합과학기술원 의생명공학과 교수(PART 2. 5부 8장) |
| **손석우** | 서울대학교 지구환경과학부 교수(PART 1. 1부 2장) |
| **송진원** | 고려대학교 의과대학 미생물학과 교수(PART 2. 4부 2장, 3장) |
| **신연경** | 농림축산검역본부 해외전염병과 수의연구관(PART 2. 4부 8장) |
| **신의철** | IBS 한국바이러스기초연구소 바이러스면역연구센터장, KAIST 의과학대학원 교수(PART 2. 5부 1장, 6장) |
| **악셀 팀머만**Axel Timmermann | 부산대학교 석학교수, IBS 기후물리연구단장(PART 1. 2부 1장) |
| **안병윤** | 고려대학교 생명과학부 명예교수(PART 2. 6부 2장) |

**오상민**   전북대학교 의과대학 감염내과 교수(PART 2. 4부 6장)

**유가영**   경희대학교 환경학및환경공학과 교수(PART 1. 3부 2장)

**윤재호**   한국에너지공과대학교 교수(PART 1. 3부 3장)

**이공주**   이화여자대학교 약학대학 명예석좌교수(PART 2. 5부 7장)

**이준행**   전남대학교 의과대학 미생물학교실 교수(PART 2. 6부 3장)

**이찬희**   충북대학교 미생물학과 명예교수(PART 2. 6부)

**이창섭**   전북대학교 의과대학 감염내과 교수(PART 2. 4부 6장)

**정민경**   IBS 한국바이러스기초연구소 바이러스면역연구센터 연구위원(PART 2. 4부 5장, 5부 3장)

**정수종**   서울대학교 환경대학원 교수(PART 1. 3부 1장)

**정의석**   극지연구소 대기연구본부 선임연구원(PART 2. 2부 3장)

**조대선**   전북대학교 의과대학 소아청소년과학 교수(PART 2. 5부 5장)

**최영기**   IBS 한국바이러스기초연구소 소장, 충북대학교 의과대학 교수(PART 2. 6부 1장)

**크리스티안 프란츠케** Christian Franzke   IBS 기후물리연구단 교수, 부산대학교 기후시스템전공(PART 1. 1부 3장)

**하경자**   IBS 기후물리연구단, 부산대학교 대기환경과학과 교수(PART 1. 서론, 1부 1장, 3부 3장, PART 2. 4부 1장)

**함유근**   서울대학교 환경대학원 교수(PART 1. 1부 2장)

**허창회**   이화여자대학교 기후에너지 시스템공학전공 석좌교수(PART 1. 1부 2장, 2부 1장)

## 첫 번째 기후과학 수업

**초판 1쇄 인쇄** 2024년 7월 10일
**초판 1쇄 발행** 2024년 7월 30일

**지은이** 집현네트워크
**펴낸이** 최순영

**출판2 본부장** 박태근
**지적인 독자 팀장** 송두나
**편집** 김예지
**디자인** 윤정아
**본문 디자인** 양보은

**펴낸곳** ㈜위즈덤하우스  **출판등록** 2000년 5월 23일 제13-1071호
**주소** 서울특별시 마포구 양화로 19 합정오피스빌딩 17층
**전화** 02) 2179-5600  **홈페이지** www.wisdomhouse.co.kr

ⓒ 집현네트워크, 2024

**ISBN** 979-11-7171-236-6  03400